国家出版基金项目
NATIONAL PUBLICATION FOUNDATION

绿色发展及生态环境丛书

地球之声

Diqiu Zhi Sheng

[美] 西奥多·罗斯扎克 著

肖贵蓉 译

大连理工大学出版社
Dalian University of Technology Press

Copyright © 2001 by Theodore Roszak
through Andrew Nurnberg Associates International Limited

简体中文版 © 2021 大连理工大学出版社
著作合同登记 06-2020 第 140 号

图书在版编目(CIP)数据

地球之声 /（美）西奥多·罗斯扎克著；肖贵蓉译
. -- 大连 ：大连理工大学出版社，2021.12
（绿色发展及生态环境丛书）
书名原文：The Voice of the Earth：An Exploration
of Ecopsychology
ISBN 978-7-5685-3385-0

Ⅰ . ①地… Ⅱ . ①西… ②肖… Ⅲ . ①全球环境－研
究 Ⅳ . ①X21

中国版本图书馆 CIP 数据核字(2021)第 243371 号

大连理工大学出版社出版
地址：大连市软件园路 80 号　　邮政编码：116023
发行：0411-84708842　邮购：0411-84708943　传真：0411-84701466
E-mail：dutp@dutp.cn　　URL：http：//dutp.dlut.edu.cn
大连金华光彩色印刷有限公司印刷　　大连理工大学出版社发行

幅面尺寸：168mm×235mm　　印张：19.5　　字数：272 千字
2021 年 12 月第 1 版　　　　　　　2021 年 12 月第 1 次印刷

责任编辑：邵　婉　张　娜　　　　　　责任校对：齐　悦
封面设计：冀贵收

ISBN 978-7-5685-3385-0　　　　　　　定　价：105.00 元

译者序

随着科技的迅猛发展、工具理性的过分张扬，人类不得不面对"科技困境"的负面效应，从各种角度重新审视人与自然的关系问题。《地球之声》便是其中的一个视角。原著于1992年问世，正值世界各国都处于各种思潮互相碰撞时期。作者西奥多·罗斯扎克身为一名历史系教授，没有置身局外，而是从生态心理学的角度，对当时东西方都深陷其中的环境困境进行了分析。他认为西方经济的挥霍无度，正是本书要针对的问题，而不是解决问题的手段。近30年过去了，但他竭尽全力想要人们通过理解"地球之声"而达到和谐共处和生态可持续的愿望似乎仍然是当今社会的渴求。我们在阅读过程中，不仅要思考书中所揭示问题对当代的启示，还要考虑时代背景。

原著主要分为三部分：

第一部分：心理学

这部分用三章内容，深入浅出地阐释了意识形态的差异性导致的自我认知的不同，以及人们在寻找自我实现的过程中与孕育我们生命的地球渐行渐远的过程，从而让我们意识到地球环境问题的心理学渊源，因为"地球生态有限性将通过我们最私密的精神痛苦表达出来，其渴望从我们创造的产业体系所形成的惩罚性焦虑中获得救赎的诉求，正是我们自己对生命的规模和质量的期盼，这种生命的质量将使我们每个人重新成为造物所赋予我们的完整的人"。作者认为，正是现代西方社会的精神病学把"内在的"生命与"外在的"世界分离开来,使我们脱离了自己环境责任的基础。通过评述西方世界的挥霍无度,作者生动展示了市场经济主导的世界中充斥的贪婪和恶性竞争,以及对人类最重要需求的忽视。同时,作者以应用生态学教授的身份,让学生理解需求和欲望之间的差别,形成心理学、宇宙学和生态学之间的互动,明晰地球生态的边界,打破资源可以无限索取的虚妄;意识到地球生态的永续不应该仅仅依赖于少数环保人士,特别是当后者也往往处于一叶障目的境地时,而是要更清晰地理解到,我们的文化,既导致了环境危机,也是其可能的治愈方式。如果我们想要保持地球健康,失控的工业文明必须做出巨大的改变,这种改变不能单靠理性的力量或事实的影响,而是需要心理上的转变。

第二部分:宇宙学

这部分包括四章内容,重新诠释了宏观世界和微观世界的关系,提出"上下一体"的理念。作者用"上"统指天体、地球等浩瀚大自然的宏观世界,"下"指人类灵魂的微观世界。宏观世界对话微观世界,微观世界反射宏观世界,二者始终在实时沟通中。理解宇宙,就是用心去聆听地球的声音。智慧意味着连接。作者认为,过去的两百多年中,使这两个领域分道扬镳甚至互不沟通的代表性努力,正是理性思想与科学。对于我们来说,"宏观世界"不再是一种追求,而是一种科学领域,是现代最伟大的集体智慧事业,是对物理学、天文学、化学、生物学等许多领域的研究,每一种研究又细分成众多的专业学科。精神、灵魂、情感等"微观世界",属于心理学,研究人的感受,是能够从对精神病专家所进行的忏悔中,或者从小说家和诗人的内省流露中识别出来的。科学家给我们提供了大量有关自然结构和功能的知识,艺术家和心理学家则洞察到人类内心深处惊人的直觉。然而,内外、上下的分离,从来都只是一种暂时的权宜之计,是一种和事实收集过程的和平共处。最终,科学成为连续体的创造者,有时甚至身不由己。专业变窄了,但作为大冒险的理论却在不断地小心翼翼地寻找,渴望完整性。科学发现把众多纷繁各异的探索领域逐渐统一起来。今天,科学家们高度期待生成一种大一统理论——万有理论;有的甚至努力涵盖文化、心理学和宗教领域。而作者在这本书里,就是想重新把那两个存在领域连接起来,实现大与小、高与低、外在与内在的连接;否则,无视生命的任何努力都是徒劳的。

第三部分:生态学

这部分包含五章内容,在一定程度上较全面地呈现了人类以自我为主导,从工具性视角看待自然而使自己陷入百病缠身的城市空间的荒诞。说明人类错误的价值取向导致对自身栖息地的破坏,并对此浑然不知的原因。作者认为,作为一种生活方式,城市化从来都只是为了满足少数贪恋武力和权力、追逐暴利、囿于象牙塔、执迷人工作品和世界观局限在城墙内者。产业化对环境的贪婪利用,进一步加剧了城市与自然的疏离,使城市文化的精神病习惯更加体制化和理性化。正如威廉·莱希所创造的"防弹衣"这个词语,描述了把我们与自然生命力和感性的亲密割裂开的神经质防御机制。工业城市可以被视为我们文化的集体"防弹衣",是我们企图把自己与孕育我们的自然连续体的亲密接触进行病态疏离的尝试。正是在这种疯狂的和令人疯狂的背景下,人们的各种实践往往按照没有任何对该背景进行反思的理论而展开,导致所有人都参与了"共谋的疯狂"。重新理解原始和传统的东西,也许是我们进行环境应急举措中最实用的资源之一。正如《互助论》作者克鲁泡特金所言,内在良知的因素使得人类共同体远不仅仅是一个由社会契约凝聚到一起的人的聚集体,而是一个在生物学上更深刻复杂的系统。"贫穷与其说因为财产太少,不如说欲望太大。"作者引用了深生态学的创始人之一挪威"生态智者"阿恩·纳斯在1973年的一篇经典文章中描述的目标:"抛弃人在环境中的形象,支持关系性、整体性形象。生物体是生物圈网络或内在关系场中的关节。"其要表达的是,在社会和生物科学背景下,还缺少点革命性的观念转变,即尊重所有物种的"生物圈平等主义",或至少从原则上承认,因为"任何现实的实践必然有某种杀戮"是暂时无法避免的。按照深生态学理论,我们的环境问题的根源在于,无论是作为主人还是作为管家,我们根深蒂固地相信人类是不同于且高于自然的。许多主要的环境组织(浅生态学家)仍然认为地球是我们的,只要我们认为合适就可以做;他们的方法其实是管理型的。深生态学则主张这种假设毒害了我们所有的努力,认为它助长了我们自以为对自然的优越性,使得我们本应以生物为中心,与所有生物共享地球,却因此将自己从所有生物中孤立出来。按照生物中心主义的民主,人与其他生物都是一样的,"人的权利"属于所有物种,即人与生俱来的权利也是整个自然界其他生物共享的权利。自然权利最终延伸到了整个自然。

本书为国家社会科学基金项目"绿色伦理及其对旅游目的地管理的影响研究"(18BGL153)成果。虽然译者从事相关研究和教学多年,但囿于专业领域和知识所限,疏漏和错误之处在所难免,恳请读者不吝指正。本书在翻译过程中得到了许多同仁的帮助,包括滑铁卢大学的魏梦迪和东北财经大学的刘瑶等人的校译,在此表示真诚的感谢。同时,没有大连理工大学出版社相关编辑付出的辛勤劳动,本书也不可能顺利出版,一并致谢。

译　者
2021 年 8 月

目 录

第一部分　心理学

第 1 章　"请问先生,还能再来点吗?" ························· 3

面对丰富货品的安娜 ································· 3

地球能供得起我们吗? ······························ 6

思想交锋 ··· 11

恐怖战术与罪恶旅行 ······························· 14

内此/外彼 ··· 18

自我的边界 ·· 22

第 2 章　现代心理学的灵魂探索 ······················· 26

巴特·辛普森与老虎 ······························· 26

第三次暴行 ·· 29

共谋的疯狂 ·· 31

死神 ··· 34

规范的异化 ·· 37

变质的环境 ·· 40

心智与生物圈 ······································ 44

1

第 **3** 章　石器时代精神病学——投机性重构 …………… 50

蝾螈之目青蛙趾 ………………………… 50

圣礼王国 ………………………… 52

历史真相的片段 ………………………… 56

环境背景 ………………………… 60

生态疯狂 ………………………… 61

意念升华 ………………………… 63

科学与神圣 ………………………… 65

第二部分　宇宙学

第 **4** 章　宇宙意念——不可知论与人择原理 …………… 69

无神论政治 ………………………… 69

物质,变化,永恒 ………………………… 72

物质的自我超越 ………………………… 74

偶然性的模棱两可 ………………………… 77

时间史 ………………………… 80

一千只猴子 ………………………… 84

宇宙巧合与环境适应性 ………………………… 87

轻信指数 ………………………… 94

第 **5** 章　万物之灵:寻找盖雅 …………… 101

多面的大地母亲 ………………………… 101

宇宙管家 ………………………… 104

炼金术霸主 …………………………………………………………… 105

女神成为高科技 …………………………………………………… 108

"纯"隐喻,"真"机制 …………………………………………… 110

自创生的盖雅界 …………………………………………………… 115

向盖雅学习 ………………………………………………………… 117

第 6 章　神曾经的所在

第 6 章　神曾经的所在 ………………………………………… 120

深系统和新自然神论 ……………………………………………… 120

世界等于 …………………………………………………………… 120

系统的艺术与科学 ………………………………………………… 124

更高级的还原论 …………………………………………………… 127

机器里的灵魂 ……………………………………………………… 130

深系统 ……………………………………………………………… 131

自然神论的旧与新 ………………………………………………… 134

第 7 章　人类前沿

第 7 章　人类前沿 ……………………………………………… 140

欧米伽的含义 ……………………………………………………… 140

数十亿与数十亿分之一 …………………………………………… 141

全新的时间之箭 …………………………………………………… 143

消耗性创造的悖论 ………………………………………………… 147

宇宙的死亡中心 …………………………………………………… 151

人类圈还是神经官能圈? ………………………………………… 152

生态层级 …………………………………………………………… 154

意象世界 …………………………………………………………… 157

重绘的微观世界 …………………………………………………… 158

第三部分　生态学

第 8 章　城市病和家长式自我 ……………………… 165

极端城市化 …………………… 165

城市的疯狂 …………………… 168

野性智慧的梦想 …………………… 171

新石器时代的保守主义与伦理无意识 …………………… 175

深系统,深生态 …………………… 179

旧石器时代保守主义者和女权主义精神 …………………… 181

男人的烦恼 …………………… 185

重获原始 …………………… 189

第 9 章　全新电话:无度的道德对等 ……………………… 193

产品是产品就是产品 …………………… 193

民主奢侈品时代 …………………… 196

充足 …………………… 198

乌托邦式转型 …………………… 199

生态学,伦理学,审美学 …………………… 202

神中愚者 …………………… 203

第 10 章　重温自恋 ……………………… 205

墙 …………………… 205

重大优先取舍权 …………………… 208

崭新的水仙 …………………… 210

赋权无辜 …………………… 212

心理健康之路 ……………………………………………… 213

苏格拉底与弗洛伊德 …………………………………… 216

自觉权利 …………………………………………………… 218

第 11 章 走向生态自我 …………………………… 221

自我的优势 ………………………………………………… 221

革命心理学 ………………………………………………… 224

本我的智慧 ………………………………………………… 225

完美环境 …………………………………………………… 227

魔法孩子 …………………………………………………… 232

生态无意识 ………………………………………………… 236

第 12 章 关照地球 ………………………………… 239

普罗米修斯间隔 …………………………………………… 239

我们将在哪里听到那个声音？ ………………………… 240

规模问题 …………………………………………………… 243

未经授权的身份大会 …………………………………… 245

尾声 生态心理学——原则 ………………………… 249

编后记 1992 年以来的生态心理学 ……………… 252

注解 ……………………………………………………… 261

参考文献 ………………………………………………… 289

第一部分
心理学

我们非常清楚，被破坏的地球环境常常会让我们心情狂躁。物种灭绝，臭氧损耗，雨林毁灭……每当读到此类报道，我们都会惊呼："简直是疯了！"

虽然我们这么说，但从上下文来看，"疯"在此没有任何专业地位或理论深度，只不过是我们对环境的本能焦虑，就像一声"哎呀"，不表示我们为什么受伤或如何疗伤。我们求助精神科专家来讲解疯狂的含义，但权威心理疗法学派本身就是这个星球上占据重要位置的相同科学和产业文化的产物，甚至不赞成弗洛伊德思想学说的人都会狭隘地聚焦荣格所谓的城市神经官能症(urban neurosis)，无视围绕精神而存在的更大的生态现实，好像尽管生物圈遭到破坏，灵魂或许仍能得救。精神病学止步于城市，远处的非人类世界如同心灵深处一样，仍然是个巨大的迷。

我们去哪里才能找到一种正常神志标准来理解自身的环境状况呢？

第 **1** 章 "请问先生,还能再来点吗?"

心理学、宇宙学和生态学的互动

面对丰富货品的安娜

20 世纪 80 年代初,我遇到一位从波兰来的年轻女子,是团结运动的成员,作为自封的、非官方大使,来加利福尼亚观光。鉴于东欧当时的情况,她的旅行略带神秘色彩,骄傲中混杂着某种绝望。看得出,安娜根本不清楚她这趟西方之旅究竟想发现什么,有点像朝圣,与其说是政治性的,还不如说是激动人心的一次旅行。我是她索取图书和攀谈的众多写作者之一,有时谈话,有时我也送给她书,但多数情况下会讨论一些重大问题。比起她的嘴巴,安娜的眼睛表达了更多的东西。也许她唯一想做的事情,就是让外界知道团结组织以及她的存在,请我们在艰难的岁月中记住这些。

安娜离开后,和她在一起的人给我讲了一个故事。他们在旧金山机场接到她,回家的路上需要买点食杂品,于是就在西夫韦零售店停了一下。安娜请求同往。她听说过超市,但从没见过。当自动门打开并把她领进去时,安娜在那里站了好久,四处张望,随即抽泣起来。她走在货架间,眼泪不住地流着。

这件事已经过去十多年了,现在我们知道,安娜吃惊的泪水是具有政治意义的,而且已经成为头版新闻。对于撼动共产主义世界的各种剧变,一种解释是,为了进入超市,有太多的人等了太久。这是否不仅轻视了马克思主义社会所酝酿的革命,而且忽略了我们周围的革命激情? 如果从适当的角度看待这件事,就不是。马克思本人也明白,纯粹的身体不适并不是最糟糕的苦难形式,当贫穷源于不公平、无能和腐败时,那才是最大的折磨。这种痛苦掺杂着成为牺牲品的侮辱。物质渴望有时是超越身体需求的,不是对纯粹必需品的饥渴。在这种意义上,对物质财富,甚至最肤浅的那种,诸如垃圾食品、蓝色牛仔服、半导体收音机或 T 恤衫等的享有权,有时都能成为对自尊和独立的肯定。这不仅仅是原始的自我放纵式的消费。安娜说,她的大半生都是在华沙排队等待微薄物品的日子里度过的。那是一种怎样破碎的社会磨炼啊——被迫等待,被迫把生命浪费在寸步腾挪的队伍中,只为了一块肥皂、几磅土豆。如果排到头,没有肥皂,也没有土豆呢? 更糟糕的是,不仅要两手空空地离开,还从电影、电视或杂志上知道,其他地方并不比自己更有价值的人却正在满载而归,那会是怎样的情况?

市场经济的世界中充满了贪婪和恶性竞争,在一种扭曲的时尚背后,批评家很容易就会忽略能够满足人类重要需求的可能性。我们已经习惯于被营利者剥削的经济体系,以至于禁不住以和夸张的经销商一样的轻蔑态度,对待人们对市场的需求。但是,人文社会学的第一条规则,就是要区别人的愿望及其歪曲了的表达方式。简单到似乎纯属购物需求的活动,也可能成为做出选择或维护品位的机会。当然,这是一种较低级的社会权利的展示,但却对现代社会数以百万计的人逐渐形成强大的吸引力。

查尔斯·狄更斯(Charles Dickens)对早期资本主义制度下的贫穷有过经典描述:在囚徒工厂的奥利佛·推斯特(Oliver Twist)走上前去,请求再给一点粥,"请问先生,还能再来一点吗?"但却什么也没有,冒失的小伙儿得到的是一顿殴打。马克思以对资本主义异化劳动的批判为基础,形成了自己的思想。在工业社会中,几代人的改革和革命目标始终是公平地分配必需品,加固岌岌可危的经济,惩罚那些占有超出所需的人。马克思显然忽略了一种可能性,有一天,即使地球上最悲惨的人,无论怎样平均分配,也会有新的期望,其欲求的财富会远远超过基本的物质保障。乔治·奥威尔(George Orwell)在其反乌托邦著作《1984》中对此做了预测:在那里,除了"老大哥"的极权遍布各处的身体暴力外,人的精神要被迫承受更加持续险恶的磨炼——每天无休止的单调和枯燥的生活,所有人平分所有东西,没有个人选择,甚至没有丝毫隐私。最终,这都成为任何可悲的反叛情节产生的基础,包括悄然但坚定的性转移,对精致、颜色甚至华美的明确要求。访问过社会主义国家的人回来以后,有多少人反映他们会思念广告牌、艳俗的广告或各种小奢侈? 在许多第三世界国家,甚至在上粥之前都会有这种期盼。流溢于电影电视中充满希望的西方富裕形象,使马克思主义世界数以百万计的人相信,资本主义能够带来的,共产主义不能。他们好奇,我们的食物柜里是不是只有粥?

为了避免听起来有点新保守主义的讽刺意味,我还是赶紧声明一下:这里无意为新的世界秩序下无节制消费的狂欢唱赞歌。西方经济的挥霍无度,正是本书要针对的问题,而不是解决问题的手段。

这里还有一个有关超市的故事。

我经常会给学生留一个作业,要求他们去超市看看,不是购物,只是观察,走过每一排,研究一下货架。我请他们思考一下:他们在那里看到的,有多少是真正的食物? 是生存和健康所必需的真正货物? 有多少是垃圾? 只是生产过程中过度包装的垃圾? 如果商店只限于出售人们真正需要的东西,可能会去掉多少楼层空间? 有多少原本可能是食物的东西,被很夸张地加工成毫无营养的新奇物品——像炸薯片、薯条和脆片,既不易于消化又腐蚀牙齿的东西?

然后,我让他们注意,人们都购买什么? 包括那些必须用贫民救济票购物的人。站在收银台旁边,观察经过的商品,化妆品、烟草和酒类,便利食品,成瓶的彩色含糖饮料,纸品和塑料制品……所有这些都反映了我们生活水平的什么情况?需求和欲望之间有什么区别?

这是应用生态学的一次实物课。但每次留这个作业,我都会想起面对货物丰盛的货架而哭泣的安娜。

地球能供得起我们吗?

我们当下保持世界和平的最大希望似乎就是:把财富带给更多的人,安抚好心怀不满者,把民族仇恨转化为经济竞争甚至合作。在前共产主义社会,对获得商品的需求已成为一股力量,正在动摇着长期以来根深蒂固的政权根基。但在我们的社会,那些被隔绝在市内住房项目之外,或露宿街头的底层群体,也有着同样的需求,尽管其采取的方式可能是持续的犯罪、毒品交易或种族暴力等。

长此以往,用不了十年、二十年,世界上就会有至少三十个国家,轰轰烈烈地进入到工业高度繁荣的时代。作为政府,不管是自由派还是极权派,如果不兑现实现这一目标的承诺,就不可能长期执政。同时,欧洲共同市场成熟的产业经济正跃跃欲试,以复兴的协作增长态势,随时超越美国和日本的富足;全球的商业精英都在迫不及待地参与到欧洲的繁荣中。等到东欧以及许多其他国家达到美国现在中产阶级的生活水平,就会有更高的标准出台,随之上演新一轮的经济角逐,更高的生产和消费水平会向上向前,延伸不断。

现在的一个残酷事实是:这样的事情不可能发生,因为根本没有这样的远程保障。

这种无限的富足,只可能存在于不了解我们这个星球生物基础的人的虚妄想象中。仅在美国,根据环保局数据进行的研究就表明20世纪的环境项目耗资达1.6万亿美元,这还不包括针对全球变暖或臭氧损耗的新项目，这些成本还有待于评估。[1]

1.6 万亿美元是多少？这并不容易回答。较之美国的国民生产总值（GNP）（每年 5.5 万亿美元），这似乎仍在可承受范围之内。但是，事实上，像 GNP 这类数字，与其说是办法，不如说是问题的一部分，因为不管是用于收拾残局还是损耗环境，其对于所有生产力都无差别地一概而论。因此，要具有环境健康的正常神志，就必然要排除这种生产力，其结果就会造成 GNP 的锐减。我们会逐渐意识到，随着所有环境呼声的日益高涨，即使最富足者也不会像他们以为的那样富裕。

那我们究竟有多富裕或多贫穷呢？还没有被普遍接受的经济分析方式——当然，这里指没有说服政治领袖及其疯狂公众的分析方式——可以告诉我们，距离我们必须付出的代价超出产业经济可以创造的财富来保护生物圈的那个极限还有多远。例如，上述研究是美国商业研究中心委托完成的，反映了环境辩论的一个重要参与方的观点，他们对于许多生态学组织开出的似乎夸张的药方深表怀疑，担心现有环境政策会"逐渐削弱美国经济"，是一种"没有衡量标准的开放支票"，明确警告，"缩减经济大饼的政策对公民福祉有着广泛的影响"，"不符合广大美国人的意愿"。

这也许是真的。我们可能非常接近那个点，即商业精英和普通大众都不会付出更多来修复过去两百年的产业扩张所导致的对生物圈的毁坏，因为大家还指望从这张经济大饼中获得生活必需品、各种便利设施及其提供的就业，以购买这张饼。私有经济正在竭尽全力达成这一决策。西方世界和日本等国家对自己的价值、能力以及赢得公众的信任的可能性，都空前自信。然而，环境人士的悲观情绪也是真的。这场辩论的最终裁决权在于地球的声音，而不是公共舆论。如果真是这样，现行的美国、日本、西方欧洲的生活标准，可能都是短暂而脆弱的放纵，整个产业实验也许都在逼近一个难以应对的极限，一旦触及，很快就只能被迫掉头。

以前也发生过类似的事情。中世纪后期，在经历了一段长时期的经济扩张后，年轻而富有生机的欧洲几乎崩溃，陷落成一片废墟。其重创源于自己根本不明白甚至看不到的生态平衡的突然改变：一只老鼠背上的跳蚤携带的病毒,我们记忆中的灾难——黑死病,一次几乎毁掉一个文明社会的生态变异。随后的一百年,甚至更久的时间里,所有曾经预示欧洲扩张的经济指标都沉入谷底,包括人口增长,这不仅仅源于死亡人数的增加,还源于那些幸存者的生育数量的锐减。生活的绝望使得男男女女以空前的数量把自己交付给修道院,放弃了世俗世界。两百年后,欧洲得到及时的复苏。当威胁蔓延不比猖獗的病毒更严重时,最终,免疫响应都能够修复损伤,或者,至少在前工业时期是如此。现在,由于发达的交通和日益自由流动的人口,像艾滋病之类的疾病,几年内就可以传遍全球。

我们这个时代的生态危机,要么是沿着经济发展的开放大道的又一次绕行,要么就是对即将来临的绝境的预警,那将是远比黑死病更大的灾难,可能需要一千年的恢复期。而对全球生活条件做出评估的不可预见性如此之大,其中的任何一种都可能是正确的。例如,有时候,温室效应造成的全球变暖,臭氧损耗的危险,酸雨的远程效应,对于所有这些可能比中世纪瘟疫都更加难以修复的灾难,甚至连世界上最顶尖的大脑都难以达成共识。我们计算、测量,测量、计算,但是,得到的数字正确吗?够吗?这些数字表达的是暂时的波动,还是长期的趋势?我们的恐惧在提升,各种理论和可能性层出不穷,我们只能选择,但许多人又无法做出选择,无论如何,证据不足。风险甚至可能导致人类的灭绝,但我们不知道自己究竟处于这种严重性的哪里。

较之最悲观的环境人士能够想象的最糟糕情况,这种极端的不确定性甚至更糟,因为这会使我们没有信念去做出可能需要我们做出的艰难决定。如果说世界末日的预言不可能得到令人信服的证实,怀疑每一个生态机能失调可能根本就没有技术上的修复办法,则可能是合理的。那样的话,我们也许应该把自己的能源准确聚焦到该聚焦的地方——无限扩大我们的产业动力(industrial power)。惯性①是所有社会力量中最强的,不到万不得已,人们不会改变熟悉的、长期形成的方式,特别是那些曾

---

① 从上下文看,作者在这里用"惯性"想说的,应该是人类都有的一种损失厌恶心理。——译者注

经用过的受益良多的方法。

更不太可能的是,欠发达社会将放弃自己享受工业所带来的富裕的权利。对于他们来说,在充满嫉妒和饥渴、想要得到自己应得的财富份额时,我们所熟悉的环境预警也可能是一套密码,或者更糟糕点,是一套逐渐被解读为针对地球上那些可怜人的一个巨大阴谋。第三世界的领导者完全有理由表示自己对第一世界意图的怀疑。他们会如何解读在华盛顿世界银行总部悄悄转了一圈后又在1991年披露报端的谅解备忘录呢?具有嘲笑意味的是,该备忘录鼓励加快向贫穷国家布置污染产业,声称"把大量有毒废物倾泻到最低收入国家背后的经济逻辑是正当的,是我们应该正视的"。其作者,该银行的一位首席经济学家发现,许多受到污染的国家必须付出的最珍贵资源,就是其"美丽的空气"、水和耕地,而且只能等着成为国际垃圾箱。[2]

可悲的是,第三世界对工业超级大国的不信任已经开始超出政府和企业,变成对整个西方生态学者普遍的仇视。1991年,世界资源研究所(World Resources Institute)会同其他环境组织发声,反对一些发展中国家对本国资源的使用,但两位印度经济学家迅速做出回应,认为这种指责是"环境帝国主义"。把地球二氧化碳"槽"(海洋和森林)比喻成一种全球回收库,他们准确地发现,富裕的西方国家(特别是包括美国在内的"肮脏五国")大部分都"透支",第三世界却没有这样,他们的二氧化碳账户上还有"存款","这些国家应该因其保持世界平衡而得到赞美,因为,在西方掠夺世界资源的情况下,他们却在极度节俭地消费。"[3]

同样,西方深生态(deep ecology)运动的印度评论家拉马坎德拉·古哈(Ramachandra Guha)相信,环保精英的目标——生物多样性、稳定的国家经济政策、野生生命保护——无异于一种新的帝国主义。通过深究诸如濒危物种禁猎区的经济意义,他们发现,"资源从穷人那里直接转给了富人"。古哈强调:"深生态与消费者社会并行,却没有认真质疑其生态和社会政治基础。"工业国家能够为世界环境政策做出的最好贡献,就是处理好他们自己的过度消费,控制好自己的军事开支;除此之外,让第三世界自己安排他们的经济优先项。[4]

随着社会经济学沦陷于对富裕和正义无法抗拒的普遍需求,随之消亡的是曾经作为现代世界仅有的无拘无束的创业精神的历史选择,国家和文化的生存必须以最疯狂的能源转换方式致力于城市－工业化。前社会主义国家的所有改革势力,第三世界的所有进步力量,都把自己的希望和财富寄托在经济增长之上。然而,这个星球能负担得起这种豪赌吗?甚至那些对能为我们这个社会环境问题提供技术修复工具抱有最乐观态度的人,面对如此多的人汇聚到一起追求无限富裕的前景,也不得不畏缩止步。

只要想想一个偶发事件:如果巴西和印度人继续以目前不顾一切的速度燃烧、砍伐我们的(不只是他们的)雨林,那么,对世界气候形态必定产生强有力的干扰。亚马孙盆地总体上保有世界约三分之二的非极地淡水供应,这片辽阔森林的生物群落含有超过三分之一的地球现存陆地碳资源。有专家认为,对这片丛林的疯狂燃烧,相当于每年向大气圈注入的二氧化碳的四分之一。比整个美国南部面积都大的亚马孙丛林绿荫,在调节地球热反射的过程中发挥了重要的作用。所有这些,都是地球平衡气候的主要手段。一些"灾难"气候学家相信,这些地球物理变量的极细微变化,都会造成突发性灾难后果。甚至在最好的情况下,野蛮地改变诸如雨林这种关键参数,只会造成全球农业和人口特征的反常波动。那是我们对生物圈可以预期到的最接近的一种情况。

对热带雨林的掠夺,特别是巴西和中美地区,反映了更大规模的社会环境发展的盲目性。为了换取流向外部企业的廉价牛肉和热带硬木等短期利益,土著穷人成为构思不周的发展方案的一部分而惨遭剥削,那里的土地利用是灾难性的。民族文化遭到破坏,物种数以百计地灭绝,这颗行星珍贵的生物多样性减少,世界气候被打乱。我们所遭遇的风险始终都在被大力宣传,但关注并没有带来对雨林管理的严肃而长期的改革。世界银行,一个可能对这些处境困难的国家政治领导人有说服能力并使其改变的机构,在需要其施加必要的压力来停止这种毁灭行为时,却始终极其滞后；也许因为总部在最发达成员国的公司（大众、三菱、雀巢、斯威夫特、阿莫可）是这些疯狂森林采伐的主要受益者。这也使得第三世界的领导者更容易辩解说，他们没有能力做更多的事情。

他们也许可以进一步争取我们曾经争取过的权利：掠夺土地、抢夺森林、发展大城市并配以各种工厂和交通、把垃圾倒入最近的河流或海洋。巴西和印度人民很容易就可以指出，在美国，第一批白人抵达时曾覆盖美洲的原始森林，现在还有不到百分之十，古老森林仅存于太平洋西北部的小片地区。我们自己后院的热带雨林可能是什么命运呢？在俄勒冈、华盛顿和不列颠哥伦比亚各州的森林，很可能远在亚马孙盆地被洗劫之前就消失了。如果这种损害没有得到大肆宣扬，那可能部分原因在于劫掠的技术更加狡猾，而且纹饰得更好。迫于环保人士的压力，北美的工业伐木者借助了"视觉管理走廊"等欺骗手段——用留在主要公路沿线的浅浅的森林带，可以掩盖视线之外的洗劫。鉴于此，一些采伐者根本不会对其破坏性行为道歉。在 1990 年制作的一个网络电视纪录片中，一个主导西北木业的管理者将其砍伐的树木描述为"堆在树墩上的金山"，古树只是站在"老树墩"上成堆的钱。

思想交锋

当第三世界国家从发达国家寻找环境政策的良方时，他们看到的是政府和商业精英们更加忙碌地放纵市场力量，以期实现更高的生产和利润。官方经济思想和政策的好消息始终是"增长"。我们做了生态研究和报告，细数各种无节制增长的方法给整体造成的致命伤害。有些社会层面吸取了教训，越来越多的地区——通常是富裕的城郊和社区——还通过了条例，为了更好的生活质量而约束增长。然而，增长仍有诉求，没有完善或指南，因为作为灵丹妙药，它可以解决就业，刺激主动性，激发创新，提高公众士气，消除所有社会困境。

　　环境是否必须承受过程之苦……？美国市场已经有成熟的方法来应对公司政策差强人意和反社会的后果;不是改变政策,而是改变形象。借助花钱可以买到优秀的公关人才,私营企业正在寻找更加圆滑的手段来掩盖其恶劣的生态习惯。"粉饰"法(greenwashing),就是巧妙利用媒体使企业政策有个好面孔的一种战术,而实际情况可能与其声称的正好相反。现在市场上的每一个产品都声称是环境安全、可以循环利用和百分之百的天然。这种变化无异于大纸盒上的绿色文字。在废弃物填埋后也能存活一千年的塑料垃圾袋,被宣称是"完全可以生物降解的",因为肯定有一天它会分解的。一款轻佻的喷雾化妆品,吹嘘自己"有助于空气清新",因为用起来会"喷洒细密而非喷涌而出",但是其耗费的人力、物力和财力都超出了我们的能力。

　　比天花乱坠的广告宣传严肃得多的,则是能够获得丰厚资助的游说团体和外围组织,在以华丽的辞藻形成对环境问题的真诚关注伪装下,暗中却规避政府的章程。"应责 CFC 政策联盟"(the alliance for a responsible CFC policy)是什么?是美国杜邦公司、陶氏公司和阿莫可化学公司创建的,旨在反对淘汰含氯氟烃(即破坏臭氧层的 CFC)的化学品。什么是"有意识控制酸雨的公民"(citizens for sensible control of acid rain)?是一个采煤和电器公司组织起来瓦解清洁空气法案的商业协会。还有"创造安全环境的应责产业"(RISE,Responsible Industry for a Safe Environment),是由国家农业化学协会形成的逃避政府有关杀虫剂规制的一个前哨组织。而近期高调宣传的"智慧使用议程"(wise use agenda),则是由伐木工、矿工和牧场主提出的一个方案,旨在最大化国家公园、野生保护区和公共用地的商用权。

　　所有这些努力,通常是在展示一种天然的草根性,他们站在那些只想享受简单而天赋的生命乐趣的小人物一边。主要企业赞助商鼎力资助的,是那些自称是野生动物和濒危物种等环境保护组织牺牲品的远足者、狩猎者、渔民和野外摩托车骑行者的捍卫者。只要可能,生态学者就被描述为跋扈扫兴的人。美国联盟(一个企业资助的户外运动爱好者组织)的一位说客,把环境人士描述为"极品妖怪",而且坦率承认,他的目标就是要"摧毁"他们[5]。与这种放纵对应的不仅仅是微妙的操纵,它会流溢演变成公开的敌视;到那时,环境政策就会改变语气和性质,变成严重的意识形态冲突,对地球的潜在伤害远胜于任何不曾经历热核战争的冷战。

从20世纪70年代有组织的环境运动兴起以来,大家对多数环境运动的普遍感知都是充满英雄色彩的,参与者被视为热爱自然的人和负责任的公民,是在为保持水源清洁、挽救森林以及庇护可爱的小海豹而进行的抗争。甚至那些认为该运动有误导性的政治和商界人士,都不得不承认,他们的环境批评者是有着高度原则性的人,其动机基本上是理想主义的。目前,这种让步正在逐步收回。在美国,随着冷战成为过去,保守势力日趋公开地把敌对目标指向环保主义者。在极端情况下,还可能言辞恶毒。一位艾茵·兰德①的追随者,一个极端意识形态的盲从者,狠毒地谴责环保思想是基于"对人类仇恨"的一剂"纯粹的毒药",认为其所有观点都如布尔什维克或纳粹的政治思想一样威胁着资本主义;其人类以外的自然具有内在价值的论点是其真实目标的一种薄薄的掩饰,实则"完全是要摧毁工业革命,并回到几百年前的贫穷、肮脏和悲惨"。[6]再稍微走近企业主流,竞争企业研究所(一个主张"自由市场生态管理"的保守思想研究中心)宣称,"市场的支持和反对势力之间正在进行一场智力战,企业应该为此充分发挥自己的社会作用"。该研究所攻击"意识形态环保思想"中的"可悲绿意",要求我们更加勇敢地"打破对那些只要允许就能够而且愿意让世界变得更安全的人的禁锢"。如何做到这一点呢?通过"减少对创造财富的障碍",以及使环境的私人所有权最大化,让所有企业成为自己的环境防御基金会,自己制定规则。我们足智多谋,甚至能够找到让全

① 艾茵·兰德,原名"艾丽莎·日诺夫耶夫娜·罗森鲍",俄裔美国哲学家、小说家。她的哲学理论和小说开创了客观主义哲学运动,她同时也写下了《源头》(The Fountainhead)《阿特拉斯耸耸肩》(Atlas Shrugged)等数本畅销小说。她强调个人主义、理性的利己主义以及彻底自由放任的资本主义。政治理念可以被形容为小政府主义和自由意志主义。其小说所要表达的目标是要展示她理想中的英雄:一个因为其能力和独立性格而与社会产生冲突的人,但却依然奋斗不懈地朝她的理想迈进。——译者注

世界的海洋置于私人保护之下的方法，海底可以"像陆地农场"一样条块分区，想办法把鱼、鲸、海豹等由其所有者电子标记。[7]

整个 20 世纪 80 年代，美孚石油公司展开了一系列针对环保运动的"回击"性广告活动。一则广告题为"他们对我们的孩子撒的谎"，把诸如"地球的朋友"等组织的警告斥为极其有害的一堆"危言耸听"和"胡编乱造"之词，认为环保主义者以对国家年轻一代洗脑的方式形成可怕的颠覆性影响，使其相信饥荒、人口过剩和温室效应可能使"近在眼前的光明未来"漆黑一片。显然，盲目乐观是商业界新的信条。

反环保行动的一个可悲讽刺意味是，尽管其发起者是自由市场的狂热者，但却可能削弱资本主义体系对环保事业所能做出的最有价值的贡献，而且基本上是身不由己。例如，这一行动滋生了一种活生生的反抗，遍及大街小巷、媒体、政府大厅和听证会。当涉及生物圈的命运时，则成为所谓的东西方环境经历的差异。

恐怖战术与罪恶旅行

如果说新兴反环保逆袭是短视、虚伪甚至干脆就是邪恶的，那么在某种程度上，生态学者要怪也只能怪自己的软弱。他们习惯性的悲观、世界末日恐惧症和归咎心理，都对公众的自信心造成了极大的负面影响。

这个问题部分地源于环保运动的组织方式，有点像长篇电视连续剧"月病"(disease of the month)的方式。没有多少组织会像世界观察研究所、地球的朋友或地球岛那样，把地球栖息地作为整体，按照优先顺序处理其各种问题。相反，生物圈已经分成若干敌对的王国，成为一片灾难重重的地区。许多组织拼命争夺公众的关注和资助，个个都直击某个单一的恐怖现象，饥饿、酸雨、有毒废弃物、臭氧、表层土壤、热带雨林、鲸、狼、斑点枭……

如果有谁把所有生态组织的所有预警综合到一起，似乎给人的感觉是，发达工业国家可能没有人会做那种伤天害理的事情。但在环保主义者眼里，从我们早上用的二氧杂䓬制成的边圈的咖啡过滤器，到夜晚盖的电热毯，我们都被致命的危险包围着。还有更糟糕的，这些东西中的许多都会使我们成为反生物圈罪行的同谋。这并不是说预警就一定是错的，我认为大部分都是对的，只是太多的信息都是零零碎碎来自难以预测的地方。我怎么可能猜到自己的眼镜框材料源自某个诸如玳瑁之类的濒危物种，目前正在因为猎人屠杀这个可怜生命却只为了用其外壳做成这些小玩意儿而导致其灭绝呢？我再一次学到了一个核心生态真相——所有事物，无论大小，都是生物圈中的一员。即使知道，我仍然感觉自己牵涉了一个大错：被这种令人沮丧的消息伏击确实够糟糕的，但是，这种报告往往基于新的环保理念，几乎以谴责我们的自我放纵之罪行而沾沾自喜。

1992 年初，澳大利亚环保主义者，一位我很仰慕能够投身该事业的人士，海伦·卡尔迪克特（Helen Caldicott）博士，在一次讲座中告诉听众，每次当人们打开电灯时，就会造成又一个无脑畸形儿的诞生。她详细描述了这些无脑婴儿来到这个世界所遭受的痛苦，在墨西哥边界主要由美国人所有的那些几乎没有任何环境保护措施的新工业中心，有大量这样的婴儿出生。卡尔迪克特博士对我们的严苛忠告是，在家里绝对不要打开一个以上的灯泡。我不知道为什么，她的听众会欢呼起来。如果我认为她说得确实有道理，那应该是根本不要开灯啊！

还有其他更为准确的基于分析的发声，但仍属苛评。人口专家安妮（Anne）和保罗·欧立希（Paul Ehrlich）是两位专注的环境捍卫者，也是我敬仰的人，我也同意他们有关地球病态的人口学分析。但是，当他们认定美国为"地球主要的环境破坏者"，并将此指控追溯到美国人生活方式的所有细节时，我整个人都充满了罪恶感。

《地球岛》杂志告诉我们，仅仅像 20 世纪 80 年代的畅销环境手册那样发现"50 个你可以挽救地球的事情"是不够的，我们做 50 件难做的事情，可以先从以下这几件事情开始：

1.放弃你的车。

2.成为一个完全的素食主义者。

3.自己种菜。

4.切断电线。

5.不要孩子。[8]

这种想法不完全是出于幽默。

另外还有一位活动家,在写到美洲五百年时,心中没有任何幽默的想法,他哀叹"所谓的西方文化"是如何"不可避免地把世界葬送到'生态灭绝'的边缘……如果这种文化需要去'发现',继而征服和毁坏世界,那将是怎样哀伤可怕的悲剧。"[9]

面对这些长篇累牍的伤心故事,英国科学作家、坚定的生态支持者杰若米·博格斯(Jeremy Burgess)深情地诘问,"除了我,有没有其他人也对活着有罪恶感?……最终,也许很快,我们可能都会因羞耻而哭泣,对于自己最简单的乐趣也感到紧张不已。"[10]

竞争企业研究院则从另一个非常不同的思考角度,对环保主义者不断的"哭穷"表示悲哀,认为他们是"反人类"的,其潜台词就是,"所有消费品和消费行为都有内在的环境危害";既然可以认定这是"原罪的绿色等价物",那就呼吁大家回到那个把西方世界送到工业化进程的"普罗米修斯范式"好了。

无论如何,诸如此类的言论,甚至为滑稽可笑的肤浅的政策谏言作序时,都具有当年弗朗西斯·培根(Francis Bacon)在现代社会的前夜骄傲地向世界发出那种伟大"希望福音"的意味。那种对未来具有启示性的信念至今仍具有吸引力。鉴于在过去两百年我们这个社会与生态圈展开的轮盘豪赌中我们正经历的各种风险,谨慎也许是当下的明智之举,万一末日预言碰巧成真呢?然而,谨慎确实是种让人乏味的品性,与无数进步神话昭示于我们的具有英雄气概的开拓激情根本不符。如果生态智慧无法成就那些引人入胜的业绩——重塑大陆、收获海洋、探索太空,如果不能与工业增长的物质喜悦一决高下,那它只能屈居第二,让位于那些能激发更强烈情感的东西。

我这里所说的一切，完全出自对生态专家最忧虑警告的深信不疑，我支持他们当中甚至最愤怒的控诉，和他们一样的气愤和焦急，理解他们为什么会借助夸张的手法。但是，我们可能已经进入了环境运动必须花时间借鉴心理影响来表述的阶段了。敬畏和绝望是否是我们唯一可以借助的诱因？我们用什么来与那些慷慨、快乐、自愿付出、还可能勇敢的人建立联系？

能够召集许多人类精英投身其中的工业大冒险，应该具有一种浮士德式的热忱。其他人在那点可支配收入体现出的人的价值中，发现了更简单但绝非没有价值的满足。如果要我们放弃为人的现状以换取健康生态，即使是为了我们好，也不会带来很多改变的。像所有政治活动家忙于自己的使命一样，环保主义者常常从人的薄弱和短视的动机想法展开工作，忽略那些心灵深处不合理、刚愎自用和病态的欲求。他们的战略旨在震撼和引发羞耻感。然而明确看到所拥有的好是一回事，找到让人想要这种好的方法则是另一回事。他们必须想办法搞清楚，为什么人们想要他们认为想要的东西。那些带给我们电灯、汽车和计算机的工匠和技师，绝不是在想方设法浪费地球的财富；发明了原子弹的科学家不是故意要作恶；毁掉热带雨林的道路工程师不全然是粗暴；甚至全球的企业领袖，似乎始于简单的贪婪，但也可能是坚持追求某种进步的奥秘，或执着于对内在神秘愿望的竞争性自我的检验。所有这些，都足以为其所为进行某种辩护，他们欲求的价值在于尊严、振奋和终极福祉。

在超市里哀婉哭泣的安娜，不是因为贪婪而潸然泪下，她和所有第三世界的穷苦人，都想要得到和我们一样丰裕的那份公平的物质份额，他们在努力为一个相信能带给他们尊严、振奋和富裕的世界贡献自己的力量。

就我个人而言，一想到这个星球的命运完全取决于一小部分人的热情，即那些劳累过度的生态活动家，彼此都关注某个分离的环境丑恶，除了伦理指责、惊慌抑或引导自我利益，对于自己周围的世界束手无策，那简直是一种绝望的警示。有没有取代恐怖战术和罪恶旅行的备选方案能够赋予生态必然性以智慧和激情呢？有！那就是来自共享身份的那份关注,合为一体的两种生命。当这种同一性得到深度体验时,我们称之为爱;略有冷淡时的感受,则是恻隐之心。这是我们在自己和给予我们生命的这个星球之间必须找到的关联。

有时候,环保主义者必须决定自己是否相信这个关联真的存在。他们必须质问,在哪里才能从他们自身以及他们希望改变其习惯和欲望的公众中找到这个关联,因为只有爱才能改变我们。

内此/外彼

环境政治需要一种新的心理敏感性,一种用第三只耳朵倾听我们文化中貌似不经意的生态习惯背后的激情和渴望的能力。这些习惯可能全方位都被既高大上又显然令人振奋的人类动机所包围。心理学就是要研究这些动机:深层的需求、隐秘的渴望、驱动的理想。作为精神病学的治疗模式,旨在追踪人们所说的他们想要的和他们真正想要的东西之间的扭曲联系。世界各地的人们都在疯狂地毁坏这个星球,一定是有原因的。尤为重要的是,肯定有办法让他们信服:他们真正想要的不可能从这种毁坏中获得,有比征服自然更伟大的尝试,比物质支配更可靠的幸福方式,有比无限索取更了不起的富有。在处理环境危机的过程中,改变这些人性深处的认知,将起到如同任何经济改革所能起到的同样巨大的作用。

从这个角度看待这件事,大大改变了在认识论和宇宙论上可能看似曲高和寡的智识问题。人们在生活中所期待和珍视的东西与他们对自己在宇宙中的位置的理解密切相关。现代工业社会是在一种对自然的憧憬中成长起来的,这种自然观告诉人们,他们只是银河系荒野中的一个意外,一个他们从来没有创造过的世界中的"外来人,且充满畏惧"。那么,除了恐惧、焦虑甚至敌视,他们的人生对自然还能采取什么立场?像那些视父母为遥不可及、充满权力的严厉当权者的孩子一样,他们会感到自己除了随时防卫、寻找一切机会准备胜出以外,别无选择。他们与自然的遭遇不是基于信任和安全，更不用说爱了。这正是认识论、宇宙论和心理学的交叉点。我们脑海中的宇宙画面支配着一系列生存条件。我们可能在凄凉、自卫的绝望中消沉生活，也可能在这个世界上优雅自如地度过一生。我们除了拥有知识，还有求知的方式，那是我们看待这个世界的精神所在。

我们这里讨论的，是哲学史上最古老而神秘的一个问题：内在和外在，主体和客体的关系。内在于此的意念（mind）如何与外在于彼的世界联系起来？我们的内此（in-here）能真正知道外彼（out-there）的世界吗？外彼的世界能"知道"或——在任何适当的意义上——解释我们内此的一切吗？这是那些令人迷惑的简单问题中的一个，其答案似乎就在我们意念中的某个地方，可是当我们去研究它的时候，它却失去了焦点，变得模糊起来。在极端的一头，激进的理想主义者认为，我们内在的思想和渴望与我们周围的现实没有可以证明的融洽关系。研究各种感觉的无形印象的意念，是按照我们理解的内在轮廓来勾勒这个世界的，但可能并不能准确反映我们视听以外的真实存在。而在另一个极端，原生的经验论者则认为，事物的本质完全有其法则和第一原理，如果没有迷信和先见之明的话，意念只是被动地反映这一本质而已。

不再有多少人还会认同这两种观点了。理想主义者走到极端，会变成唯我论者，深陷于自我幻觉的心理空虚中，这可能是所有哲学态度中最为牢不可破的，也是最没意思的。甚至理想主义的奠基人伊曼努尔·康德（Immanuel Kant）也承认，理性之外的某些能力，如直觉或洞见，确实把"头上的星空"和"心中的道德律令"连接起来了。另外，源自单纯实证论的现代科学逐渐认识到，我们是透过理论来看待这个世界的，这是一种想象力而不是自然力。内在和外在，客观和主观，以某种微妙的平衡存在着，尽管确切界定这种平衡可能极其困难。作为一个正式的认识论问题，认知者和被认知者之间的关系似乎是一个无解之谜。像亚伯拉罕·马斯洛一样，我认为，如果要把意念和外界以某种优雅的方式联系起来，必须要解决其心理学纬度的问题。我们对世界理解的清晰程度，取决于我们面对这个世界的情感状态。关心、信任和爱支配着这一状态,就像其主导我们和他人之间的关系一样。当我们发现没有友善的回应时,就会出现与"外在"世界割裂的感觉,这与我们执着的征服和占有欲有着很大的关系。

进化论可能会给我们提供一条应对这一悖论的办法。无论是身体还是意念,人性源于物质宇宙这一事实,使其必须与事物的本质联系起来。顺应,是生命了解宇宙的长期不懈的努力方式。但是,其在认知者和被认知者之间创造的接触点可能并不是"理性"(reason),而是某种其他的个性维度。我们需要返回去寻找的那个与自然有着重要关联性的桥梁,可能就在我们长期视作"非理性"甚至"疯狂"意念的阴影处。如果这是一直以来形成现代哲学连贯的具有说服力的认识论的一个"问题",那可能不是一个纯粹的学术问题,而是与以下事实非常相关:长期以来,我们一直努力,想要形成一种能够把意念力置于包罗万象的"疯狂"领域的认识理论,然后毫不惊奇地发现,当把真正的"感知之门"关上后,我们再也"看"不到的东西太多了。

18 世纪晚期产业化兴起时,并行出现对艺术家和哲学家的疯狂迷恋并非偶然。在随后两百年迈出的每一步,人力向自然的外向扩张,伴随着对无意识的意念及其许多陌生激情的更为惊心动魄的探索。每一代人,对梦、噩梦、幻觉、昏迷、无法自控的情绪所进行的探索,都深入到那个神秘的心智(psyche)区域。浪漫主义者将其引入到非理性领域,颓废派、超现实主义者、表现派,很快紧随其后,对牛顿科学——威廉·布莱克(William Blake)称其为"单视觉"的越轨行为——做出了补充。布莱克是把科学敏感性与新产业技术对景观的杀伤性首次关联起来的先驱者之一,他对"撒旦的数学神圣性"的抨击使其跻身于现代世界首批疯狂艺术家行列。

一代人之后,当波西·雪莱(Percy Shelley)在 1820 年创作出其著名的《为诗辩护》(Defense of Poetry)时,对立态势便更加明朗而令人痛苦。作为现代精神病学基础的那些分歧已经轮廓分明,情感对抗理性,原始对抗文明,儿童对抗成人,原生态对抗城市,有机对抗机械,诗歌对抗科学。

雪莱本人对科学极其崇拜，也许本想用自己的文字愈合这一毁灭性文化裂痕，但是，当他的作品问世时，一如弱势者常常歇斯底里的诉求，听上去更像是辩论性的反击。在一则对压抑所做的经典界定中，他说：

> 科学的发展把人类王国的边界大大地延伸到外部世界，但由于缺少诗意，已经对内在世界形成了一定的制约，能够使各种元素为其所用的人类，自己却依然是被奴役者。开发出的机械工艺与现有的创新能力毫不匹配，而后者又是所有知识的基础。那么，这种滥用所有的发明来缩减劳动，致使人类遭受不平等的痛苦，究竟为了什么？还有什么其他原因来解释这些本应该带来光明的发明，却使亚当遭受的诅咒更重了呢？

雪莱匆匆运用诗歌的想象力来对抗"猫头鹰式的计算力"。他坚信，诗歌"不像推理，会根据意志发力，它是不受意念主动力控制的，……其生成和再现，与意识或意志没有必然的联系。"他的意思是，这是想象力的补充能力；但人们逐渐明白，他所描述的这个词就是疯狂，即理性受到冲动的袭扰，陷入不可控力的影响之中。

19 世纪末，意在寻找医学途径解释疯狂的弗洛伊德坦承，他没有比那些诗人们发现得更多，他也许早该向那些艺术家，至少那些他心目中的浪漫主义艺术家，表达敬意，他们不仅抵达备受围攻的心智的深处，而且还触及其外部世界。把诗歌的想象力与荒野结合起来的自然美的钟爱者和捍卫者，本能地感到二者都受到工业力量的威胁。无论从诗人们那里借鉴了什么，曾经是城市知识分子的弗洛伊德，忽略了他们对自然的贡献。结果便是把人与地球分离的心理疗法。正如他那个时代的任何一位实证哲学家，弗洛伊德的努力深受我们语言中最有力、然而又很陈腐的一种形象的影响：用空间比喻，心智位于"内"，现实世界位于"外"。努力界定和改变这两个分离的体验领域的模糊边界，成为当代的重大项目，这是一个一度具有哲学、心理学和政治学意义的问题。

自我的边界

所有新入学的大学生,都会逐渐把一个醒目的标题与一种我们称之为神秘主义的宗教联系起来:"万物归一"(all is one)。神秘主义者几乎可以通过定义坚称,万物来自一个本源,故意模糊了内在与外在、主观与客观之间的重要差别。弗洛伊德把人与普遍意义的世界之间这一"海洋般的"同一性,追溯到挥之不去的婴儿期记忆。

> 病理学使我们熟悉了许多状态,其中自我和外界的界限变得不确定了,或者实际的划界就是错误的。……哺乳期婴儿还不会把自我与源源不断给予他各种感觉的外界区分开来,他是逐渐在回应各种刺激的情况下学会这一切的。[11]

从瑜伽和其他的神秘方式中,弗洛伊德意识到,这种原始的自我感觉会被记起并沉浸其中,他得出结论:

> 我可以想象,海洋感后来与宗教联系起来。"宇宙同体"成为其概念内容,听起来像是对宗教慰藉的首次尝试,就好像用另一种方式放弃自我识别出的来自外界的威胁。

当弗洛伊德以他那个时代主导科学的坚韧方式,把形成隔代遗传的案例标注为"神经官能症"时,他坦承,"自我的边界不是永恒的",所以,导航性正常神志要求自我"与外界保持清晰明确的界限时",成年人在"正常"适应现实原理的过程中可能有某种缺失。

> 自我本来包含一切,后来与外界分离了。因此,我们目前的自我感觉,是一种更加包容、甚至无所不包的感觉缩小了的残

余，而原有的那种感觉则对应着自我及其周围世界之间曾经亲密的联系。

这是一种惊人的坦白。弗洛伊德在说明，构造良好而具有自卫性的自我，即其科学视为"正常"和"健康"的自我，是某种更大的、曾经与外界和谐关联的"缩小了的残余"。"正常神志"只不过是偏离这种损失之后的一种写法。

浪漫主义者及其反叛的后继者们也想当然地认为，任何巨大而更为自由的个性需要从科学转向奇异的体验形式，诸如镇静剂导致的幻觉、酒醉、狂想出神等。但是他们欢迎冒险，尽管沉迷于这些改变了的意识状态往往可能会很危险，也许还会造成永久伤害。因此，我们的好奇心会把审美灵感与疯狂联系起来，"疯狂的"艺术家与"疯狂的"科学家是文化上的并行，彼此的意念都是扭曲的，都执迷于对现实的怪异想象。

把内在和外在粗略二分，是人类文化最近才有的狭隘发明，从哲学的层面看，源于 17 世纪欧洲的一些科学思想者刻意做出的决定。因急于找到能够阐明自然复杂性的实际解决办法，他们决定去掉那些已经证明是难以观察和量化的领域，即个人的体验和情感。伽利略（Galileo）甚至准备采取更粗暴的方式，重塑意识基础。他认为，那些不可否认的经验性的，也是尚未量化的视觉、听觉、嗅觉、味觉、触觉体验，只是意念提供给现实世界的大小、形状、运动、重量的"次要品质"。[12]

> 我认为，口味、气味、颜色等，都只不过是我们所关注的某个客体的名称，只存在于意识中。因此，如果该生物被移动，所有这些品质也随之清除，也就不存在了。[13]

"……如果该生物被移动"，多不寻常的想法！该"造物"是科学家自己，他们在用所有的感觉，敏锐、鲜活地感触这个世界。让我们问个严肃的问题，即使是针对伟大的伽利略的：这难道不是一种看待世界的疯狂方式吗？问题在于，就是这个认知者，把自己的存在删除了。观察的感觉，各种颜色和自然的声音，随之消失了。但奇怪的是，不是量（的消失），他们仍在某种难以理解的无色、无味、无情的、被认为是"真实"世界的太空中，存在着。

当然，这种太空，在其历史的某个点，赋予感性存在以眼睛和耳朵，使其由此探索和享受它们的世界，最终又赋予人类的意念；就像恒星、彗星或夸克一样，这些东西就在"那里"。伽利略对认识的自毁性所进行的悲哀但却有揭示性的尝试，是比任何艺术品都伟大的虚构。最终，科学自身会以其对事物真相的不懈探索，做出同样的认可。

也许，我们在伽利略言辞中所看到的有关世界的无情分歧，对诸如物理学、化学、天文学、地质学等"硬"科学的早期引导阶段，具有了某种粗略的方法论意义。在所有这些领域，观察者聚焦于世界上（或更可能是实验室里）互不相关的客体，为了进一步的细致观察而彼此分离。但在其他的科学领域，这种隔绝并不容易做到。生物学很难减去"生物"而存在。接过神学衣钵，旨在为世界描绘一幅完整图画的宇宙学，无法理智地把意识领域搁置一边①。内心的一切，无论是科学理论还是纯幻觉，也内在于宇宙，其拥有的也正是任何分子或恒星拥有的。很显然，心理学必须认可意识的相应科学地位。最后，还有生态学领域，必须把人的意念作为任何有待充分研究的生态系统不可分割的一部分，况且意念所持的价值观决定了人与环境的关系。如果必须对我们与环境的关系做出判断和改变，就必须有巨大的信念，即艺术或宗教才能提供的那种情感力量。通过更高层次和更细微的理解力，科学会更加成熟，会把文化融入其对宇宙的检视中。而文化，我们的文化，既是环境危机的根源，也是解决环境危机的良方。

如果我们想要保持地球健康，失控的工业文明必须做出巨大的改变，

---

① 从全文的主题看，这说明许多学科无法离开其研究对象而独立存在，就像宇宙学想替代神学，但如果只研究宇宙中的物质现象而忽略思想领域，可能很难理解包括人在内的生物在宇宙中的真实存在。——译者注

这种改变不能单靠理性的力量或事实的影响,而是需要心理上的转变。地球所需要的,就好像是我们自己最私密的欲望一样,必须是我们内心能够感受到的。事实和图像、推理和逻辑,能够为我们展示自己方法上的错误,描述我们可能经历的风险。但是,它们没有能动性,不能教我们如何更好地生活,更好地过想要的生活,这些必须源自我们自己内在的信念,而且这种信念的生成可能势必是一段痛苦的过程。

神经官能症便是这种痛苦在工业社会中随着节奏的变化所发挥的功能,使我们当中最富裕的人的生活都充满了空虚和不满。现代灵魂科学 (modern science of the soul)如果能胜任其任务,就必须对这种越来越多的不满予以帮助,这远非只是性导向、家庭或社会导向的。当代探索正常神志的内在心智,需要一个大环境,能够包容科学所必须告诉我们的一切,使我们了解地球生命的演进,以及那些遥远的我们自身可能源自其中的星球和星系。

第2章 现代心理学的灵魂探索

巴特·辛普森与老虎

坐在拥挤的机场，我等待着那趟把我从这个遥远的城市送回家的飞机。我刚刚出席了一个有关人工智能的会议。这里是里约热内卢，一座第三世界大都市，政府和金融巨头都在疯狂地掠夺着地球上最后一片雨林。比起计算机和专家体系，巴西更需要它的丛林，而且，其充满暴力和杂乱垃圾的城市也更需要社会正义和得体的污水管道。但就像高科技是能够消除所有这些顽疾的魔法杖一样，我这次访问所见到的巴西人，全都沉浸在调制解调器、电子邮件和多媒体中了。

在我旁边的休息室里，一个大约六岁的小男孩儿正在悠闲地翻着一本美国杂志。他停在一页上，研究着上面的老虎图片。那个图例是埃克森石油公司广告的一部分。男孩儿花了几秒钟注视着图片中那只巨兽的脸，即使在这种俗丽的商业版本中，其形象也保留了某种神圣的尊严。然后，他翻到下一页，见到的是另一则广告。孩子的眼睛马上一亮，他认出了那张照片，那是一部欢快的电视动画片巴特·辛普森的画面，是当时媒体的爆款。孩子激动不已地转向母亲，给她看那张照片，正好也是他 T 恤衫上的图案等。

　　我在想,当这个孩子到了我的年龄,巴特·辛普森已经是来过又走了的、被许多类似的瞬间虚构故事替换了好多遍的形象;到那时,老虎也将离去,但却永远无法代替,甚至在动物园也没有了。不是所有动物都愿意为了我们的便利和娱乐而在囚禁中繁殖。当没有真正属于自己的地方时,他们会静静地臣服于灭绝。有一天,孩子们看到老虎的图片,就像我们看到恐龙一样,想知道这种生物是否真的存在过。但是,老虎以及大猩猩、狼和鲸会以不同的方式灭绝的。我们在未经考虑、没有目的也没有自责的情况下,就消灭了这些物种。

　　我从没见过一只野生老虎,也没见过大猩猩或狼,但是,像我这种被城市化了的人,心中某个地方却固执地认为,这种野兽应该和我们共享这个世界,拥有一席之地。如果它们消失了,就关掉了代表这个星球数百万年演进历史的某个片段。是的,灭绝是地球生命永恒的主题,是自然修剪、完善和清场的一种方式。然而,即使发生这种事,最好是作为全球大转型的某个环节进行,那会有某种地质的,甚至宇宙的宏大感。有人认为,恐龙是在 6 000 万年前流星体碰撞造成全球寒冬时灭绝的;其他物种则消失在大陆漂移或冰河提前阶段,其栖息地被新物种取代。此类进程,几乎具有仪式性的壮丽来匹配那场灾难的量级。我们可能把这种规模的灭绝视为"不可抗力",意思是,这种事不仅发生的时代遥不可及,而且碰上了无论如何我们都会归属为至高无上的威力。

　　但是,埃克森广告上老虎的命运就不会这么尊贵了,其种族灭绝可能会与埃克森几年前不顾一切向钱看而使阿拉斯加海岸遭受的石油泄露有关;还可能与我现在逗留的机场有关,这里的飞机燃油都是由埃克森提供的;或者与巴西热带雨林被劫掠有关,这种事情就在我所在城市西部的某个地方日日夜夜地进行着;还可能与高科技有关,那个我没看出有多大的必要性需要旅行 8 000 英里(1 英里＝1.61 千米)地而出席的会议主题;甚至与滑稽的小巴特·辛普森那些不太明显的台词有关,其虚构的存在依赖于我刚和从世界各地飞来的专家们讨论过的技术。

所有这些,都表达了人类文化中某种草率的力量正肆意奔突,向所有领域疯狂伸展其技术的灵巧和工业的能量。什么原因才能值得种族灭绝呢?我们对自己的财富所做的一切,用于喂饱饥肠、医治病人或抚慰绝望的东西太少了。在地球的命运和我们的技术力量所致力于的奢侈、浮夸和贪婪的暴力之间,完全没有形成明智的平衡。然而,我们生活在这种不平衡中,毁坏着地球,却听不到其痛苦而愤怒的哀鸣。

小男孩儿翻过一页,一个物种死去,一个电视卡通取而代之走入他的生命;他不知道,也没感觉。在他的年龄,我也是这样一个漠不关心、在那种令人神魂颠倒的城市文化幻觉中长大的孩子。

带有传奇色彩的人物、美国印第安人领袖西雅图酋长(Chief Seattle)的话,还在我心中回响,那是在环保主义者中享有几乎是先知声望的声音。我知道,其真实性可能存疑,但确实是动人的:

> 没有野兽的人类算什么?如果所有的野兽都没有了,人会死于精神的巨大孤独,因为,无论野兽遭遇了什么,人类也会遭遇。万物相连。无论什么降临到地球,都会光顾地球之子。[1]

尽管在理论和实践上可能存在很大的差异,但现代精神病学的所有流派都同意,真理问题是疯狂的核心。当我们对自己撒谎、拒绝面对痛苦的现实、隐藏自己充满耻辱的空想时,我们会发狂。然而,并不是为了生存而不得已为之,只因为无知、为了短暂的娱乐、微不足道的喜悦或暴富,就毁掉与我们同类的全部物种,其负疚感在哪里?毕竟,我们是同道,甚至最隐秘基因遗传的一部分,都与这些我们由其繁衍而来的野兽绑在了一起。冒着怎样疯狂的风险,我们才会与他们隔断忠诚?

第三次暴行

在其最深层,心理学是对正常神志的探索。而在正常神志的最深处,则是灵魂的健康。一方面,无论采用什么技术,心理学都必然是一种哲学的追求,是对伦理行为、道德目的和生命意义的批判性审视。过去每一个主要哲学和宗教体系都以心理学为基础,试图治愈灵魂的创伤,引导其走向救赎。

另一方面,现代心理学一直试图脱离哲学和宗教的所谓最鲜明的主观性尝试。以包括经济学、政治学和社会学在内的其他学科为榜样,心理学在选择某种科学的调查模型,以期避免判断中存在的危险。20世纪初的行为主义者对这一理想的主张最为极端。虽然他们的主要研究对象是人类的心灵,可能会分享人类的激情和渴望,但却影响了天文学家观察遥远天体或生物学家在显微镜下解剖标本时的冷静和淡定。该流派创始人之一克拉克·哈尔(Clark Hull)曾把他的方法论描述为"对拟人化主观主义的防御",声称其目标就是对待自己研究的"行为有机体"如同"一个完全自控的机器人,其构成材料很可能不像我们",是一种在刑讯室和在实验室表现得一样好的能力。

尽管弗洛伊德通常被认为是行为主义的主要反对者,但他毕生都在努力保持尽可能严格的科学性,这一目标在很大程度上是他所幸未能实现的。结果,其研究注定对艺术、文学和哲学的影响,大大超过原本想借助啮齿目动物和鸽子效仿人性的研究。尽管弗洛伊德愿意承认,人性有一处隐蔽的内里,其中的秘密可能比反射弧的逻辑更加难以捉摸,但是,他仍希望心智的这些暗中势力和隐藏的幻觉能成为客观检视的内容。

继弗洛伊德之后,精神病学的理论和实践都发生了巨大的变化。我们在此把他作为基准,因为比起行为学家,他以更为生动的方式意识到追求一种科学的心理学所具有的哲学意义,并定位了最具雄心层面的问题。在他眼里,心理分析绝不缺少划时代意义,这是人类从迷信到文明的长期艰难征途中的最后阶段。然而,正如理性生命尤其值得珍惜一样,弗洛伊德坦承,这一过程并没带来多少快乐,相反,科学进步是一种严峻的考验,"在这个过程中,人类不得不忍受科学之手对其天真的自爱实施的两大暴行"。第一次是在哥白尼时代,人类"意识到地球不是宇宙的中心,它只是我们难以想象的浩瀚星球体系中的一颗微粒"。

　　三百年后,达尔文在生物学的革命,"剥夺了人一直以来被专门创造的独有特权,将其归降为动物世界的后裔,意味着人类具有根深蒂固的动物本性。"这已经够糟糕的了,但更坏的消息还在后面,"人类对宏伟的渴望,正遭受着第三次也是最苦涩的来自当代心理学研究的打击,该研究竭力向我们每一个人的'自我'证明,他甚至不是他自己家的主人"。[2]

　　心理分析必须是对人类自我的又一次暴行吗?就弗洛伊德坚守的与牛顿和达尔文的科学具有共同基础的心理学而言,确实如此。作为一个从不惧怕公众反对的人,他预言,"必将出现对科学的全面反抗……以及对因公正逻辑的制约而成为反对者的解放"。他愿意通过强迫公众咽下这粒苦涩的药丸而看到这种反响。他从没想到,反抗会比孩子般的任性更多,这可能表明他的科学过于轻易地否定了对超凡意义的合法需求。

　　在其职业生涯之初,弗洛伊德做出采用精神病医疗模型的重要决定,把受伤的心灵描绘成某种类似折断的骨头一样的东西,明显的伤害需要某种同样明显的修复。这是一种安全的小假设,是神经病学家轻易就能想到的,也可能是其同侪感兴趣的。他多次超越那些机械的行为学家,把意念说成是压力、动力和执行的仓库,如同装在头颅里面的一个靠本能做燃料的发动机。确实,许多这样铮铮作响的技术术语,都由他的译者输入到他的写作中,毕竟,弗洛伊德确实把自己的研究对象称为 die Seele,即"灵魂"(soul),而不是"心灵"(mind),他选择了一个诗人或哲学家可能使用的德语词。即便如此,他还是不擅长运用工程性的比喻和还原论方法,而这些则主导着他那个时代的科学。弗洛伊德希望那个医疗模型会保障心理分析的科学热情。但是,要与该标准契合,他需要一种衡量心理疾病的客观方法。像行为学家一样,他感觉这可以从先前存在的社会规范标准中找到；父母、教会、国家、朋友和邻居怎么界定正常神志，正常神志就是什么。为了尽可能使其听起来是科学的，弗洛伊德把孩子对成人世界的模仿，称为"现实原理"（reality principle）。一旦现实原理占上风，孩子的"快乐原理"（pleasure principle）及其对及时抚慰的不实际需求，就会服从经过快乐预算的更合理体系。孩子将学会安于接受延迟满足。如果这种向成人的过渡把孩子带入一种高尚而令人满足的品质生活，那可能标志着一种足够体面的"规范"理想。当然，事实并非如此。现实原理下的世界充满了战争、暴力犯罪、借机剥削。然而，弗洛伊德最初的观点是直言不讳的，一个人必须屈从于控制力；精神病学家的作用，就是引导任性的病人回到社会的常态路径。

共谋的疯狂

　　诸如此类的简单假设，是弗洛伊德早期的特征，当时他还希望自己趋附其时代的医学成就。但是到了后期，他开启了两条绝非简单、还可能正好是还原论反面的极具丰富性的思维脉络。

　　第一条脉络，源于弗洛伊德对正常神志的社会背景越来越大的质疑，并最终导致其对自己先导的神经病学的医学模型的考问，尽管不是完全拒绝。第一次世界大战结束了弗洛伊德曾踌躇满志接受的一致认可的规范。在战争中，眼到之处都是以曾经长期视为"理性"的理想、政策、利益为名义的疯狂谋杀的场景。这样的社会，怎么可能被认定是正常神志的应有标准呢？那些不接受这些规范的人，能被公正地视为疯狂吗？这是不是由于心理学家的作用才给他们贴上了这样的标签，并迫使他们与这些"公共神经官能"保持一致呢？

　　弗洛伊德首次预示，社会本身可能存在神经病理学的症状，所以不能作为健康的标准。他的疑问是，"我们是否有理由得出这样的结论：在强烈的文化冲动影响下，某些文明或文明时期，也可能是全人类，已经得了

'神经官能症'?"[3] 这些话表明,弗洛伊德开始离开精神病学,承担起耶利米①的寻踪使命。他并不愿意扮演这样的角色,还曾抱歉地说,"我没有勇气在我的同胞面前竖起一个先知的形象"。因此,他从没有追求其富有伟大洞见的政治意义,也没有试图将其整合到他的临床实践中。根据所有的报告,作为父亲、丈夫、老师,弗洛伊德拥有太多的权威,不会挑战统治权力;他的政治立场是那种知识分子精英对大众反叛的抑制,最终,他还是愿意向当权者妥协的,尽管有点病态。他肯定,另一种选择就是无政府主义。处于疯狂的政府和全社会巨变威胁的夹缝中,他只好认命,认为文明遭到不满和绝望的折磨,很可能会导致种族灭绝;更令人沮丧的是,还会引发爆炸性的反叛,带来更多的镇压,继而带来更大规模的战争。

　　直到第二次世界大战爆发又结束,心理学派才又出现,愿意严肃地看待弗洛伊德的集体精神失常(collective insanity)假说,并沿着一条不同的路径启程了。背景如弗洛伊德学派一样的存在主义马克思主义者莱恩(R. D. Laign),即其中第一个针对精神失常问题提出相反观点的人,坚信疯狂者,或至少部分被认定患有"精神分裂症"者,可能是竭力需求保护的稀有而濒危物种,而心理学分析,可能是朝着启蒙性突破迈出的第一步。这也许是那些至少仍有足够的弹性来感受社会压迫的痛苦者,对真正的正常神志的初步断言。因此,精神病学家有责任站在疯狂者一边,反抗错误导向的社会权威。莱恩认为,我们生活在"社会共享的幻觉中……我们串通好的疯狂,就是所谓的正常神志"。[4] 这就是事实,理论和疗程都必须据此采取自己的态度。如果家庭是神经官能症之源头,那就要抵制这样的家庭。如果国家提出的要求迫使敏感的人发疯,国家就是被抵制者。精神病学成为一项革命任务。

　　基于莱恩的作品,以及托马斯·萨斯(Thomas Szasz)的作品(《精神疾病的神话》,*The Myth of Mental Illness*),形成了一个小规模的反叛学派——根本疗法 (radical therapy, 有时也叫"反精神病学",

---

① 耶利米是《圣经》旧约中继以赛亚之后第二个主要的先知。

antipsychiatry），认为自己是疯狂解放战线（mad liberation front），即一个苦难灵魂联盟和倡议，抵抗所有试图将其"调整"到疯狂世界中某个位置的势力。莱恩派信众的一个组织，非传统行动者（activists for alternatives），称自己是"前精神病囚犯，一般被叫作'精神病人'的组织"，是这么描述其使命的：

> 我们的立场是决不妥协。我们相信，"心理健康"的确立蒙骗了美国人民。"心理疾病"的理念是一个误导而贬低性的比喻。精神病院的"精神疗法"，多数情况下是对身心的亵渎。精神病"诊断"是有损人格的标签，没有任何科学正当性……在对待被贴上精神病标签者的方式上没有任何变革：这是一段从未间断的野蛮实践史，被专业人士合理化为医疗程序，旨在控制病人的所谓精神疾病。[5]

根本疗法是一个勇敢而具有同情心的项目，但像许多形式的政治激进派一样，与其说以重构告终，还不如说以指责结束。它为反叛者的权利喊话，但是对其高高置于家庭和社会权威之上的更高正常神志，却没有清晰的概念。给我的印象是，那些致力于根本疗法者，可能从没超出对精神病学当权者的英雄主义对抗，结果往往是政治事业，而非身体健康，尽管总是希望二者能结合成"一个民族的心理"，"为革命进程提供不可或缺的自我意识成分"。[6]

我同意根本疗法的前提，神经官能症是在某种政治背景下界定的，因此与一个人周围的社会健康与和谐有着密切的关系。我也相信，根本疗法的正确性在于挑战任何形式的精神病学，因为后者视其作用就是把精神病的概念强加在社会异己者身上，并不把这种行为视为论战的主体。我的目的，就是要把这种辩论与弗洛伊德后期作品中的另一种伟大洞见联系起来，那是比共谋的疯狂更大的智识挑战。

死神

第一次世界大战后,弗洛伊德着手更新精神分析学,超越了原有的快乐和现实原理。在这些有关意念的未知领域,他大胆地提出了新的理论框架,不亚于又给心理学增加了一个宇宙维度。在探索意识的最深层基础的过程中,他的结论表明,本能比性欲更深奥。在性欲背后,弗洛伊德坚信,生命本身的基本生物性渗透到了身体的本质纹理中。生命是无情宇宙的一个"变态"事件,遭到所有本能的最保守者的反对。死神完全想要灭绝生命,还原宇宙的无生物状态。弗洛伊德相信,生命力对抗的正是其所汲取生成鲜活身体和思维意念的肉体性。

[根据他的推理],有时,生命属性会在无生气的物质中,在某种力的作用下被唤醒。对于这种力的性质,我们还无法形成任何概念。而在这种无生气物质中随之形成的张力,会努力消除自己。第一个本能便以这种方式产生,即回到无生气状态的本能。[7]

尽管这种观点似乎在形而上学上罕见,弗洛伊德还是试图将其运用到临床实践中。他一度相信,"重复冲动"可能与这种原始的想要回到某种从前的快乐中的生物需求有关,因而才一次次地重复。这也许是所有生物试图回到原始无机状态的潜在动机的释放。弗洛伊德认为,"所有生命的目标就是死亡",这是一种象征智慧高度或绝望深度的极具野心的宣告。

由于死亡的本能渴望排除存在的苦恼,弗洛伊德还将其归因于"涅槃原理"(nirvana principle),那种他感觉只能在完全灭绝中才能出现的绝对静谧的渴望。把涅槃说成是欲望的终止,这是对佛学意味非常无知的解释。弗洛伊德的读物都具有德国早期浪漫主义的色彩,与诗人诺瓦利斯

(Novalis)①的世界之苦非常接近,后者渴望在没有历尽存在之苦之前就死去。无论如何这是极具雄心的想法。通过其在大脑中的神经生理学构造,弗洛伊德把意念与更广泛意义上的物质宇宙联系起来,在瞬间与死亡的遭遇中,生命是失败者。弗洛伊德相信,自然"不朽地遥立远方……她冷静、残酷、无情地消灭着我们"。⁸这种悲惨无情的事实是多数人不敢面对的,绝大多数胆小的物种只好求助于宗教的幻觉,或在恐惧和悲伤中变得疯狂。

　　这种悲情观点,在那个世纪之交的不可知论知识分子中非常普遍。当时的物理学赋予生命宇宙中一个无足轻重的位置,是惰性化学成分随意波动的不确定结果,只有少数理论物理学家开始探索新发现的亚原子悖论领域,认为所有牛顿学说的确切性都难自圆其说。即使如此,新物理学并没有在量子宇宙中为生命和意念提供更多的"自然"空间。对于广大公众,物质还是那些简单的东西:微小、呆板而无生命材料的杂乱无章的集群,与生命迥异,根本无法解释,除非有某个奇异的事故临时扰乱了热力学第二定律的最高统治权。生命转瞬即逝,注定以不可避免的、向最大熵的漂移而归于灭绝,最终,宇宙中的所有化学过程都会屈从于那个巨大的终极"热寂"(heat death)。之后,对于所有的不朽,除了点缀着早已消亡的星体残渣的真空外,什么也没有,没有,根本什么都没有。

　　在那个世纪之交,这一无法逃避的命运前景,不仅影响着科学,也弥漫于哲学和艺术。这也解释了难以抑制的悲观情绪所蔓延出的光晕,遍及豪斯曼(Housman)和道森(Dowson)的诗歌,亨利·亚当斯(Henry Adams)和奥斯瓦尔德·斯宾格勒(Oswald Spengler)的历史研究,尤金·奥尼尔(Eugene O'Neill)的戏剧,以及托马斯·哈代(Thomas Hardy)的小说。诗人斯温伯恩(Swinburne)哀叹:

---

　　① 诺瓦利斯(1772—1801)德国浪漫主义诗人。他的抒情诗代表作有《夜之赞歌》(1800),《圣歌》(1799)等。

于是，星辰和太阳沉眠，光影不再交叠；

水颤无声，视野静寂；

冬不住，春不停，日日物物不更歇；

唯留永恒夜长眠。

　　这就是弗洛伊德开始把意识与宇宙联系起来时的令人忧思的知识分子氛围。作为一个教条的唯物主义者，他设想精神分析学是从本质上探寻"意念与身体关联后对意念的需求"。身体是本能的储藏库。弗洛伊德所说的"本能"（instinct），是进化意义上的，是在生物史上把人与动物联系起来的那个词义。然而，弗洛伊德对心智的物质基础所做的探索，最终还是陷入了僵局。他对宇宙毫无生机且冷漠的想象实在恐惧，证明精神病学是没有未来的。他创造的人类心智的形象，陷入一种无限的孤独中，找不到安慰、同情及其希冀的温暖、爱和接受的回应。这样的宇宙学根本不能打动人的精神。

　　尽管有着丰富的形而上学反响（或许因此），在西方心理学史上，死亡本能和涅槃原理始终保持着对知识分子的吸引力。甚至在弗洛伊德去世前，精神病学家爱德华·比布林（Edward Bibring）还认定这些原始本能都是"理论上的"，绝不"在临床或实证性讨论中"引证。[9] 因此，弗洛伊德之后的精神病学转向其他更为实际的方向，总体上的发展可以描述为对神经官能症更广泛社会架构的探索。对弗洛伊德的通常指责，在于其理论太过局限于心智内部机制，即人们熟知的自我（ego）、超我（superego）和本我（id）的论争主题。其追随者觉得有必要跳出这一狭小的空间，去到家庭、群体、文化等更广阔的外部世界，从而找到神经官能症痛苦的根源。20世纪成长起来的多数流派都有这一特征，从以人际主题的功能性归宿为目标，变成以社会需求为目标。

　　弗洛伊德的追随者做了无可厚非的调整，旨在使自己的专业工作更具实用性。但也出现了意想不到的巨大损失，因为这些精神分析方法完全忽略了弗洛伊德对快乐原理以外的探索，变成显然更大、更复杂的治疗系统。从某种意义上说，这是真的，更具社会完整性。但是从另一种意义上看，他们严重降低了精神病学理论的门槛，偏离了弗洛伊德在其后期更具预测性的文章中努力赋予该科学的宇宙纬度。新弗洛伊德学派让人期待的，可能只是城市工业文化的精神疗法，分享该文化对我们在身体、灵魂、意念上都依赖着的更大自然环境的轻慢。

规范的异化

弗洛伊德旨在把精神分析学定性为医学的一个分支的努力，招致一些人指责其对意念研究的方法属于狭隘的还原论。首先站出来的，便是其天才学生卡尔·荣格(Carl Jung)。现已众所周知，该回应认为，弗洛伊德试图寻找所有人类行为的身体的、特别是性的根源，以为一旦这些儿时的主要创伤能够回到意识中，病人就会得到治愈。然而，正如荣格最终对弗洛伊德好斗的科学立场充满指责一样，他是极少数，至少顺便，考虑心智和物理性质之间关系的分析者之一。在其神秘的研究中，荣格对于世界上宗教的符号象征数字 4 的影响力深感震惊。他发现四位体(罗盘的四点，四大元素，四种性格，方形的四边，等等)经常表示整体形象。在神话传说中，用什么来说明这种"统计概率"呢？他发现，"我忍不住要说，这也是一种好奇的'本性运动'(sports of nature)……物理机体的主要化学构成是以四个化合价为特征的碳"，并立刻支持这一观点，唯恐"这样的类比"可能成为"一种可悲的低劣知识品味"。有人好奇荣格的脑子里都有什么，也许是某种生命化学基础的最原始记忆？[10]

在其作品的其他观点中，荣格涉及深度心理学和全新的量子力学领域之间可能存在的交集。该假设与荣格的世界一体(unus mundus)概念有关，即位于神秘觉悟(illumination)核心的那种难以言表的统一性。他怀疑，量子力学，特别是互补原理，是否能为这一不易参透的理论领域提供某些洞见。

> 如果这些反思是合理的,必然会在心智的性质方面产生重要的结果,因为,作为一个客观事实,随之会与生理和生物现象有密切联系;但是,也可能伴随物理活动,最密切的联系则是与原子物理学相关的领域。[11]

虽然荣格就该主题与物理学家,也是他的一位病人——沃尔夫冈·保利(Wolfgang Pauli)进行了信件往来,但他并没有进一步探究这一理念。一些荣格派的理论家,包括维克多·曼斯菲尔德(Victor Mansfield)和马文·斯皮格尔曼(J. Marvin Spiegelman),之后继续对这一问题进行了探索,认为这种极具雄心的微粒波动量子力学的关系,至少从象征意义上,表达了意识与潜意识之间的互补关系。

较之那位技艺高超的城市知识分子弗洛伊德,荣格总是对其成长的乡村环境有着更深切的感情。在其作品中,时不时地对自然之美和野生生命深情流露。在其回忆录《记忆、梦想与反思》中,他讲述了自然界在其童年充满了神奇,"每一块石头、每一片花草、每一件事物,似乎都具有生机和难以表达的奇妙。我沉浸在自然中,远离整个人类世界"。1923 年,在一次早期的专业研讨会上,他明确了心智遭受人类文明社会最严重压抑的那四个不可或缺的部分:"自然,动物,原始人,创造性幻想。"[12] 然而,随后几年,主导其时代的科学范式逐渐丰富了他的思想。试图把心智与物理性质联系起来的宏大理论淡出了其较为成熟的思想,取而代之的是更为坚定的非物理心智理念。在意念深处或本源,他想象出一种包含人类复合智慧的非物质的集体无意识。这种意念深处的内容,以原型语言,即超越区域文化界限、感召启迪意念的符号书就。荣格说不出这是如何产生的,但从他赋予其中的宏大和普适性,以及每每提及所表现出的敬畏来看,这种集体无意识对于荣格来说,不是神就是与神有关的东西。至少他认为,这就是人们传统上对这种"精神世界体系"的理解,他们将其解释为一个人,"他们称其为上帝,是所有现实的精髓"。

　　荣格很清楚,集体无意识及其原型内容,标志着与弗洛伊德的生物医学还原论的决定性分裂。他至少抛弃了"物质的全能性",倾向于"并非由身体决定的独立心智"。其学说将是"一种不以物理基础解释一切的心理学;诉诸精神世界,其积极原理既不是物质及其数量,也不是任何能量状态,而是神"。[13]在之后的岁月里,弗洛伊德嘲笑其曾经最青睐的学生的背叛,公开表明,他只尊重荣格还"只是个精神分析学家而无意于成为一个先知"[14]时形成的思想。

　　对于许多在宗教上疏离的西方人,荣格的精神病学打开了被传统理性长期封锁的大门。荣格曾经称其工作是治愈"城市无神论者神经官能症"的一种尝试。一些评论家在荣格的作品中看到了古代诺斯替教的一种现代化形式,即通过对奥秘的认识来寻求启迪。该系统无疑为讨论正常神志提供了一个宏大的视角。所有伟大宗教传统的最高思想学说现在都可以通过集体无意识回到我们的文化中,并以一种更容易协商和心理分析性语言进行讨论。遗憾的是,这种语言并不总是实现精神目标的最佳途径。许多情况下,荣格的原型分析枯燥而折中,事物被贴上标签后列举出来,这里是神之子的例子,那里是受难救世主的例子,一条一条放在分类架上,然后继续。这种方法可能会成功地赋予古老神话以一股小小的学术生命气息。近期流行的荣格神话学者约瑟夫·坎贝尔(Joseph Campbell)的作品,证明了人们的关注点,即在寻求鲜活价值的事物时,对世界上被遗忘的传说进行梳理。但该方法会非常沉闷迂腐。

　　更为严重的是,该方法会深化心智与自然之间的分歧,而这种分歧正是需要治愈的。这很具讽刺意味,因为荣格深信他在为"实践心理学"做贡献,"那是有助于我们依据病人的结果解释事物的一种方法"。他认为,"在实际精神疗法中,我们努力使人适合生活。如果我认识到的是自然价值,并用物理术语解释一切,我会轻视、妨碍、甚至破坏病人的精神发展"。在宣称其希望公平对待病人的"物理存在"时,荣格的决定最终却把自己与科学唯物主义置于如此高压下的"精神现实"完全分离开来。像其他众多人本主义支持者一样,他的"实践"战略是通过自然世界屈从于失去神圣性的科学方式而完成的,因而加深了物理与精神的裂缝;同时,还把荣格派的某些紧张态度转变成一种准宗教派别,这是那些仍然坚守自己科学学科地位的其他治疗专家一直都不愿追随的。

除了有关互补论和四位体原型论等未有进展的假设,似乎可以公平地说,就其体系的规模和精神共鸣而言,荣格绝对缺少后期弗洛伊德表现出的重要品质。虽然终其一生,荣格大部分时间在家里过着林木水域环绕的田园隐居生活,除了迄今为止对诸如"大地母亲"或"天空父亲"等抽象概念给予学术性关注外,其正式的理论著作则几乎没有多少自然的意味,否则,荣格似乎会跨过所有宇宙,站在那片高高在上的纯净知识高地上。结果是一种有关意念的非肉体空灵思想集,似乎完全背离了意念演进的世界。像所有后弗洛伊德主义者一样,他也接受我们对森林大海、河流山脉以及对所有兄弟姐妹的疏远是确定和不可逆的。在这种正常的疏离条件下,这种疗法尽其所能,用依然是对城市的虔诚替代了"无神论者的城市神经官能症"。

在后面的章节里,我们还会涉及荣格学派某些有意义的生态性延伸。这里,我们先关注一下,虽然弗洛伊德没有在无声的自然界发现什么相关或令人满意的东西,只要作为悲剧性背景,自然始终在他的作品中。人类与其如影相随,他们的精神是更大意义上宇宙物质的自然结果,即使有些怪异。自然的力量在我们体内搏动,用动物的欲望和饥饿充斥我们的生命。意念是大脑,大脑是肌肉,肌肉是化学物质,原子,电能,所有这些都属于科学领域。如果说荣格似乎放弃了科学,那么弗洛伊德则紧抓不放,作为唯一可靠的自然客体的研究课题。对于弗洛伊德,事实尽管无趣,心智就是自然客体。

变质的环境

虽然专业文献很少讨论,但弗洛伊德令人失望的生命景象仍然时常萦绕在主流精神病学思想中。作为一种消极现象,就算不提也总在背景中——宇宙形象太过异己,难以进入意识。现代精神病学决定与一般意义上的自然分离,转而服务于更纯粹的个人或社会参照系中的心智,就是源自弗洛伊德大胆却没有成功的努力,即在内部和外部世界之间找到人类可接受的关联性。

那次失败,在存在主义治疗学派中展示了特别的悲情,致使弗洛伊德的正统理念遭到最坚决的一次修订。大量利用德国的存在主义和现象论的存在分析(daseinanalyse)开始发现病人的真实世界,"那个他生活、移动和生成的世界"。特别要强调的是,用罗洛·梅(Rollo May)的话说,这意味着治疗师必须"把人类描述成一种兴起和形成,即存在,而不是一个稳定物质或机制或模式的集合"。在致力于发现病人的生活和即时现实过程中,存在主义者小心翼翼地把环境包含在其理论结构中。但遗憾的是,他们对"环境"的理解还是暴露无遗。客观世界(umwelt)只是三个"世界"中的一个——心智所在地;很快会被忽略而过,进入到更钟爱的社会世界(mitwelt),特别是个人世界(eigenwelt)。客观世界被认为只是物理要素的总和,用梅的话说,其构成是

> 生物需求、驱动和本能——是一个人如果没有自我意识就会继续待在其中的那个世界。这是一个自然法则和自然循环的世界,睡与醒的世界,生与死的世界,欲望与解脱的世界,是有限性和生物决定论的世界,那个我们每个人必须以某种方式调整的'被抛入的世界'。[15]

我们知道,弗洛伊德对所有这些都有过大量的探讨。对于存在主义者,抛开弗洛伊德并不意味着修改其自然设想,而是在其之上构建新的分析层次。因此,客观世界(umwelt)只需要在人们迅速进入"心理治疗理论的未开发前沿"时顺便指出。那是什么呢?个人世界(eigenwelt),"自我与自身的关系"。这是一个独特的人的领域,在这里,我们脱离了客观

自然,站在客观自然之上。与仅仅是"环境"的东西相比,这是一个真实的"世界"。用路德维格·宾斯万格(Ludwig Binswanger)的话说,"动物不能成为我－你－我们－自我……没有任何世界……动物拥有的环境是自然的恩典,不是通过超越情景的自由获得的"。[16]

我们这里拥有的,是异于自然的环境,就如同我们期待治疗专家及其客户要了解的,一个空虚、平凡、某种令"真实生命"烦恼的背景,是社会和个人的。罗洛·梅的描述是这样的:"治疗的目的是让病人体验其真正的存在。"这是一个值得赞美的目标;但是,存在主义者以为,这是要离开环境而回到内在,"神经官能症患者过分关心客观世界,对于个人世界比较冷漠"。客观世界,那个与其他有机体共有的世界,几乎让人不感兴趣。而且,个人世界是一个令人类着迷的欲望库,也正是人们找精神病学家讨论的那些心灵创伤。为了描绘个人世界的轮廓,存在主义者像他们之前的弗洛伊德一样,已经准备好从文学和哲学中获得洞见。但是,他们喜欢的权威——尼采(Nietzsche),马塞尔(Marcel),帝利克(Tillich),萨特(Sartre),加缪(Camus)——全都是现代西方人特有的焦虑方面的专家,对于他们的所有洞见,与其说是神经官能症文化的良药,不如说是典型的症状。甚至他们中的宗教人士,像克尔凯郭尔(Kierkegaard),始于为沉寂怪异的现代科学领域背书,之后在痛苦中离去。人们不是努力面对自然,而是以"飞跃的信念"超越它。自然成了我们寻找那个完全他者的上帝所必须摆脱的牢笼。

就算从研究这些天赋异禀、口齿清晰的受害者身上我们可以学到很多,其中最主要的治疗方法经验,则是那些敏感但高度城市化的思想从未提出的一个问题。作为现代生活特征的"认识论上的孤独"源自哪里? 这是我们的生态无知吗? 尽管顾客可能不得不作为病态隔离的自我开始其治疗请求,但是,我们在客观世界发现的无力的、本质消极的环境概念,能有助于治愈这一状况吗?

玛丽·米志丽(Mary Midgley)试图在我们的文化遗产中划分出"兽与人"之间的微妙而复杂的联系,她发现对物理世界和生物世界的一些否定是"存在主义的真正畸形之处"。该哲学的推理是：

> 就好像这个世界一方面只有死寂的物质（事物），另一方面则全是理性的、受过教育的成年人，仿佛再没有其他生命形式。存在主义的这种离弃或抛弃的印象，我肯定，不是源于对上帝的清除，而是由于对生物圈（植物、动物和儿童）的鄙视性排斥。生活缩减为几个城市空间，怪不得会变得荒诞。[17]

同样，在后弗洛伊德学派的主要修订者之一——客体关系（object relations）学派中，"环境"的概念频频出现。但是仔细观察会发现，那是指社会环境，据说一出生就拥有了。杰伊·格林伯格（Jay Greenberg）告诉我们，"人类有机体必须适应的外部世界……无疑是社会的世界"。[18]而那个社会世界专指母亲，因为她是形成孩子和谐发展的"助推环境"——如果她是其角色的理想人选的话。没有人期望母亲是真正完美的，只是"足够好"。但是，无论完美还是足够好，母亲的作用就是社会化，她必须使孩子顺利完成独立和个性化。在此过程中，会发生性别的形成和角色培训，于是，又一个经过认证的城市-工业化个体融入文化中，时刻准备立业、成家、充分利用市场提供的一切，并且通常会像从前的父母一样，在生态无知的状态下继续生活。

再最后举一个例子：甚至当我们借助 20 世纪后期较具胆识的创新性人文心理学（humanistic psychology）时，也会发现同样的文化局限在作祟，把自然环境放在无足轻重的位置。例如，亚伯拉罕·马斯洛（Abraham Maslow）的开创性作品，是温顺、自我防卫式的"人本主义"，具有我们大学里人文学科周围充斥的同样温顺的气息。那里的文学、哲学、历史研究，有时包括艺术，都是以与自然科学严格分离的少数知识体形式存在的。人文学科关注的内容，完全是人内心发生的纯主观意义的东西，所有外部世界都留给了科学家。同样，人文心理学特别针对的"成长"和"自我实现"，与意念之外的真正世界毫无关联，都成了独立心智的私事。

马斯洛坚持心理学有其自己"独一无二的辖区",所应对的"心智部分,不是对外部世界的反映或模拟"。然而,马斯洛心中的"外部世界"当然是那个社会关系的世界。因此,在对他所认为的哈里·斯塔克·萨利文(Harry Stack Sullivan)等人际精神病学家的他者导向的强调做出反应时,马斯洛在拥护"自主的自我或纯粹的心理"方面越走越远。他因此成为一个可悲但有启发性的例子,说明当雄心勃勃的精神病学理论缺乏环境维度时,会有什么后果。

马斯洛的理想是"超越环境",是纯社会性的解读。即使这样,在某种程度上,他让步了,认为自己在追求"自我管理性格"方面走得太远,承认有点"自相矛盾"后,他建议,对"真正自我"的探索,可能实际上已经成熟到一种再连接的形式了。但自此,作为学术界和病理学界中人,马斯洛无法想象社会世界以外的任何东西,他的主要让步,就是承认可能存在"所有其他人类生物上的手足之情"。迄今,人文心理学再没有进展。[19]

这种精神病学派源于对颓废的还原论和行为主义者及弗洛伊德学派的肉体性的巨大反感,但这种反叛以将自己封闭在存在主义真空中而告终。在马斯洛或存在主义治疗学者的作品中,找不到任何非人类环境的意识,这些东西早已屈从于"硬科学"。目的、意义、价值,留待在人的内心即兴生成。

心智与生物圈

由于感觉意念必须摆脱古典精神分析学的束缚,后弗洛伊德学派认为,应该为精神病学寻找更大的社会背景。他们相信,要想创造出一种相关且有益的治疗法,必须在弗洛伊德描绘的快乐原理之外另辟蹊径——弗洛伊德好像在具有实际治疗用途的外在宇宙的黑暗中,什么也没发现。

弗洛伊德的继承者所不理解的,是城市文化活力在一定程度上对地球环境的影响,一旦出现这种影响,那问题就会不可避免地变成人类与自然界的关系了,继而就必然会为家庭和社会提供一个生态背景。病态灵魂可能确实是病态家庭和病态社会的结果。可是接下来,用什么办法来衡量整个社会的病情呢? 也许会有许多标准提出来,但有一个肯定独占鳌头:为了追求错误的价值而破坏了自己的栖息地、对自己所做的一切故作一无所知的那个物种,"疯"了——如果这个词还能有什么意义。

参考这种环境框架,我们也许会发现激进的治疗学者逃避社会强权压迫所诉诸的更高层次的正常神志。毕竟,与他们相左的科学化精神病学,是以遍布工业社会官方政治的相同自然想象力为基础的。在这一意识之后,可能就是超越传统智慧和当时的短暂价值的永久心理学(psychology of permanence)了。弗洛伊德后期的两个明显背离的思想——对于正常神志的跨文化标准的探索,及其渴望综合心灵(mental)与肉体(physical)的诉求——在生态框架中相逢。

这里有一个历史维度使正常神志的环境标准在我们这个时代具有了神奇的相关性。过去,由于人们的无知,栖息地的衰败足以危及其生存,但事情的紧迫程度比我们今天的感觉小多了。河谷遭到破坏,森林被洗劫,耕地消失,但这些破坏都是有限且暂时的。在世界上遥远的其他社会,也许永远都不可能知道这种悲惨的损失。那些我们与之共享地球的物种,还在幸福地延续,根本没有注意到它们极尽聪明、只想到自己利益的远亲——人类所犯下的滔天大错。种群迁徙、繁殖,灾难后不久——几十年,几百年——土地愈合了,破坏被幸运地掩盖起来了,河流滚滚,地球的自然大系统隐没了那些伤害,继续自然地运转。

现在,所有这些都变了。我们对全球环境的控制力变得不仅巨大,而且几乎是即时性的。人类的一个发明,在我们还没有意识到其对环境的危害时,就可能在世界范围内营销并付诸应用。我们被告诫说,几十年内,工业文化可能不经意间就能扭曲生物圈,打乱需要一千年才能形成的古老生态和谐。作为助推剂和冷冻剂的含氯氟烃(即破坏臭氧层的 CFC)便是这种致命的——但显然是偶然的——动力机制的指导性例证。在 20世纪 30 年代的首次商业化应用后,CFC 快速分布到世界各地,直到两位科学家(加利福尼亚大学的 Frank Sherwood Rowland 和 Mario Molina)出于好奇,在 20 世纪 70 年代中期开始,想要弄明白这种奇怪的新化学物质一旦排入大气中,最终都去了哪里。答案令人震惊,CFC 正在侵蚀保护生命免受潜在紫外线致命辐射的臭氧。自从在南极发现第一个臭氧洞,我们才终于明白该物质的杀伤力。然而至今,虽然我们目睹的风险证据明确,但人们——或者不如说是政府——是否会足够迅速地大规模行动来修复这一损坏,还不确定。对此,仍有专家质疑数据的可靠性,似乎最明智的做法就是我们应该等到绝对肯定自己的生存受到威胁时再行动。

　　然而,我们这里谈到的只是个小产品,其应用大多没什么太新奇的。有人可能会得出结论,作为一个物种,我们缺少必要的回应这种程度问题的本能反射,相反,我们会为继续自己的破坏性行为找到低劣的借口,说工作受到威胁……得考虑投资……舍不得的便捷等。会不会是我们的生存本能只与更加明显、眼前和当地的属性保持一致呢? 如果一个人因为找不到信用卡就下不了决心逃离一座燃烧的建筑,我们会怎么说呢? 面对全球危机,我们在相似的微不足道的事情上,迷失了自己。

　　心理学理论不能致力于如此规模的不合理现象,肯定是很大的缺陷。一种文化能够如此破坏维系其可持续性的地球组织,还能继续沿着该方向畅通无阻,那这种疯狂程度已经达到了一种致命的冲动,不仅超越了我们自己,甚至涉及我们周围所有野生的无辜者。我们以所谓理性的方式,奋力向前,要创造一个单元文化的世界社会,其中的所有存在,必须用这种方式成为城市工业文明的附属品。毫无疑问,这种对地球多样性的消耗具有生态冒险性,也许是种族灭绝。但是,即使没有这种可怕的景象,我们对生物圈的洗劫也会使我们丧失了事物的美和意义。这种罪恶带给我们的损失,和其他任何我们灭绝的动植物所遭遇的一样多。当然,对于植物来说,它们会承受着,可能经历漫长世纪后重新展开生命的冒险。但是我们,却在自己的破坏性方式中逐渐失去敏感性,丧失了欣赏、成长、创造的能力,成为具有攻击性的专横的“人”,失去了自己最本质的人道(humanity)。

我们这里提出的问题,随即成为环境学家和企业家辩论的伦理学和心理学问题——前者越来越烦恼,后者数量悬殊且无比乐观。论战背后的深层次问题则是,什么是我们认为的"真"(real),什么是我们理解的"好"(good)。

20 世纪 80 年代末期,环保局科学顾问委员会(Science Advisory Board of the Environmental Protection Agency)发布了一个报告,公布了在当前政治保守时期环保局决定优先完成的任务,尤其针对环保局故意将其在那些能够立即危害公共健康的问题上所发挥的作用降到最低程度提出质疑。在承认"健康的生态系统是健康的人和繁荣经济的前提条件"的情况下,顾问委员会为更广泛的伦理意义据理力争。

> 自然生态系统的价值不仅局限于其对人类的即时功用,还有必须以其自己的方式来衡量、并为其自身利益而受到保护的内在道德价值……顾问委员会对自然生态系关注太少……相比对生态风险的回应,其对人类健康的回应是不合适的,因为在现实世界,这二者几乎没有区别。[20]

这些话可能生硬且有点学术性,但是如果仔细听,就会听到前面章节提到的西雅图酋长的深情诉求。他对屠杀与我们共享地球的野兽所发出的哀叹,回响在该科学顾问委员会提出的环境伦理要求中,那是对非人类权利的支持。

但是,经过商业社会的严重分割,这种高贵诉求终归是对牛弹琴,比起西雅图酋长一百年前对美国政治领袖的恳求,没有更多的说服力。国内一所主要商学院完成并发起了一项反驳:

> 如果科学顾问委员会认为,找到珍视自然资源的更好办法就是赋予自然生态系统以"以其自己的方式来衡量……的内在道德价值",那么,该过程将退化为完全不符合科学和经济原理

的一种思想辩论。"为了其自身利益"而保护生态系统,意味着一种需要承担许多机会成本的自由处理的方法,包括公共健康和福祉的丧失……往往对生态系统好就是对人类健康和福祉的好。然而,从字面理解,是在要求美国人对待北美花斑猫头鹰或三角胡瓜鱼要像对待人类一样重视。多数人还没准备好把自己的重要性与猫头鹰和鱼的重要性等同起来。[21]

科学顾问委员会与实际的商业领袖们认知的"真实世界"是不同的。不过,以商业领袖们运用的物种对物种的利益成本分析方法来看,我们面临的所有环境问题,似乎都会指向某个明显的选择。那些猫头鹰、胡瓜鱼、海豚、红杉树,值不值得让地球上占统治地位的物种失去利润、工作和各种便利? 从诸如此类的"符合科学经济原理"的原则出发,从哪里才能画出一条界线而不至于地球多样性全部丧失——如果我们有能力造成如此可怕的结果的话?

这种狭隘的思维逻辑,让人想起妄想型谨慎分裂症患者会运用法律的精确来证明自己的观点,在其无可置疑的狭小想象空间中,每件事都有完美性,但整体模式则是疯狂的。这就是路易斯·芒福德(Lewis Mumford)所说的"疯狂理性"(mad rationality),其只能在我们与非人类的关系中充分展示自己,由此产生了人的世界。

存在主义精神病学的重要人物维克多·弗兰克尔(Viktor Frankl),把最极端的"边界条件",以个人经历的方式引入到其生平作品中。作为那场浩劫的幸存者,弗兰克尔在纳粹德国的死亡集中营里,以囚犯的身份穿越了人性的深度和高度。回到这个世界以后,他决定把他遭受的地狱体验融入现代精神病学理论中。尽管很尊重其前辈的工作,他还是几乎以嘲弄的方式,对其职业贪图享受的根源进行了反思。

谢天谢地,西格蒙德·弗洛伊德不知道集中营内部的事情。他的实验对象是躺在富有维多利亚文化情调的长毛绒沙发上的,而不是肮脏的奥斯威辛,那里……人们不带面具,无论是下流的还是圣洁的。

多亏了弗兰克尔,对集中营和战争整体上的恐惧迫使严肃的精神病学重新修订其对人类状态的理解。这是一项艰辛的任务,但要像往常一样为了疗法之便而逃避,则是懦弱的。弗兰克尔坚持,必须面对恐惧和绝望的决定因素,"因此,我们要警觉起来。这种警觉有两层意思:奥斯威辛灾难之后我们知道了人的能力所在,广岛灾难之后我们知道了人的风险所在。"[22]

现在,我们遇到了精神探索中的又一个里程碑,也是迄今最具影响力的,因为我们的技术威力是全球性的。奥斯威辛对于其囚犯的含义是一座专业化、理性化、有效组织化的杀人场,而这种含义正在被我们的城市工业体系迅速赋予范围更广的生物圈,我们自己则是那个环境中不可或缺的一部分。精神病学理论的各个维度,以及我们对所有人类、非人类和超人类事物的关联性理解,必须发展到把地球作为一个整体的栖息地包含在内。同样,面对挑战而退缩,就是懦夫。

在其后期的一篇预言性论文中,弗洛伊德思考了集体疯狂的困境,认识到这可能会有"特别的难度"。

> 在一个人神经衰弱的时候,我们以患者与环境的对比为出发点,假设环境是"正常"的。但是对于一个群体,所有成员都受到一种相同失调的影响,这样的背景就不存在了,必须从别处寻找。[23]

随之便是一场"别处"的复兴,首先就是我们都知道的最古老的精神病学。

第3章 石器时代精神病学
——投机性重构

蝾螈之目青蛙趾

新旧精神疗法的最明显差异,在于传统疗法的复杂性和宽泛性。在部落社会,身体和精神的不同远非我们理解的那么严格。几乎可以说,传统医学认为所有疾病都是精神的,即精神与其病源论有着密切的关系。因此,思想、梦幻、记忆、情感,必须用此疗法调动起来。[1] 石器时代精神病学的范围非常广。

福勒·托瑞(E. Fuller Torrey)对西方社会"精神学帝国主义"提出异议,指出治疗与连接治疗者和顾客的文化纽带非常相关。共同的世界观,共享的诊断词汇,彼此尊重的思想和原则,构成了治疗不可或缺的信任和信念。[2] 但是,如果我们得知,在对待本国人时部落技术比现代精神病学更有效,这些知识对我们可能几乎没有直接的价值——除非我们能找到和部落人共同的基础,允许我们从他们那里借一部分文化。这一共同基础可能就是那个铤而走险的基础。如果我们与自然的关系像环境危机呈现的那样糟糕至极,我们也许必须寻求帮助,无论在哪里找,包括寻找我们自己社会中长期缺失的各种悟性。除了从生活在不同世界中的我们同胞的不同经历中找,我们还能从哪里找呢?

但是,对于任何一个不仅仅对部落精神病学的学术调研感兴趣的人来说,这里会出现一个严重的问题。我们是在一大堆奇异、"不合常理"的实践大杂烩中接触到部落人的治疗方法的,并不熟悉其背后的学问,其借助的力量和精神令人眼花缭乱。每个群体都有自己的仪式和具有影响力的语言。作为旁观者,我们可能深信许多部落变化中隐含的共同主题。如果是这样,我们只能自己将其挖掘出来。然而,这一选择和抽象的过程,则是对另一个民族生活学问的冒犯。归纳的习惯,是一种典型的现代西方的文化研究方法,地方医者对于将其方法或原理普世化几乎没有兴趣。

传统疗法会固守其所在区域,植根于某个地方、某段历史,几百年来,在那里的气候节奏和景观轮廓中,始终与鸟兽亲密为伴。在当地的知识结构中,一条河、一座山、一片树林,都可能具有部落长者的品格,是几代人都耳熟能详的存在。石器富有能引起奇异共鸣的力量。这些东西对我们能有什么意义? 就像众所周知的"蟾蜍之目青蛙趾①",使魔法看上去如此荒唐。现代观察者努力成就的普适性概念,最终是我们自己的某种东西,是可能缺少原有色彩和力量的全新造物。

随后出现的,都影响广泛,但我觉得是对部落社会的正常神志和疯狂意义的有力概括,同时还有一些对史前时期不太有说服力的推断。正如人类学家对我们的警告,从当代引申史前部族的情况,总是很有风险的。现存的部落社会所经历的历史,和我们其他人类经历的一样多,在我们的时代,他们都深受无所不在并长驱直入的西方文化的影响。即使这样,那些保留了一定自治权的部落人,至少能让我们想起前城市社会早期的狩猎者和采摘者可能有的某种文化。

还有一点值得说在前面,为了挽回价值,我自作主张,略过了有些人可能视为散落在部落文化中的各种业务,因为我更倾向于这些实际上是"迷信"——可能只意味着我的想象力不足以理解或赞同的习俗。这是我

---

① 莎士比亚作品《麦克白》第四幕第一场中,女巫的一句唱词,表达某种神力。——译者注

的一个局限,偶尔会延伸到我现在所在社会广泛践行的忠诚治疗、基督教科学和许多新时代医学。我们每个人都有容忍和理解力上的限度。在此,我不是要忽略部落文化中看似无知和愚昧实践的存在。虽然承认其存在的问题,我还是建议要看到其背后的东西——就像当我们回到雅典的"黄金时代"寻找灵感一样,我们会抛弃奴隶制、杀婴、暴政的丑恶。正如鲍尔·古德曼(Paul Goodman)曾经的研究,人类学的政治运用在于"展示人性中'失去'的东西,同时,从实际出发,尝试使其恢复"。那就权且认为,那些"失去"的是值得我们找回来的。

圣礼王国

鉴于其与巫医挥之不去的联系,精神病学是一种古老的实践,其之于传统民族的构成和仪式,同样之于我们自己。心灵的治疗总是发生在特定的地点,特定的时间(只能约定),由训练有素的专人来完成——还要收取服务费(可能是物物交换的东西)。较之现代西方世界,精神疗法在一些部落社会甚至更为专业。塞内加尔人有六种专门的精神医者。在纳瓦霍人中,诊断是由一位专门的"颤手者"(hand-trembler)将手经过病人的身体,凭直觉了解病人的状况。纳瓦霍医者确诊的领域都非常固定并高度细分,治疗则分配给擅长这些领域中的一项或另一项技能的"歌者"。

如果我们认识不到部落精神疗法的高度复杂性,很可能是因为我们所说的"精神病学"已经不可避免地与该部落的政治、经济和精神生活搅在了一起。其分类运用了民俗和神话,认为在迷睡或出神的情况下才可能激发出最大的力量。

无论是传统的还是现代的,所有心理学都源于这样一种假设,即认为意念中有很多超出我们正常意识到的东西。意识生命,是一个更大的隐藏身份的外壳,甚至教条的行为主义者——对他们来说,"意念"和"无意识"等词汇都不受青睐——也承认,结构完好的反射弧,能在意识层面之下触碰到某些大脑皮层的潜意识领域。当我们问及与身体相关的这个意念的潜在部分时,心理学派中就会出现很多重大的问题。什么是身心(身体－意念)连续体?这里必须谨慎行事。在传统社会和我们的社会之间,对于"身心"的含义存在一种误导相似性,都认为这个词是把心智与身体联系起来。但是,接下来的这个身体是什么状态呢?

在西方,心智的生物医学模型是以先前存在的身体生物医学模型为基础的。意念所消化吸收的那个身体,已经不再是一个令人着迷的对象了,从其生理构件的角度,被理解为"只不过"是台机器而已。17 和 18 世纪的解剖概论对这种想法非常迷恋,认为身体的肢体和器官可以分解为弹簧、杠杆、泵和活塞。这是我们笃信身体可以通过器官移植手术得到改善的遥远源头。心智逐渐失去神圣性,因为其所依附的身体毫不神圣。连接二者的神经系统,被视为电化学仪器。沿着这些可还原的身体路线,人们可以通过药物、电击或外科手术来治疗心智。

弗洛伊德从没放弃这一模型,其神经学背景使其倾向于纯生理方法;但即使这样,他仍然开发了一种依赖梦幻、记忆和传记式叙述等无形的东西来研究心智的方法。精神分析很注重体验,因此,坚持准精神的无意识概念,但是,治疗方向完全是世俗的。在主要理论家中,只有假设了神秘且不具形体的集体无意识的荣格,坚持对人格进行超验性延伸。尽管如此,荣格的心理学努力反对弗洛伊德坚持不懈的唯物论,保持着严格的笛卡儿式的身心分离。我们在传统文化中没有发现这种二分法,因为那里的身体还没有非神圣化,更常见的,则是身体的功能和自然对象都纳入心灵的治疗过程中。一般意义的自然,以及身体,被视为是活着的,甚至是神圣的。超自然的东西寓于自然中,是一种永恒而有意义的存在。石器时代的精神病学,凭借前科学时期的心理学,不仅意念,而且身体,都参与到万物有灵论中。

正因为自然领域拥有圣礼性,传统精神疗法坚持身体必须与其保持至关重要的联系,如同二者之间一直进行着对话一样。马丁·卜波(Martin Buber)所谓"你我关系",并不局限于人或超验的神。人必须与自然建立超验的纽带，必须有付出和接收，礼貌和尊重。要与自然协商，为贸然闯入而道歉，为捕杀而求得动物原谅，努力为自己造成的损失做出补偿，提供奉献和赔偿。正常神志，就是这样一种人类与非人类之间的平衡与互惠。认为二者能够分离、人类世界应该或甚至被视为能够自主独立的思想，对于传统精神病学来说，是最大的疯狂。二者的联系不是简单的生存问题，而是道德和精神健全的问题。就像与人类同胞之间的关系一样，与环境的关系被理解为伦理关系，或者更多，因为自然领域具有神圣性。

自然界由有知觉的众生组成的说法，解释了传统社会中"神秘"实践的盛行。如果要对自然的各种精神表达敬意，就必须与其展开对话，必须说且听其语言。为了达到这个目的，必须具备专门的意识状态，包括冥想、酒醉、使用麻醉剂、舞蹈引发的晕眩、空腹或各种自我加身的苦难形式，这些都给部落人带来了"野蛮"的名声。在部落群体中，幻觉练习虽然需要严格的准备，但并不稀奇，甚至可以很随意：是宗教仪式的标准组成部分。大家知道，不同的现实需要不同的意识模式，而这些意识模式可能并不比每个夜晚的梦境更遥远，狂喜是跨人类交流的媒介。

在现代社会中，梦必须被定性为一个科学主题，才会受到除了浪漫主义或颓废派艺术家之外的任何人的认真对待。许多人把梦的解析作为"通往无意识的神圣路径"，并将其视为弗洛伊德对精神病学最伟大和最持久的贡献。但在部落社会，梦境生活再一次被随性理解为意识的正常而有价值的延伸。正是部落人赋予梦幻的重要性，使得许多早期的人类学家相信自己所应对的是"原始人"，这些人似乎对现实原理没有确切的理解力。然而，在传统社会，如果压抑或忽视梦幻生活，会被当成疯子对待。相反，人们会努力保持不断请教梦中的意念。按照文明的标准，为了获得指导和洞见，许多部落人"浪费"了太多的时间去关注和梳理梦幻。对我们来说，每一个工作日都始于闹钟惊醒的梦幻的破碎和一剂浓浓的咖啡因，最好是把脑袋清理干净，以备"真实"世界的忙碌需求。有时候人们怀疑，现代社会中的梦幻已经分解在电影电视以及我们文化中的正式的或电子的幻想生活中。另外,部落民族持续多天的仪式,可能就是为探索伟大梦想者的想象而设计的;有关战争与和平、重要的经济政治事务的深远决定,可能都基于对这些想象的解析。

对于那些要求对可能的精神病患者保持更大忍耐力的兰恩派极端治疗者来说,我们在此触碰到一个关键点。当我们屈从某种狭隘的现实原理,使非人类世界非其所是,那我们自己也会处于同样的境地中。更多的意念会遭到分裂,被迫进入到叫作"精神病"的越轨体验领域。

按照我们的标准,部落社会在很多方面都是很具约束性的。和我们的世界比起来,他们的世界受到的限制太多了,可能要妥协的只是一个岛屿,几处峡谷,或森林一隅;然而,在某些方面,他们的范围却比我们的大得多。因为他们把体验的各种想象形式视为与神圣沟通的基础;传统族人往往对古怪现象有着极大的宽容,其产生的差异是我们世俗心理学无法理解的。毕竟,有各种"疯狂"形式可能预示某种精神使命。在我们提到天才的"疯狂"时,就会意识到这一点——尽管不情愿。即使这样,我们还是没有文化上认可的方法来对这种疯狂表示敬意,更不用说鼓励了。

长期以来,我们的精神病学也始终围绕类似的情况,在病态和天才型疯狂之间有着成熟的区分。许多人可能还是很难接受。我们的城市里现在到处都是精神病患乞丐,他们没有被关起来的唯一原因,就是纳税人想要节省保持精神病院开张的成本。因此,这些人游走在街巷,嘀嘀咕咕、疯言疯语,行乞威吓。我们用什么标准才能很自信地断定他们的妄想是不是幻想呢?许多人不再相信自然世界会有值得我们关注的精神纬度;鉴于我们被混凝土结构和交通所包围,几乎没有多少人甚至能看到自然界。我们经常提到疯狂的人所"听到的东西""看到的东西",那是传统现实原理坚持不存在的东西。在部落社会,能看到、听到的东西太多了。山在说话,熊在说话,河流在说话;彩虹有所指,日食、月食有所示。

对自然对象万物有灵般的人格化,我们可能很难从"字面上"接受。部落人倾向于相信,事物的深度和复杂性,比我们现在所了解的内在系统构建倾向具有更宏大的正义性,不但不视其为死寂物质,在他们的理解中，这些东西充满了意念、意志和意图。在后面的章节中我们会看到，作为理解事物的深层自组织的复杂性基础，万物有灵论比牛顿的原子论曾经提供了更好的初级模型。有的人可能更进一步，承认万物有灵论证明了生态一体性，塑造了人与环境的关系，为剥削和滥用加上了伦理约束。但有时候必须面对一个更大的问题，对于传统族群来说，万物有灵论不只是一个"模型"，其正当性也不纯粹是为了功用，而是他们真正看到的世界。我们的祖先在人类智能的演变过程中，一直携带着诸如此类的敏感性。

这种敏感性的丧失，可不可能不仅解释了我们的生态危机，还说明了引起我们疯狂不满背后的原因呢？

历史真相的片段

弗洛伊德相信，文明的"进步"会使神经官能症日益加剧。在做出这一阴郁评价的过程中，他聚焦了文明生活制约本能驱动力的各种方法，认为本能最大的驱动力就是性欲和攻击性。许多弗洛伊德派学者仍然相信，俄狄浦斯困境（Oedipal dilemma）是神经官能症的某种核心原因，弗洛伊德充满想象地把这一复杂性追溯到原始部落的父子冲突，觉得"疯狂不仅有方法"，"还有历史真相的片段"。但是，如果那种真相的片段不是源于遥远祖先的过去，而是来自某些更晚近的文明生活的开始、社会经济使根深蒂固于元初环境的人类转向城市呢？这种"原罪"（primal crime），可能并不是史前对父亲的背叛，而是与母亲（大地之母——或任何我们希望把地球生物圈比作一套生死攸关的自我调节系统的界定方法）断绝忠诚的行为。

让我们把弗洛伊德学派对神经官能症的解释再推进一步。沉迷于自己有关精神分析学神话的创造中，弗洛伊德推测，图腾制度象征着野蛮的儿子把对被谋杀的父亲曾经感到的那种爱恨交织的矛盾情绪，迁移到了某些任意挑选的植物或动物身上。

该思想的戏剧性总会使得某些东西比较牵强,因而没有多少人类学家相信其效力,他们也不愿意接受普遍应用那些往往充满了弗洛伊德理论色彩的有点古怪的维多利亚思想。事实上,弗洛伊德把 19 世纪资产阶级家庭的品质融入史前的部落生活,这样一来,其忽略了的价值和优先考虑的事情,对前文明社会文化来说,比亲子对抗重要得多。

弗洛伊德相信,他对图腾制度的理解绝对没有夸张,因而所表达的潜在含义也是非常坦诚的。但是,图腾制度可能有更为明显的含义,即其准确想要表达的东西,是对始终与部落人相伴的动物展示一种虔诚的敬意。除了赞美,其形象的权威性适合界定家族关系的威严和各种社会功能。图腾仪式是象征性举动,往往会戏谑性地模仿动物,但并不像弗洛伊德所做的解释。他们崇敬渡鸦的灵巧、熊的勇敢和鹰的庄严,那是与这些非凡野兽内在的动物精神进行的沟通。要理解这些野兽,在其意识内部展开有见地的动作,是部落人生活的必要组成部分。例如,北美的波尼族人向各种动物咨询草本植物和根茎的医疗价值。他们认为动物都住在一个巨大的草屋里,只有在出神的状态下才能进入。那些找到进入通道的人,会获得秘密的治疗指南。[3] 我们该如何理解一种相信动物有如此深层知识的神话呢? 也许,部落人在其中看到的和努力去重新捕获的——与自然本能地团结、优雅地使用其栖息地——只是人类几乎忘记了的有关自己演进源头的东西。动物仍然是一个未分裂世界的组成部分,在那里,与自然元素互惠互利是不可动摇的;对它们的尊重,是简要回顾那种体验质量的一种努力。那座"大草屋",可以视为人类的演化记忆,我们是经过依然还住在里面的那些野兽的同意后才回到那里的。

可以理解,对一个像弗洛伊德这样的城市化知识分子,可能很难理解如此简单而坦诚的敬意表达方式,他很可能觉得这种行为孩子气。从这个词的最佳含义来看,确实如此——在神奇的事物面前表达神奇的能力。但是,弗洛伊德坚持一种更为复杂的解释,那是其病人和同事更容易接受、并对他们更重要的解释,即伴随着那个时代中产阶级家庭育儿过程的性挫折(sexual frustration)。在当代,亲子关系已经发生了巨大的变化。在已经进入富裕阶段的工业社会,精神分析学曾经必须严防死守的约束,已经松弛了许多。在我们今天居住的更加自由的氛围中,我们可以在祖先的文化实践中寻找其他更持久的意义。

我们试着总结一下对石器时代精神病学的这次极其好奇的探索。可以这样描绘:个体心智包围在一系列的向心环中。

在中央——我们身份的最核心部分——我们发现了弗洛伊德的本我,是继堕落之后人性的现代版本:任性、反叛、倔强。

围绕这一危险的没有被驯服的本能集合——将其关起来,改变其本性——是严阵以待的自我,即我们与外界交涉自己命运的那个社会性界定身份;所谓外界,则是自我必须深深"融合"为内心形象的那个具有责罚性的本源超我。从曾经严苛的大小便训练等各种责罚性形式开始,自我教给我们良好的举止、体面和必需的社会规范。超我是我们内心的虚构之家,从我们赖以获得养料和教诲的那个真正父母获得力量。

因此,家的周围是社会,界定和加强着父母的权威。其最直接和具有威胁性的表现形式,便是法律、法官、法院、警察、身体惩罚的威胁。如果超我的融合穿透得足够深,无论是父母还是法律权威,也会有情感上的威胁,如反对、社会耻辱、爱的丧失。我们都是社会人,用不认可作为武器——翻脸,像上帝从伊甸园赶走其不听话的孩子一样遭到放逐——可能是比身体惩罚更可怕的。弗兰兹·卡夫卡(Franz Kafka)在其作品中塑造了很多现代生活中的此类长期精神病患者方面的内容。其温顺的反英雄形象,在一个全方位排斥威胁的世界里瑟缩游移。甚至当这种反对来自不露面的官员时,也鞭辟入里,入木三分。

和多数现代科学精神病学体系一样,这与心智相去甚远。他们旨在针对"人与人之间的关系",但只停留在把"人"理解为其他人的范围内——父母,公职人员,教师,牧师。所有这些,在心智经济中都是被压抑的内疚因素,迫使我们接受按照大规模社会组织要求而分配给我们的身份。我们已经看到,当弗洛伊德试图拓宽精神病学环境而把宇宙包含在内时,他发现只有吞噬一切的熵的深渊(entropic abyss);可以理解,其后继者对此望而却步。但是现在,如果我们引进那个包括社会和文化的更大的环——全球环境,地球活体,所有生命都源于该个体和社会存在的终极源头,又会怎样呢? 我们是有机体发展中如此古老而亲密的一部分,在决定我们心智平衡的过程中,怎么能不发挥作用呢?

苏蒂尔·卡卡尔(Sudhir Kakar)发现,现代精神病学——至少以其经典的弗洛伊德形式——不同于传统治疗方法,对"文本"(text)的强调胜于对"环境"(context)的强调。他所说的"文本",指所治疗病人的私生活是一个自主个体的独立故事。这种英雄般严阵以待的身份感,深深地植根于西方社会对个人灵魂现实的承诺,源于上帝的特别创造而来到这个世界,以完成自我救赎。作为精神分析学的基础,这种对自我文本的紧密聚焦,使得治愈受伤灵魂成为一场孤独的纯心灵内部的搏斗。病人倚靠在安静黑暗的房间沙发上向医生单独汇报,转向内心来审视自己的生活。那里只有一位基本上不说话的精神病学家,其给出的帮助,要么是不带任何个人判断的同情,要么如同一块空白屏幕,由病人将其痛苦投射在上面。

卡卡尔指出,传统疗法很少关注个人文本,相反,其实践往往在更大的社会环境中展开,认为"忠诚屈服于某种超出个体的力量,要比一个人努力和搏斗好得多……人的力量之源,在于和谐地融入其群体中。"在乡村和部落社会,家庭总是随时帮忙治疗,很可能整个社区也是这一过程的一部分。20 世纪 30 年代以来,越来越多的西方精神病学家逐渐认同,弗洛伊德学派精神分析的隔离法可能使得再现压抑过程成为一种没必要的折磨。精神病治疗的隐私部分,就像天主教忏悔的隐私性一样,只是为了强调隐秘的罪恶感。因此,我们有很多家庭和群体疗法的新形式,可以把内心的搏斗设定在一个更具支持性的背景下,包括在病人生活中发挥过某种重要作用的父母、亲戚、雇主以及同事。

即使这样,在传统和现代的群体精神病学之间,仍然存在分歧。这与包含在更大背景中的要素数量有关系。在传统疗法中,所指范围超过了家庭和直接的社会群体,倾向于将祖先包含进来,这是一种强有力的保守影响,会缓和我们的自主个体理念。

问题是,在我们多变、自由的城市工业社会中,"祖先"的任何所指意味着什么?这里没有多少人能把关系回溯到祖父母以上,更早的先辈几乎不被当作永久智慧之源。而且,西方社会自主而具有道德责任的人的形象,肯定是我们文化动力之基石,是我们所谓自由和为自我实现而奋斗的一部分。我们尊为"人权"的许多东西,都源自根深蒂固于我们政治哲学中的个人主义。我们能让自己看到对自我文本的执着是更病态而非"正常"的表现吗?我们愿不愿意放弃它,以便因屈从于社区的期待而获得安全感呢?那么,极端治疗者(radical therapist)所坚信的"疯狂"可能象征社会界定更高正常神志的最好期待,会变成什么呢?我们可能会发现,传统疗法的某些方面不仅不可能恢复,而且是不受欢迎的。

另一方面,祖先可能会受到现代世界发人深思的全新解释的影响。由于几代人的探索和人种知识,我们可能会把自己的"长者"视为我们熟知其文化的人类未分裂的大家庭。从这一宏大而有意义的角度看,那些生活在似乎无根的现代都市里的人,也许需要申报一个向我们开启了神话、传统和全部种族教化的普世意义的祖先。

环境背景

除了涉及厚重的社会背景外,在寻找心智平衡的过程中,传统疗法还触及更远的包括神和栖息地在内的领域。在研究波尼族印第安人时,吉恩·维尔特费士(Gene Weltfish)描述了曾经为捕获野牛而进行的数日精心准备,包括部落的洁净仪式,涉及地球、水域和星体等各路神灵。捕猎聚焦在一个叫塔克斯皮库(Taxpiku)的祭司身上,这个人被选出来,体现部落对土地和猎人们行将捕杀的野牛的神圣义务。在几个星期的捕猎中,这个塔克斯皮库被各种严格的禁忌包围,旨在保持人们的纯洁和价值。他被委以向各种在上的权力提供祭品以换回其青睐的责任。[4]诸如此类的仪式应对的,是罪恶和补偿心理,不是基于狭隘的个人,而是一种在宇宙规模上反映出来的集体经验。

　　在纳瓦霍人中,动物和自然的伟大力量常常被作为治愈者而求助。部落的医者从他们自己的幻想询问中了解动物之灵,从中见到那些赋予他们力量的亲信(familiars)。最有力的纳瓦霍人仪式是祝福路(blessing way),常常用来修复疯者的心理平衡,用吟诵和祷告呼唤赋予生命的谷物和花粉神灵。唐纳德·桑德内尔(Donald Sandner)把该仪式描述为"对繁殖与治疗之谜的一种有序而神奇的突破。"[5]两天礼仪的核心,在于和大地"内在形式"的沟通行为,那是生命的精神原理。纳瓦霍人有一种微妙的自然哲学,把所有物理对象视为"死的",只有其内在形式才能使其有活力。在所有这些重要的原理中,没有任何一种比聚集了所有自然力量的大地的形式更伟大。和西方精神病学一样,纳瓦霍医者也有忏悔和移情,但这些经历都包含在一种复杂的符号体系中,用以创造"一个新的、重构了的宇宙",在那里,治愈心灵是安全自在、无忧无虑的。

　　在现代生物学形成其有关人类由来理论很久以前,传统疗法本能地吸取比家庭和社会更古老的演化优先项;这源于生命自身的基础,是那个养育我们的星球要求我们的忠诚。

生态疯狂

　　在对"生态疯狂"富有煽动性的解释中,鲍尔·谢坡德(Paul Shepard)的提议比我们的理解更接近现实。他对前文明时代的人及其栖息地之间曾经存在的和谐,做出了演化性的解释。在人类文化漫长的狩猎采集阶段,对亲密环绕的环境做出反应的心理发展模式,可能一直受到选择性压力的偏爱。也许这种印记源于儿时的经历,在传统人类中,这是在寂静的自然环境中完成的。年轻人天生就在户外,伴随着荒野的鸟鸣与野性的质感和气味而成长。他认为,"在某种意义上户外也是另一个内在,""是一种胎生景观的活跃,并非人们原以为恒定的状态……对这样一个世界的最初体验是,母亲总在那里"。从小以这种方式开始成长的孩子,会优雅地与自然界形成一种终生亲情。但是随后,大约1万年前,农业实践的开始使人类遭受了谢坡德所谓的"个体发育重创"(ontogenetic crippling)。他们开始粗暴对待环境,打破了与自然曾经长期存在的联系纽带。结果便是"习惯性疯狂"。尽管听起来残忍,谢坡德相信,我们内心还保留着元初生态和谐的潜意识痕迹,"一种遗产……一种在过去演进过程中人类与非人类实现健康和谐关系的馈赠。"[6]

　　尽管谢坡德的构想因有拉马克学说的影子而被多数生物学家摒弃(似乎坚持后天遗传特征),他的论点还是有一定说服力的。我们知道,在人类演化的高级阶段,高度发达的智力取代了许多曾经主宰其他生物行为的原始本能。从此以后,文化成为"第二性",通过教育和社会训练影响着我们。但在人类达到这个阶段之前,演进过程一直都是长期直接地作用于心智,使其为这一巨大转型做准备。有理由认为,类人猿的心智拥有和其他生物相同的即兴环境和谐性,这是在其栖息地生活所需要的包容和适应能力,以警惕每一种信号,服从所有需求。拥有最原始冲动和反射的脑干依然是人脑的物理构成。类人猿和人的界限确实是跨越几代人的一个模糊地带,然而,在其最终交汇处,这一本能的储备得以延续,现在只是具有了一种智力上的自我意识特征。其丧失了我们在动物身上发现的直接反应,取而代之,表现为仪式、礼仪、神话、象征——用思想学说和想象体现曾经本能的东西。简单动物通过气味、颜色、身体饥饿而不假思索就理解的东西,我们必须通过民间故事或宗教仪式等推理习得。这也许就是最初的艺术——集体想象的行为,意味着重新记起本能的一致性。原始艺术的纯真透明可能源于这种元初功能。在传统社会,简单的吟诵,甚至表现糟糕的仪式,都常常比文明社会艺术家最精致的作品具有更大的情感力量,因为他们更接近真实的审美动力之源头。

　　例如,在拉斯考克斯名画中保留下来的克鲁马努人的艺术品。始终令人迷惑不解的是,为什么这些痛苦的形象会放置在漆黑洞穴的壁凹里,那肯定会使创作极其艰难啊。我们只能猜测,是不是这个洞穴重新找到了心智的那种黑暗,深藏其中的是古老的本能智慧?这种对巨兽的崇敬,可能就是外显于艺术中的记忆,但依然保持着心理成分的内在性和私密性。洞穴成为部落意念的提示,随着集体本能被个体智力所取代,现在正经历着急剧的转变。

意念升华

　　当我读到幸存的部落人的诗歌或看到他们的艺术品时,根本体会不到当他们把动物和各个元素视为朋友、兄弟和感性存在时所包含的意义。因此,我并不能清晰地理解当古希腊人祈求众神时都在经历着什么。我相信,我能理解索福克勒斯(Sophocles)的戏剧,但离开时却是一无所知,尽管当他的合唱团向太阳神大声祈求怜悯时,我想捕获他或观众的思想里都有什么。我也不理解,像普拉克西特利斯(Praxiteles)这样一位都市化的艺术家,用大理石把神塑造成一个健壮青年的用意是什么。有一件事我是肯定的,雅典人不会相信他们祈求赋予其指引、慈悲和智慧的众神,会是这些游走在空中的巨大而健壮的男男女女。同样,我不相信土著美洲人会把他们的祷告对象鹰或野牛看作是穿着羽毛或兽皮的人。

　　"盲目的野蛮人屈服于树木和石头。"这些让人联想起傲慢的话,来自驻守在加尔各答的一位英国传教士的赞美诗,当时,首批纺织厂的嗡嗡声刚开始响彻曼彻斯特。由于后见之明,以及认识到我们对世界带来的破坏,我不再相信那些"野蛮人"的礼拜曾是"盲目的"。我们,才是盲目的。尽管他们的文化很简单,但从没有人把石头雕刻视为神圣的事情。现代人类学知识为我们讲述了太多。我认为万物有灵论只是在表明,事物曾经在人类眼里清晰可见,其背后和内在的更重大事实,就像通过某个镜头看到的,会是这样、那样,这里、那里。这就是"精神"(spirit)这个概念的由来,这是曾经平凡和全然正常的感觉,是物质背后非物质的某种东西在赋予其生气,并使其延续。对于这个"某种东西",部落人充满敬畏,就像沃兹沃斯(Wordsworth)追忆想象中的童年点滴一样,他所用的语言仍在对我们诉说:

> 我已经感到[他告诉我们]
> 崇高思想的喜悦不期而至,
> 那是极度混杂的某种意念升华,
> 仿佛栖居于落日余晖,
> 浩瀚的海洋、鲜活的空气,
> 蔚蓝的天空和人的意念中,
> 一种动力、一种精神,
> 驱使所有思想者和受想者,
> 穿越一切。

"意念升华"足矣,那是世界真实所在的纯粹且可能的一种认识。但接下来,寻求具象化的想象力,不可避免地将其从身心上都构想成和我们自己一样的实体。诸如此类的形象,表达了本不可言说的东西,即对我们有着巨大威力而无所不在的无形意志和智力。

至少,这是我认为的万物有灵在感性世界的样子。我意识到自己必须对此谨慎表态。对我来说,那个曾经有着精神生命力的相同世界,已经失去透明度,变得极其晦暗。就此而言,它已经被简化了。那种圣礼意识的丧失,即"现代文明"的开始。诗人罗伯特·布利(Robert Bly)说得好:

> 当我们否认自然存在意识的时候,我们也否认了自己通过

自然发现的对各个领域的意识，最终我们只剩下一个世界，麦当劳世界，那个可开发的世界。[7]

一些人正在意识到这种否定所付出的巨大代价。但是，我们怎样来修复这种损失呢？

科学与神圣

对我们来说，回到过去并不是解决环境危机的办法。如果要重新找回万物有灵论的任何部分，这个项目就必须与现代科学相结合，其他任何努力都不能算是诚实知识分子的所为。正如每次遇到没有逻辑性和数理性经历时人们就会在心理上降维一样，科学家的工作坚定地建立在实证基础上，通常无法轻易遭到排斥。此外，科学通过严谨的方法创造了大量的奇迹，其大大小小的探索极大地丰富了我们对宇宙的了解。如果人类行为仅被理性主宰，那么科学教给我们的关于地球的巨大生态模式和循环的知识，可能足以变革我们不良的环境习惯。

在现代世界，科学渗透了人们的生活。这是从狩猎采集时代以来人类最接近的一种普世文化。甚至那些努力想要保护旧时代宗教免受可怕的"世俗人本主义者"影响的基督教福音主义者，每次打开电灯或发布一段新的牧师任职视频时，都会非常轻松地享受科学的好处。同样，强烈反抗西方价值的伊斯兰教宗教激进主义者，也会借助科学发明，依靠现代西方为他们提供资源的市场为生。当阿亚图拉等宗教领袖们向他们的追随者讲话时，使用的是麦克风和电视摄像机。

我们都在借助科学的力量，这种依赖度如同原始人在荒野中依赖其跟踪或寻找猎物的技能一样。现在，没有什么比这更有机会让我们团结成一个人类大家庭了；那种承诺生动地体现在图像科学给我们提供的从外太空拍摄的那张地球照片上,那是我们这个时代的标志。这不是我们祖先认识的那个自然,那种在所有密集和混乱的细节中亲密接触的地方景观;这完全是件整洁的技术制品,是捕捉到化学乳胶上的光与色的图案,是记录了宇航员所看到的东西。从遥远的太空看去,地球失去了其"土性"(earthiness),相比我们祖先的认知,变成了更为冷漠的抽象体,是一个研究的对象,而不是要去沟通和拥抱的生命存在。但这可能会成为我们在银河系荒野中的定位。每次看到这张照片,我都说服自己,这是鲜活地球用另一种方式提醒我们与之存在的支撑纽带,那是茫茫黑暗中微弱的蓝色生命前哨。

科学家致力于客观的修辞和精确的测量,不会像我们的祖先那样谈论这个世界时赋予其面孔、声音和充满敬畏的尊称,但很神奇的是,科学家的描述仍然不知不觉运用许多拟人的比喻。在后面的章节中我们会对这种奇异的习惯进一步探讨。然而,现代科学对事物的性质了解越深,就越能发现原始万物有灵世界的蛛丝马迹:就像我们提到的,宇宙的意念。以其犹豫不决、迂回曲折的方法,科学家正在塑造一个具有生命、意识和创造力的世界图景,尽管他们可能是最后承认这一点的人。物质的客观真实要求我们修正自己的自然哲学。我想,还会有更多东西即将入场:我们内在的生态无意识的"野蛮"残留,会从主观上站出来,解决这个时代的环境需求。这就是诸如盖雅假设(Gaia hypothesis)和人择原理(anthropic principle)等新理论探索如此重要的原因,我们在随后的章节中会检视这些理论。它们象征着我们正蹒跚起步,向着把我们从寂寥而毫无意义的过去解放出来的科学迈进,取而代之的是这些理论重新提供了我们连接的机会。

从前,实际上是在时间本身存在之前,世界的内此和外彼共存于创造性瞬间的统一体中:按照新宇宙学的观点,那个无以言表的"奇点"(singularity),是万物之源。经过现代科学如此漫长、如同设置了一个巨大裂口一样的分割,这两个世界也许最终会找到返回其元初一体的路径。

第二部分

宇宙学

　　宇宙学、物理学和生物学在过去一百年的趋同发展,正彻底改变着我们对宇宙中自己这个家园的理解。随着对非人类世界的伦理和心理关联意识的深入,我们有可能——用我们自己的当代术语来说——重新捕捉到某些祖先的情感。

第 4 章　宇宙意念
——不可知论与人择原理

目前广泛达成一致的,是从科学的物理层面所接近的趋同性,即知识流正朝着非机械现实发展,宇宙看上去更像是一个伟大的思想而不是一台巨大的机器。意念似乎不再是碰巧闯入物质领域的入侵者;我们开始怀疑,自己应该作为物质领域的创造者和管理者,并为此欢呼。

詹姆斯·珍妮丝(James Jeans),《神秘宇宙》(*The Mysterious Universe*)

无神论政治

我在大学上第一门哲学课的时候,主要教材就是波特兰·罗素(Bertrand Russell)的《一个自由人的崇拜》(*A Freeman's Worship*)。虽然那篇文章要回溯到 1903 年,但仍然是最受大学一年级学生喜爱的一个作品,而且并不是因为其历史价值。那部作品提到的观点代表了美国和英国大学哲学系的普遍思想,即对理性生命的辩护,似乎在第二次世界大战开始的时候还具有了特别的相关性。正如许多自由主义知识分子的看法,任何对罗素所说的严格逻辑和清晰思考的背离,都会直接导致法西斯主义的歇斯底里。我的老师是一位教条的逻辑实证哲学家,曾经和罗素一起学习。他以极大的传教士热情,努力赢得班级对这位伟人的英雄主义坚韧精神的认可。他在我这里成功了。刚刚抛开童年时期罗马天主教教条的我,正在寻找新的信条。随后的几年,我骄傲且略带挑衅地把罗素的话当作一种无政府主义者宣言,牢记在心。

> 人是对其导致的结果没有任何预知的各种原因的产物;其出身、成长、希望和恐惧、爱与信仰,只是原子偶然排列的结果;没有火,没有英雄主义,没有思想和感情的强度,能够使个体生命延续不死;所有长年累月的劳动,所有的付出,所有的灵感,所有人类天赋如日中天的光辉,都注定在太阳系浩瀚的沉寂中消亡;人类成就的庙宇,必然沉没于宇宙的废墟中——所有这些事物,如无争议,都基本是肯定的,否定这些观点的任何哲学,都别指望站住脚。只有在这些真理的框架内,只有基于决不妥协的绝望,才能从此安然建起灵魂的居所。[1]

在写这些话的时候,实证主义正值巅峰期,罗素从中非常清晰地感知到哲学的作用。哲学是科学的忠实侍从,委以的责任就是保持其主人的方法论工具圆润光滑。其未来,与逻辑、数学、语言分析的深奥复杂性,会有越来越多的关系。哲学家就是技师,知识界的清洁工程师,负责清理还深陷于迷信和情感的胡言乱语中的文化。如果干得好,他们有朝一日会赢得慈悲,从难以应对的形而上学、道德或神学等问题中解脱出来。所有这些,本该像众多的有毒气体一样被赶走。在这方面,尽管罗素有着极大的热忱,想要继续解决伦理和政治问题,但他远非实证主义者中最严格的一位。

下面我们来看看哲学的这一清晰且坚毅奋斗的愿景,是如何笼罩在猜疑的阴云中的。科学曾经为像罗素这样的勇敢者提供的"坚定(可能无趣的)基础",已经发生了重大改变,以至于那些希望使得当代新兴世界观具有更多哲学意义者,不得不解决具有明显宗教特征的问题。我们能继续认为世界是偶然的结果吗? 或者,是否有某种自然设计的本质因素暗示了智力的存在? 生命和意念仍然——像弗洛伊德一样——如罗素认为的,是附带现象吗? 或者,成形于 20 世纪晚期的宇宙学,是否指向一种要求我们重新评价自己宇宙家园的新的以人为本论? 我们可能正处于科学与宗教和解的边缘,或至少处于科学与某些长期放逐于我们世俗文化之外的宗教思想领域之间。

和一些非常想要为罗素的"决不妥协的绝望"寻找备选方案的人一样,我估计,没有多少科学家,在一般的知识界也几乎没有谁会喜欢这样的妥协。理解这种对抗的存在很重要,因为这样可以不必阻碍对知识融合的认真努力。正如在许多情况下为了理解科学的性质,我们必须再一次跳出科学,进入其周围的文化中。

我完全赞同启蒙运动的政治思想,认为它是西方伟大遗产之一,可能是我们这个社会对其他文化的最好贡献。但毋庸置疑,教士特权与贵族统治一样,都是与民主对立的。

现在,值得注意的是非常古老的宗教概念——对精神的感知,创造性意志,从最早的人类文化万物有灵阶段继承的意向性——可能发挥着和古老的钟表匠上帝同样的作用,其功能如同新宇宙学的形而上学架构。如果除此之外没有其他原因,这一遗产则"浸淫着"异教和自然神秘主义的元素,较之对于规范科学不可知论,可能会证明更不合宗教保守主义者的口味。

物质，变化，永恒

从认知角度，我们来回顾一下像罗素这样的不可知论者，从汤姆·潘恩（Tom Paine）和德霍尔巴赫男爵（Baron d'Holbach）时期以来，为从宇宙中删除上帝所采取的战略，有三种进攻策略：唯物论、偶然性、时间无限性。

首先，坚信所有事物由物质构成，该物质是尽可能由完全不同于生命和意识的不可再分的致密原始物质组成的微小石化颗粒。

其次，坚信各种盲目危险力量和能量会作用于物质，其对微小颗粒的影响完全是无目的的，即这些力量对物质的影响是不可预测的，使其热，使其冷，使其随处变换，使其合成，将其炸开，以不可预测的组合方式将其混合。

最后，坚信如果时间足够长、在时间永恒的情况下，这些非定向惰性物质和无意识力量的相互作用，最终不仅会产生自然界可识别的对象，而且还会产生识别这些对象的人的意识。

把这三种假设尽可能紧密地吻合在一起，就不会有多少余地留给神圣的创世者了。世界就这么发生了，纯属偶然。我们就是自我意识形态下的那个偶然，不需要上帝。

这基本上就是古希腊和罗马原子论者（atomists）通过高级数学公式更新的宇宙论。在这两种情况下，目标都是一样的：剥夺宇宙对神的参与需求，用非自然神论的方法解释其秩序。有趣的是，像卢克莱修（Lucretius）这样的原子论者的目标，是要把人类从生活在无常、全能的神的阴影下产生的焦虑中解放出来。原子论意味着良好、可预测的秩序，其目标是安宁，包括摆脱可怕的诅咒。教条主义唯物论的诞生，旨在完成心理安慰，这是被坚定的无神论者可能认定为宗教懦弱的表现。

标志着 17 世纪科学观的令人振奋，甚至激动人心的质朴性表明，如此绝对的信念很容易让人忽略一个重要的事实：在其形成的时代，没有任何一样得到果断的证明。没有人见证过物质的原子，更别说测验其性能了。没有人曾经观察到任何复杂的自然客体只是偶然碰到一起。那些已知的自然力量归结为几种基本运动，主要是地球引力。这些基本运动还没有——而且从不会——成功普及诸如磁力或光或许多错综复杂的化学反应现象中。甚至用来分析自然的机械模型也是个幻想，因为从没有人建造过——或要建造——被认为是宇宙的那种机器：由共同吸引力驱动的永远旋转的各种客体的集合。至于说宇宙的持续时间，不仅没有其无限古老的证据，而且根本没有办法来衡量其年龄。简言之，启蒙运动的机械论，是一个先验假设的汇编，就如同中世纪经院哲学家曾经在水晶球中讲天使智慧一样，其真正努力获得的是牛顿原理的辉煌，以及这个伟人的"意念永远孤独地航行在陌生的思想海洋中"所带来的灵感。那就多了去了，但不足以包含宇宙。

回看过去的几百年，我们会发现，唯物主义的全部内容被那些热情洋溢而坚定的人确定无疑。这不是一个发现，而是具有伦理和政治原因的安排，而且做得很好，为行动扫清了智力障碍；极端甚至粗暴的简单化，是一种全新的开始——清除遗留的混乱，尝试新观点。但是，正如唯物论旨在基于纯理性重建社会的初衷很美好一样，其最终遭遇到的可怕障碍也是现实。真相从不简单，自然状态和人类事务都一样，概莫能外。

到了 19 世纪早期，事情已经很明朗，牛顿科学中的局限性超出了其追随者的想象。这当然与生物学没有任何合理的联系，那是当时最多产的科学。更为严重的是，对于物理学最先进的发现——电和辐射，其没有给出任何解释。当迈克尔·法拉第（Michael Faraday）试图解释令人困惑的电的现象时，他不得不即兴创造了一个叫作"场"（field）的全新而令人担忧的非物理概念，最终把牛顿理论逼到了极限点。尽管科学家一般不愿意承认，但场的概念和神学想象发明的任何东西一样，具有光谱性。一般公众一直没有搞清楚，牛顿在运用场这种术语时，在什么意义上是"物理的"或是"机械的"。最可能使场富于唯物性的，就是给其添加一些类似乙醚等微妙的液体——一种还没被证明是切实可行的解决办法。除此之外,场变成了纯空间结构,曾经固态的原子在其中变成了波浪、振动和活动模式。称某个场是"物理的"或"机械的",其实只是赋予其一个现实(reality)的方法,从而继续赢得科学家的尊重。如果超过了可以测量或用数学方式处理的场的事实,这个"现实"会是什么结果呢? 不过,那是一个更适合神秘的毕达哥拉斯而不是客观理性的经验论者(多数"物理"科学家仍然这么称呼自己)的现实原理。

到 19 世纪末,普朗克(Planck)、波尔(Bohr)、海森堡(Heisenberg)、德布罗意(de Broglie)的新物理学,迅速摧毁唯物主义的残余防守,物质不再是简单而终极的。事物(things)往往被更具野心(如果不是很矛盾)的"事件"(events)所代替。由于物质、能量以及纯空间之间的分界线消失了,不再可能对赋予科学"物理性"的特征给出一个连贯的画面。物质已经消失在数学的形式体系中,用于测量,但不再表达显然无形的构成日常生活实体表面的"某种东西"(something)。"粒子"(particles)取代了原子,成为自然的根本物质。但粒子不是简单的更小的原子颗粒,从一开始就是含混的实体,不容易用普通语言向一般公众解释。现在仍是如此。无论"粒子"可能是什么——穿行在时空轨道的瞬态碰撞、电荷或结节——都不会被理解为实体。那么,如果物质缺席了,"唯物主义者"意味着什么?

物质的自我超越

局面有点令人啼笑皆非。在过去的三百年里,科学家对宇宙进行了更加深入的探索,使基督徒无法相信上帝是一位坐在天空之巅金色宝座上的大胡子先生,没有天空之巅,没有金色宝座,也没有大胡子先生,这是一个过时的想法。但是现在,通过将物质提炼为非物质的场和力,科学对唯物主义也造成了同样的打击。事实证明,这也是一个过时的想法,其基础——物质——已具有了非概念性(nonconcept)。这里不是科学与宗教之间的紧张关系,是科学本身两大阵营——理论(以综合自然画面形成唯物主义)和观察(继续深入探索世界的现象,不断揭露现实的方方面面,瓦解旧理论,为新的范式清场)——之间的紧张。在这种情况下,最终对阴极射线管、镭、X 光以及黑体辐射等的研究收集了大量数据,冲破了牛顿物理学的承受力。就像卡尔·柏坡尔(Karl Popper)说的那样,在新的量子宇宙,"物质已经超越了自己"。

当然,唯物论的废退,对于宗教和非宗教领域都是严重的两难境地,双方都要求物质与精神的绝对对立,而任何一方都没有如愿。我们不能再用那种方式简单地划分世界了,而是要有某种自然的连续性,在宇宙时间的某个阶段和某个感知层面,呈现出物质的固性;但是在更早的时期和更深的层面,根本没有任何天真的经验论者所认为的日常世界。物理学家大卫·波姆(David Bohm)勉强将物质定义为"展开的一切,无论中间是什么。"展开什么? 一种仍然是个难解之谜的"隐含秩序"。如果我们找到探索更深处的力量,可能会发现,斯宾诺莎把物质叫作"延伸的上帝"是对的。科学家能够用数学方式表达物质的行为,但我们不能说自己明白其性能或界限,不能因此说"精神"绝不是"物质",更不能与其对立。我们的时代失去了二分法,几百年来宗教思想和科学理论正是依赖于此表达了自己许多雄心勃勃的主张。

然而,尽管新物理学不断破坏经典唯物论的名声,但并没有使宇宙更适合人类。相反,当 20 世纪初原子科学家完成世界的重塑时,其完全失去了与常识和普通经验的联系,变成了爱丽丝梦游仙境般的宇宙;在如此浩瀚的不确定因素中,甚至最具探索性的人类思想都感到局促不安。我有时想,科学家通过对宇宙令人难解的结构进行怪异描述,在挑逗非专业公众的过程中,找到了一种顽皮的娱乐,使其能够玩弄悖论和模棱两可。这种快乐,体现在当今理论物理学家所使用的奇形怪状的词汇中,有上、下、味觉、颜色和魔力的"夸克"(quarks),有把事物粘在一起的"胶子"(gluons)、"懦弱"(wimps)、"内脏"(guts)、"潜水镜"(googles)、"瞬间"(jiffies)……都很随意,是带有幽默感的物理学。但是——也是不能太强调的观点——这不是科学应有的样子。自牛顿时代以来,科学意味着对事物清晰而理性的解释,那应该是一个比神学家的描述更容易让人理解的世界。我们在自然界中的地位是由智力定义的,这是理解宇宙的清晰易懂的逻辑能力。

与此截然不同的是物理学家理查德·费曼(Richard Feynman)曾经在一个系列讲座中做的开场白。他说,"来听这场讲座的,没有人指望理解什么。"这种说法非常正确。当遇到像量子电子动力学主题时,他自己的学生都没指望了解什么,他也没有。

然而,经典唯物主义的消逝只是那个重大无为的开始。在刚刚过去的25年里出现的两大重要进展,必然完全改变所有科学导向的哲学思想。首先,是我们对自然体系越来越深入的理解(我们在第5章和第6章中还将进一步探讨),不断积累的洞见不仅丰富了我们对这个世界的了解,也使其更为复杂。其次,是宇宙演进大发现。二者都对基于偶然性的所有解释提出了令人烦恼的问题。像之前的物质一样,偶然(chance)作为概念,可能正走向消亡,除了赌博场或计算机程序员的简陋用法外。

问题是,在整体的秩序要素中存在一种可怕的现象:在"那儿"的,是耐久的非物理部件模式——结构,而不是相同意义的可孤立的物理成分。结构居于部件之间,或是围绕部件的模型框架。当该结构团结一致地走过时间、保持其身份,同时不断地改变其物理构造时,其模式便成为一个过程,不仅具有空间性,还有历史性。结构和过程不会像简单地观察到的实体或指针读数一样以实证的方式展现自己,必须通过观察意念来识别和说明。毛毛虫用牙齿咬住树叶,会意识到后者的存在,但只有人的意念才会了解其中发生的光合作用。主要系统理论家之一欧文·拉兹罗(Ervin Laszlo)对此做了很好的阐述。在一个阶段,即科学所做的前三百年研究阶段,自然即"变化",是简单的测量状态的连续;在另一个阶段,即20世纪得到我们越来越多关注的阶段,是对变化秩序的研究,即"过程"。只有现在,我们才开始在最全面的意义上探讨过程的秩序,即"演化"(evolution)。后两个阶段构成"系统"的研究。

偶然性的模棱两可

这种系统模式来自哪里,如何开始,为什么耐久? 它们能偶然发生吗? 说得更确切点,他们是偶然发生的吗? 多数科学家对此仍然深信不疑,几乎到了独断式的确定感。

> [诺贝尔奖获得者雅克·莫诺德(Jacques Monod)向我们保证,]所有创新以及生物圈所有造物的源头,都是独一无二的偶然。纯偶然,完全自由而盲目,植根于演化的巨大知识结构中:这一现代生物学的核心概念……是今天唯一可想象到的假设……该假设——或希望——没有任何依据,在这方面,我们可能要重新定位自己了。[2]

但是,像科学中运用的许多词汇一样,"偶然"在一般性和技术性层面都有很多意思。我们可以问赌桌上一个人连续 10 次转到 7 的偶然性,答案是可能性很小。那连续 1 000 次 7 呢? 可能性更小,但还是可以计算出可能性的。两个骰子只有那么多面,这是可以做到的。同样,古典物理学家都知道的主系统——太阳系,也是可以做到的。我们现在知道,那套系统的"简单"机制,实际上具有大量计算的复杂性,是早期现代宇航员理解不了的,更不用说到本世纪才观察到的爱因斯坦的引力扭曲(gravitational distortions)。然而,随着自然系统的发展,这也属于较简单的现象。即使这样,17、18 世纪的多数科学家仍相信这是上帝所为。不过最终,其更具不可知论的同侪,肯定了这一领域只要稍微借助一些古典牛顿定律就可做到,不需要上帝。

但现在的问题是,像我们问过的转骰子一样,"有没有可能所有物质(无论我们理解的物质是什么)都可以在现有宇宙中搅和在一起?"这显然是个没有意义的问题。这个游戏里只能转一次"骰子"——宇宙的所有残片都在一次大爆炸中崩裂。那一次转动创造了我们所有的一切。发生这种情况的"偶然性"有多少？显然，我们不能把这个词以这种方式用在这里。

对于这种事，就像问一个单体蛋白质酶最初随机出现的偶然性有多大一样没有意义，除非我们对遥远过去发生的无数组合和再组合有一份明确的记录。据我们所知，这也是一个独一无二的事件。我们可能以为发生过此类随机组合，但我们确实真不知道。对这一认识的唯一论据，就是类似"还可能发生其他事情吗？"这样的疑问，而这应该是科学的始点，而不是终点。

"随机性"（random）是我们在处理彩票数字或通过抓阄选名字时用的一个词。统计人员设计了随机数字机器来保障避免各种操作上的倾向性——尽管一些数学家认为这些都是"伪"随机数字机器，因为人和机器都有应对无限操作的限制。所有形式的随机性都涉及某种边界条件。超过那些边界，不可预知性就可能结束，而各种重复和模式随即开启。我们抓阄的名字库里就有那么多名字，彩票箱里也只有那么多彩票可以选。要是有更多怎么办？要是不停地混合、不停地抓呢？除非我们让随机数字机器不停转动，我们无法肯定在最后那个数字被选择后某个可预测模式不会出现。机器的随机性是在某些实际限度内的。海因兹·佩格斯（Heinz Pagelz）相信，"随机性也许完全不可界定。"[3]

宇宙中事物行为的"随机性"是不是比随机数字机器的行动具有某种更明确的方式呢？最近，科学的一个新分支已经开始研究曾经是完全不可预测且极其危险的诸如海浪（ocean waves）和大气回旋（atmospheric gyrations）等过程。该领域叫作混沌理论（chaos theory），包括的现象都是非常顽固无序的事物，如湍流（turbulence），由于实在无法计算，曾经是物理学的"死对头"。计算机廉价、快速的计算能力，已经可以模拟包括一度无法跟踪的变量在内的各个过程——理想上（不是实际上）可以直达蝴蝶翅膀对气候的影响。得出的结论模棱两可。一方面，混沌理论表明，古典物理学家曾经坚持的那种原则上绝对的可预测性，在原则上是不可能的。在混沌体系中，如全球气候，对初始条件非常敏感，肯定会导致计算机失误以加速度的方式增长。这样一来,甚至曾经以为完全了解的像摆动的钟摆之类简单的系统,也会变得难以预料的混乱,也就是说,其运动会完全"随机"。即使这样,结果的混乱可能具有了完全非随机的形态,至少在计算机模型上是如此。似乎,在混乱和湍流的极端条件下,物质会陷入第二种秩序中,即在那种情况下其所能做到的最好。这种孤注一掷的秩序包括"奇异吸引子"(strange attractors),或其他无法计算的事件莫名其妙想要陷入的数学盆地(mathematical basins)。总之,如果随机性是规律性表面错觉的基础,那么更深层的秩序类型可能引起随机性的错觉。

　　忠诚的唯物主义者可能仍然坚持反对这种可能性,认为如果有足够的时间,我们知道的所有系统可能原则上都会盲目地自行存在,因为即使最微小的可能性,也在时间的无限性上有其偶然性。19 世纪气体(gases 该词源于希腊语"混乱"chaos)研究的先驱者之一路德维格·玻尔兹曼(Ludwig Boltzmann)认为,偶然性足以解释宇宙的连贯结构。他甚至计算了偶然性实现这一结果需要的时间,足够的时间是 $10^{10^{80}}$ 年。确实是一个勇敢的算法,10 提高一个幂,由另一个 10 和 80 个 0 来表示。世界上所有图书馆的所有书页都放不下这么大一个数字。

　　如此巨大的数字似乎纯属不现实,但玻尔兹曼是非常认真的。其计算基于宇宙的永恒性观点。在永恒的时间中,存在一种似是而非感,其中不可动摇的热力学第二定律就会"暂停"(suspended)。该定律毕竟是一种概率陈述,告诉我们任何事物的有序安排都可能——非常可能——在下一分、年、千年、纪元失序。但如果是那样,为什么经过所有时间之后,宇宙中还存在(显而易见的)秩序呢? 玻尔兹曼的回答是,永恒充满了无尽的波动。当飘逸在虚空中的原子无休止地到处碰撞时,肯定会在所有可能的波动中反复循环,包括回到更有序的状态;可能现在趋于无序,但随着时间会回到该状态,一直到永恒的随机性包括秩序的随机状态。这是不是我们宇宙出现的方式呢? 或者,有没有过 $10^{10^{80}}$ 年的时间——或类似状态呢?

时间史

　　显然,玻尔兹曼相信有过。但现在我们知道,他错了。新宇宙学的一项最重要发现说明,宇宙及其相伴的时间本身,可能都是供不应求的,都有一个开始,并有一个可度量的持续期。我们可能不确定那个即兴造物的瞬间是否发生在 150 亿年或 200 亿年前,抑或我们是否真能意味深长地说这是在某个时刻"发生"的。无论哪种情况,我们都不能再相信世界具有玻尔兹曼曾经认为的宏大永恒的世世代代,足够无意识物质随意累积成充满物理和生物结构的条理分明的宇宙。

　　新宇宙学的大体轮廓已为人们所熟知,但人们往往没有充分认识到的是它产生的速度以及它对我们的科学范式所提出的剧变要求。所有这一新世界观下的重大发现,都可以归结在 20 世纪 20 到 80 年代,可以追溯到埃德温·哈勃(Edwin Habble)识别出的第一个"宇宙岛",银河系的仙女座星云。随着该发现,无限便具有了大小。到 1930 年,哈勃也宣布了宇宙扩展的第一个具体证据:星系的红移(the red shift of the galaxies)。这是巨大的发现,但没有多少人意识到,在"坚定"的科学家眼中,宇宙学具有怎样的反复无常和偶然性。对于浩瀚的太空,似乎能证明的太少了,当然不足以区分相互博弈的各种理论。在整个 20 世纪 50 年代,宇宙的扩张可能源于大爆炸的观点,完全是理论性的。当宇航员弗兰德·赫尔(Fred Hoyle)把这一假设命名为"大爆炸"(big bang)时,只是一种嘲讽,是对这一想法的抵制。直到 20 世纪 60 年代中期,当阿尔诺·潘兹亚斯(Arno Penzias)和罗伯特·威尔森(Robert Wilson)偶然碰上背景微波辐射(background microwave radiation),科学家才有了这一灾难之源发生的证据。辐射的可怕外壳,就是我们爆炸的宇宙之源渐远的微弱余波。

　　那时,还记录了另一项天文新知——类星体(quasars),这是自伽利略时代观察到彗星以来发现的第一个真正外来天体。类星体证明,宇宙中有着非常遥远而陌生的存在,其陌生度超出了我们过去任何理论能够解释的范围。在延伸的宇宙中，类星体的遥远程度及其陌生度之间的关系是核心问题。发现类星体，使我们在其发出的光经过亿万年后还能够观察到它们，其对于天文学的重要性，如同发现恐龙化石对生物学理论的重要性。它们都是古老宇宙的遗迹，其中的物质具有陌生的形态，与大爆炸一起都证明宇宙随着时间发生了巨大的改变。这是历史，是对重要变化的记录。既然该历史必须是其中一切事物的历史，就必须包括核物理学家发现的物质构成粒子。这些也都是经过创造、成熟和演变的。在 20 世纪 70 年代早期，核物理学家"发现"了宇宙学，开始涉足该领域。在大爆炸的热力与压力下，他们发现了粒子加速器的属性，能够完成他们自己制造的任何发动机都无法完成的事情——生成他们一直试图分解并用于分析的原子。这一独特的历史事件，特别是那些发生在创造的初始时刻的东西，与他们的理论联系起来。这些发现——背景辐射、类星体、大爆炸以及后来斯蒂芬·霍金（Stephen Hawking）对黑洞的研究——迅速与量子力学以及爱因斯坦的相对论结合，形成了一个全新的世界图景。我们现在知道，历史是一切事物的特征，而不仅仅是生物的。构成我们人类的较重元素，是在星体纵深处那段历史形成的。我们知道，无论存在什么，无论怎样微妙，都必须在宇宙扩张动力内和宇宙时间框架下加以说明。

　　一旦提到持续因素，随机性的讨论就完全改变了。可能有某个属性归零的点。那些用偶然性解释事物秩序的人，对此绝不是很公允的。他们没有区分对骰子降落的抽象计算与现实中人的手必须花时间一次次抛出骰子这一事实之间的差异。对百万次骰子的转动进行计算并匆匆记录是一回事，而进行那百万次转动则是另一回事。在对自然的真正研究中，如果认为任何事物原则上都可能，而实际上在时间本身的历史上却没有足够的时间来完成所有的序列，那就没有任何意义。宇宙的历史就是所有的时间，当我们超越它的时候，就是我们面对零概率的时候。这个限制不仅适用于事件本身发生需要的时间，也适用于我们作为观察者运用数学的确定性证明任何有关那些事件的能力，包括其遵循所谓的自然基本法则的事实。

　　例如,尽管没有人会认为棒球比赛违反了物理法则,但没有科学家会运用世界上所有信息技术,表明一场比赛的每个细节都能明确预测,也不会宣布结果会怎样,因为变量太多了,要花几百年时间来收集该运动初始条件的准确而详尽的数据——场地以及所有设备的状况、风和天气可能的变化、裁判的视力、管理者的判断力、运动员的健康和精神面貌等。到那时,比赛早结束了。这样的项目听起来很荒唐,但是科学的尊严数代相传,都基本上以这种原则上能做到的事情为基础。如果做不到,就会为某些能带来麻烦的"超自然"可能性敞开大门。例如,有一项对体育运动的坊间研究,认为运动经常被科学无法解释的"心智"事件打断,包括超感觉认知、非自然能力特征、漂浮等等。[4] 是这样吗?我们可能会怀疑,但肯定我们怀疑的唯一方法,就是看看这些观点是否违背了有关运动过程的可靠预测。这是我们不会做的。斯蒂文·霍金勉强承认了这一束缚,认为原则上"量子力学能使我们预测不确定原理限定范围内我们周围的一切",但是又补充说:"不过实际上,包含不只几个电子的系统需要做的运算太复杂,我们不会那么做的。"[5] 这可能叫作第二不确定性原理。

　　在此对物质、偶然性、随机性的简短讨论,也暴露了一个重要问题。如果我们同意这些词条的传统内涵都几乎丧失,也许我们会认识到,其真正含义从来就不是技术性或经验性的。当然,这就是作为不可知论一部分被引入科学的语言。在许多科学家的意识中,所有可能留下来的,是其潜在的以及现在高度含混其词的观点,即自然中的所有事物都可以不用参考预先想好的设计或目的而加以描述。不需要上帝,这确实是当人们说他们在做"唯物主义"或"物理"性解释时所说的话。基于此来解释事物,已经成为科学游戏的规则。但这种假设总是一种形而上学的前提,与道德—政治议程相关。

　　那些没有这种假设含义的东西则得不到实验性探索,特别是其中最大的难题——生命的起源。自从 1828 年弗里德里希·沃勒(Friedreich Wöhler)合成尿素(第一个有机化合物)以来,科学家一直通过随机组合、加热和通电等方式,试图经由试管发现生命的秘密。斯坦利·米勒

(Stanley L. Miller)做了长期卓绝的努力,想用这种方法生成生命或其雏形。从 20 世纪 50 年代早期开始,在用这种方式成功产生氨基酸后,他一直在引燃各种气体。这项工作在马里兰大学继续着,那里的一个专门实验室始终致力于"化学演化"的研究。西里尔·庞南佩鲁马(Cyril Ponnamperuma)和同事们通过对地球原生大气模型放电,成功研制出类酶分子,证明活细胞产生之前可能存在复杂的蛋白质。同样,1990 年,在麻省理工学院,朱丽叶斯·瑞贝科(Julius Rebek)成功合成一个简单的自我复制分子,并自称其是"生命的原始迹象"。[6] 对于这么多实验来说,这些远远不是令人印象深刻的结果。此外,即使结果很丰富,很难说要证明什么。毕竟,实验是在有着清晰目标的思考和规划意识下进行的,是在世世代代系统和结构建设达到顶峰时对 150 亿年宇宙生命史所发生一切的展示,根本不知道那段漫长的宇宙过程的初始条件。

　　还有运用上述实验解释生命起源的生物学文本。人们通常会发现其陈述中有许多不可靠的假设,以及大量传奇"原生汤"(primordial soup)。例如:

　　　　因此,很可能是这样的,原始地球的海洋同时聚集了大量有机分子。海洋成为一种稀释的有机汤……其中,分子碰撞、反应,形成复杂性越来越高级的新分子。嘌呤、嘧啶、核苷酸,以及所有其他原生质成分产生了。核酸分子和蛋白质的结合,必然导致类似病毒的能够自我复制或自我繁殖的核蛋白质。[7]

　　20 世纪 70 年代后期,弗瑞德·霍伊尔(Fred Hoyle)和钱德拉·维克拉马星河(Chandra Wickramasinghe)计算了生命可能只是源于不定向晃荡的概率。他们并没有计算整个有机体产生的概率,而是把问题限定在某些假设细胞酶的 20 或 30 个关键氨基酸序列中,得数是 10^{40000} 分之一的偶然性。[8]

　　诸如此类的概率,当我们引进时间因素时,这种可能性变得更加明显。萨利斯布瑞(F. B. Salisbury)就做过这种尝试。他计算了合成一个只包含 300 个氨基酸的酶就需要的 1 000 核苷酸随意组合的概率,结论是,在整个宇宙史中,甚至一点时间都不需要。这使得萨利斯布瑞发现,要想保持生命演化解释的说服力,偶然性可能是一个必须被剔除的因素。这是很具讽刺意味的建议。偶然性曾经是那么有力的解释手段,现在却成了解释逻辑清晰的障碍。[9]

一千只猴子

在 20 世纪激进的无神论者中流行着一个寓言,想要表达偶然性无所不能的力量:在一个放着 1 000 台打字机的屋子里,放 1 000 只猴子,任其随便敲打下去,只要给其足够的时间(猴子显然是永生的,打字机是不坏的),根据"概率定律"(laws of probability),猴子会创造出莎士比亚全集。根本不需要莎士比亚。

也许没人会把这种老旧的饭后谈资再当回事。想要算出凭借猴子的随意性创作出一行莎士比亚作品的可能性,结论是一万百万百万百万百万百万百万分之一的机会。[10]在这种概率可能需要的时间跨度内,把猴子想象成已经演化为能够创作文学巨著的智能生物,会更容易些。虽然这个例子有点开玩笑的口吻,但其确实让我们有机会思考自然难以言表的复杂性,以及科学家曾经面对该研究表现出的虚张声势。我们应对甚至最简单的自然现象所必须考虑的因素,远远超过了那些假想猴子面对打字机时要考虑的因素。毕竟,打字机装配着成型的字母,随时准备写词。而我正在使用的文字处理器旁边的这台点阵打印机(dot-matrix printer),是专门往纸上打印字母的。字母由小点构成,特别像小小的墨原子。假设我们从这台机器上去掉把点形成字母和数字符号的程序,假设其只能简单地往纸上喷墨,我们要等多久才能等到随机的点变成一个字母或数字系统、字母或数字变成单词或等式、单词变成句子和文学作品、等式变成数学理论？

至今概率都是无意义的事情，但我们再就这个问题多用点时间，看看在有关概率的陈述中常常被忽略的一个观点。在此提出的这个问题两次参照了时间。一次以明显的形式"多久？"而另一次则不那么明显。随机点、成型的字母、富有意义的单词、连贯的句子、发人深思的文学作品之间的差异，也是一个时间问题，在这种情况下是文化时间（cultural time）。在第二种更深层意义上，点阵打印机所做的是有时间性的，利用了字母和数字系统的艰苦创造、词汇的组合、语法的精炼等过程取得的非凡进步，我们称之为历史。我身边这台机器，就嵌入了数千年独一无二且不可重复的文化历史。即使打印机偶然喷出完整的字母，那也不是在追溯字母的历史，即并不是在生成"真正的"字母。同样，更为不寻常的是，当我们说到一般的自然构成要素时，那也是具有时间性的创造，彼此也是一种等级关系，就像字母之于单词，单词之于语法。在对待复杂系统及其演化时，科学家对概率的创造和协调能力所具有的信心，其实是一种忠诚，是某种在即使没有任何合理甚至可能的证据的情况下都要坚持的东西。对随机性的断言是修辞手段，其腔调旨在劝我们相信，即使最小的概率可能性都是合理的。

还有一种观点，一旦我们达到生物层面，一个新的因素就会出现，来促进盲目偶然性的创造性，那就是选择。[11] 论据如下：在生物演进过程中，基因变化的随机性受到周围永远变化的环境选择力量的训练，就像亚当·斯密（Adam Smith）错误地认为市场中形成一切的那只无形的手。亚当·斯密的经济学，其实是达尔文形成其盲目选择力信念的来源。生物是适应环境的，因为数代以后，不适应的就会被淘汰，就像市场会淘汰不胜任者和次品一样。这再一次表明了自然会生成看似设计好的但却并非如此的结果。

这里的问题是，生物选择发生在时间史上大约四分之三的时候；那时，较之自然选择，有更多的相关性来解释地球的动植物，有结构和系统，遵循规律的要素——自然法则全都具备。尽管有些科学家也可能怀疑有一种基于非生物选择过程的生命起源之前的演化形式,但这种观点几乎是不可能的。演变选择的观点具有内在的生物性,需要繁殖、适应、存活、消亡。自然选择的任何先决条件,都无法用任何非器质性选择来解释。为了继续存在,非器质性东西是没必要存活的。自然状态的选择只能通过竞争性增殖的方式来对生物体做出反应。除了计算机程序发明的数学模拟,不存在非生物性繁殖。当然,这些都是事先精心设计的人为物品,用以展示自然中不存在有预谋的设计;同样,也不存在任何形式的自然选择会导致诸如地球上必须有水或碳循环等支持生命的运作系统的出现。

最后,那个我们称之为自然选择的演化过程,本身就是个系统,正如生命被安置在地球上,通过变化和适应着眼于生存。作为该系统的一部分,在基因属性随机洗牌过程中涉及不确定因素,是情理之中的事情。约翰·珀尔金霍恩(John Polkinghorne)发现,物质的全部潜力需要一个本质上内在的随机性因素才能实现。

> 对一些人来说……偶然性的作用是世界进程无意义的证明。但对于另一些人,潜力似乎是物质内在的属性,是通过偶然的洗牌才得以发现。该潜力如此神奇,会形成一种呈现在世界结构中的设计洞见。[12]

所有这些并不是想说,传统宗教思想者认为上帝指导了演进是对的——尽管这是自达尔文时代以来的神学家持有的主导观点;而是要表明,他们错得并不是太离谱,他们坚信某种智慧可能参与了演进过程。

所有和宇宙年龄及物质、生命和意念产生的速度相关的发现都认为,大规模借鉴自然中的偶然性毫无意义。

所有试图发现构成复杂事物的不可再简化"事物"的尝试,都失败了。甚至在深层的亚原子层面,根本没有简单的事物。

假设我们见到下面的陈述:

> 原则上,我觉得,最终可能要通过用大脑的物质实体构成的过程解释意念的抽象功能。[13]

一代人以前,诸如此类的说法也许会作为标准的科学用语而被接受。今天,尽管这些话出自 1990 年,但却是空洞的,关键词("解释""构成""物质实体")已经失去了曾经有过的明确含义。

如果这还不能界定哲学的危机,那就再没有什么能界定了。

宇宙巧合与环境适应性

主流科学最可能赋予生命与思想以超然质性特征的,体现在人择原理(anthropic principle)上。这是一个常常被对比阅读的非常有争议的观点,所有人择原理的版本都源自几个基本的、似乎无可辩驳的假设。

例如,想想那个非常重要的密度参数,那个表达宇宙为了实现现在估计的物质密度而必须在大爆炸时膨胀的速度。约翰·格里宾(John Gribbin)称其为"宇宙微调的最佳时刻"。他计算过,如果该参数出现最细微的差异("小数点后 60 个 0 和 1 个 1"),就永远不会有银河系,以及其中生成了包括氢与氦以外所有元素的恒星。要不是"正好"的膨胀速度,地球上永远不会有生命,也不可能有向智能的演化。

在首批对诸如此类的巧合进行分类和思考的科学家中,就有哈佛大学的生物化学家劳伦斯·汉德森(Lawrence Henderson)。在有关第一次世界大战时期的两部巨著中,汉德森描绘了各种事实,为人择原理奠定了理论基础。[14]重新审视其思想意义深远,因为其中反映了清晰的智力斗争的内涵。这是一部受人尊敬的主流科学家的作品,其探索超越了流行范式而进入有争议的领域。正是其科学传导出的生物复杂性,才把他吸引到这个领域。汉德森不再相信这种复杂性只是偶然性使然。虽然他从不怀疑达尔文的自然选择论在形成适应其环境的物种方面所发挥的作用，但他相信还有更重要的因素在起作用，他称其为"环境适应性"（the fitness of the environment）。该因素一旦出现，生命就会在一系列复杂的物理和化学参数中演化，这些参数似乎早就准备好接受它、支持它，并培育其进一步发展。通过自然选择，生物可以使自己适应各种栖息地，但所有栖息地都包含在一个已经适于生命可持续发展的行星环境中。汉德森对于水和构成有机化学基础的那些元素的独特物理属性印象尤为深刻，如同任何造物之于那些元素构成的环境一样，这些元素都微妙地适于对生命的保障。例如，水有许多独特的品质：溶解许多物质的能力；导热性；表面张力；达到冰点即膨胀的能力，进而以冰的形式漂浮在水上。所有这些，都使汉德森不由得认为一种目的性因素在发挥作用，并旨在完成维持生命的目标。

汉德森愿意进一步探索这种"为物理演化过程所做的准备"，这也是他敲开人择原理之门的时刻。他暗示所有时间和物质都旨在创造生命。在空间上，"对生命与环境之间关系的审视……应该基于对整个宇宙的物理化学描述"，在时间上，"我们必须假设环境适应性之源至少要回溯到周期系统现象，至少追溯到元素的演化，如果它们确实曾演化过的话"。这是理论预见当中一件了不起的功绩。在汉德森时代，对于宇宙膨胀还一无所知，更不用说大爆炸和宇宙演化了。但他仍然把自己的理论基于物理物质本身有解释其诞生和发展历史的可能性，而且，从该历史之初，物质就在编织整体环境的适应性，为着某个遥远的时刻，生命会在其中诞生，形成宇宙家园——也许不仅仅在这个星球上。汉德森相信，肯定存在许多其他有机演化的行星。

在生命需求及其环境对其支持的就绪度之间，汉德森看到如此伟大的和谐，坚信该结果不可能是偶然的，肯定有"一种能够解释该事物本质适应性的法则"。根据他的方法，该法则是同时作用于"有机和宇宙演化过程"的"自然形成趋势"。然而，汉德森提出该思想不久，便匆忙将其命名为"形而上学目的论"，将其置于科学领域之外。他对科学正统的尊重如此强烈,以至于把自然的目的性层面划归于机制之外的独立而超然的领域。这种方法是一种知识上的隔离。他小心翼翼地把通过传统物理和化学分析研究的形成趋势导致的一切搁置一边。该趋势本身就属于"事物的本源,就在机制开始作用之前"。

> 总之,我们的新目的论不可能源于或通过机制,但它是机制必要且预先设定的伙伴。物质和能源有确实并非偶然的在空间和时间上组织宇宙的原始属性……对于整个演化过程,无论是宇宙的还是有机的,都是同一的;生物学家现在把宇宙从本质上看作是以生物为中心的,这可能是正确的。

使宇宙以生物为中心的"原始属性"(original property)最终退回到亚里士多德学派的原动力状态,永远无法进行实证研究。但较之更古老版本的首因原理,汉德森的变体利用了他所了解的自然体系复杂性的一切。如果这是一个形而上学的前提,那也是经过对物理性质严格审视而得到的前提。

尽管汉德森努力使其理论符合科学的客观性,但他完全清楚,还可以用另一种更为谨慎的方式来看待他所收集的所有事实。环境适应性可能只是作为发生在宇宙规模下的选择效应(selection effect)而被排除。科学上的选择效应可能有很多种。仪器会有某种选择影响:透过玫瑰色眼镜研究的世界,可能都会呈现玫瑰色。在社会科学中,研究者的个性也许会使其"选择"某些结果。一个性别歧视的男性心理学家,在亲近、惹恼或疏远女性研究对象后,可能得出所有女性都仇视男性的结论。观察行为本身也许会影响结果。生物学家一直开着灯坐在那儿,盯着一个羞涩的夜间活动的动物,得出的结论可能是,这些动物从不吃东西、移动或交配。

同样纠结的结果也可能出现在宇宙学。有人也许会争辩,如果物理化学条件没有达到要求,就没有人首先提出"为什么"的问题了。就我们所能说的,这是唯一可能允许好奇的智慧生命出现的事物形态。事物只是碰巧成为那样的。"事物为什么如其所是?"的问题所具有的唯一意义就是告诉我们,有一种能够提问的具有自我意识的物质。以这种方式形成的环境适应性变成了所谓的"弱"人择原理;"弱"的原因在于丧失了目的性或任何引导智力的痕迹。

　　或者,有人会把物质进一步推向进退两难的境地。假设有(或现在以某种令人迷惑的平行方式存在)无穷数量的宇宙,耗尽一切可能的初始状态、基础粒子、基本力和普遍规律:经过无穷时间转动无穷次无穷数量的骰子。该思想的一个版本是这样的:想象这个和其他共同存在的宇宙具有某种想象中的宇宙泡沫中泡泡的特征,彼此都有各自的力量布局。在一个泡泡中,数量如其所致,出现了有智力的观察者,提出为什么事物如其所是的问题。而在某些平行或之前状态的事物,无论存在什么样的宇宙,都没有生命,也就永远不会提出那个问题。隔壁的宇宙无人居住;没人在家。

　　用这种方式解释,人择原理可能被视为对盲目偶然性不可辩驳的终极诉求。该理论推测,早晚,不一定在哪里,就像那1 000只猴子终归会创作出莎士比亚的作品一样,我们的幸运数字肯定会出现。为了使偶然性创造出并非不可思议的奇迹,该理论发现"足够的时间",假设有无限的"其他"宇宙,或宇宙的其他部分,隐藏在我们的知识领域之外,我们所知道的宇宙似乎具有的特殊性不可挽回地丢失在无法想象的浩瀚中。天体物理学家詹姆斯·甘恩(James Gunn)称这种可能性为"终极哥白尼思想"(the ultimate copernican idea):"不仅我们没有可想象的结果,甚至我们的宇宙也没有可能的结果。"[15]这种推测使论据丧失了所有证明的可能性,甚至失去了合理的讨论。其中所说的有无数宇宙是什么意思? 难道所有这些宇宙没有包含在一个单独且更巨大的超级宇宙中? 如果是那样,我们又回到原点,视我们的存在为一种特殊且极不可能的事情。

　　诸如此类的观念,有点禅宗以心传心的特征,用矛盾使意念困惑。它们似乎在说,我们同时处于某种独特的、又没有什么特殊的条件下。然而,在这种轻率的配方下,人择原理也对智能生命这一事实流露出些许柔和的惊奇。其漫不经心地探讨着一个事实——宇宙创造了在如此小的概率下能够存活的具有自我意识的生命。如果用数不清的大爆炸和大危机来生成这一结果，结果会不会没那么神奇？可不可以说这才是其关键点？布兰登·卡特尔(Brandon Carter)(首次提出"强"人择原理)捕捉到这件事的自相矛盾，认为"较之太阳热核演变的速度，如果我们的生物演变过程仅仅慢了两倍，那我们永远也不可能及时出现。"[16]

人择原理被那些仅接受其弱版本的人冠以"没有生殖力"且"牵强"的标记。但至少有几位科学家坚持汉德森的信念，认为支持生命的宇宙巧合应该不仅仅只是一种选择效应。按照约翰·维勒(John Wheeler)的说法，"宇宙适合人类"。

> 想象一下，宇宙中一个或另一个基本的无量纲物理学常数，不管以何种方式有少许变动，人类可能永远不会出现在这样一个宇宙中。这是人择原理的核心要点。根据这一原理，世界的整个机制和设计的核心是一种赋予生命的因素。[17]

鲍尔·戴维斯(Paul Davies)也相信，"似乎有一种隐形原理在发挥作用，把宇宙以一种条理分明的方式组织起来"。

> 很难抗拒那种感觉，即某种东西概览了整个宇宙产生的瞬间——某种能够超越太空时间和相对论因果关系束缚的影响，操纵所有没有因果联系的部件以几乎完全相同的力量同时爆炸，而又因在排除小规模的不太规则事物时协调不够准确，最终形成了银河系和我们。[18]

按照这一观点，人择原理所依据的所有巧合必须通过大爆炸的初始状态来进行独特而准确的解释。我们不仅依赖附着于这个星球的那层薄薄的生物圈为生，而且还依赖于在过去 150 亿～200 亿年以准确的方式展开的宇宙条件精准而有组织的结合。从时间的开始,生命在其发展过程中完全植根于物质－能源微妙的连续性:像一粒种子植根于赋予其果实的土壤。乔治·希尔斯塔德(George Seielstad)甚至对人择原理进行了改变,让人想起伯克利主教(Bishop Berkeley)熟悉的难解之谜。存不存在没有耳朵听到的声音,或没有眼睛看到的、手触到的实体? 希尔斯塔德将这一疑问延伸到宇宙,质疑有意识的生命是否不具备时间或空间拥有的那种宇宙的基本物理属性。没有这种属性,也许什么都不存在;因此,宇宙寻找现实的目标就是创造观察者身份。"通过认识到宇宙的存在使其摆脱非实体状况",是意识的出现。在这种意义上,希尔斯塔德认为,自然对我们有"用"。[19]

　　这里所说的生命、意念和物质之间的联系,与传统的唯物论观点不同,后者认为物质没有历史、没有潜能,只是一种永远相同的延续,其中只可能有偶然的结合。人择原理是在一种"后物理性"(post-physical)物理学中运作的,其中,物质已经丧失了物质形态,具有了某种意念属性,诸如成熟、积累经验和记忆的能力。在人类宇宙中,自然的物质实体被赋予了一种叙事能力,即一种传记动力——使物质升级为体现在我们以及宇宙中可能存在的任何其他有意识生命形式身上最复杂的状态。人择原理的初衷是把生命和意念置于宇宙学的核心位置,作为解释和处理的对象。这必然导致一种目的性论述模式,甚至对于那些将其视为修辞规范的人也是如此,即事物之所以为其所是,是因为在造物的瞬间就必须来到这里,我们这里。只有一组非常严格的初始状态可以做到这些,只有一些非常严苛的条件可以达到这一目的。

　　如果人择原理什么也没做,那就会使一些科学家对于作为物理现象基础的各因素的不寻常结合无拘无束地表达其由衷的困惑,而且非常坦率地询问这些是否应该被视为"巧合"。这就是科学与神学的连接点,或至少在没有借助主日学派语言的情况下二者能够走得很近的地方。曾经说过有机化学不可能是"有预谋的事情"的弗雷德·霍伊尔(Fred Hoyle)

发现，"对这些事实的常识性解释说明，某种超级智能不仅在胡乱摆弄化学和生物学，也在玩弄物理学"。[20]他的评述源自其对人择原理的卓越贡献，是罕见的对该原理进行预测性运用的例子。1954 年，霍伊尔计算了重核在恒星中央混合所必需的能量水平。他对碳-12 非常好奇，那是生命存在的前提。但是，既然生命确实存在，碳-12 必然有某种化学"共振"（resonance），对此，当时还没有探测到。实验表明，霍伊尔的假设是正确的。这一发现衍生出所有之后对恒星核合成的研究——在恒星内部创造重元素。这些实验也表明，宇宙中碳的存在是以经过微调某些极其惊人的化学条件为基础的，霍伊尔更愿意称其为巧合。

> 我不相信任何做过验证的科学家会得不出这样的推论，即核物理学定律是专门用来产生恒星内部的那些结果的。如果是这样，那么我的这些明显随机的巧合，则变成了一种巧妙策划的方案。如果不是，那我们就又回到一系列怪异的事故中了。[21]

人择原理还没有在科学理论中占有一席之地，也许永远也不会。亚里士多德的科学很愿意把"目的因"（final cause）引入其解释中，提出事物为了什么以及如何行为等问题。亚里士多德甚至可以不用突出一个造物主，就可以运用目的因。但正如斯蒂芬·霍金（Stephen Hawking）所说，这种方法"逆整部科学史潮流而行"。人择原理的最强形式"主张，这一整体浩大的结构因我们而存在。这非常难以置信。"[22]尤其是当该原理濒临科幻小说边缘的时候，如约翰·巴罗（John Barrow）和弗兰克·提普勒（Frank Tipler）的《终极人择原理》（*Final Anthropic Principle*），认为智慧生命一旦出现，就注定永生，会运用其力量重塑整个宇宙。有些更为异想天开的宇宙学家甚至想象人择原理与德日进的"终结点"（omega point）——演进过程的顶点——有联系起来的可能性。在那个大高潮时刻，巴罗和提普勒想象：

> 生命对所有物质和力量的控制不仅发生在单一宇宙中,而且在所有逻辑上可能存在的宇宙中;生命会普遍存在于逻辑上可能存在的所有宇宙的所有空间区域,而且会储存无限的信息,包括所有逻辑上可能了解的知识。这就是目的……现代神学家可能希望终结点的完整生命是全能的、无所不在和无所不知的![23]

巴罗和提普勒也许只是戏谑这种令人陶醉的目的论想象;然而他们的话却生动表明,人择原理希望探索的意念能够进入的形而上学的暮光领域是多么的遥远。其他人则对如此高的精神希望会建立在这样微弱的基础上没有多少信心。

自大卫·休谟时代以来,哲学家们已经汇聚了一个兵器库来驳斥神圣的设计论观点。休谟本人偶尔认为,动用那个兵器库来反对设计的存在,不如反驳基督徒建于其上的教条。但是,正如休谟的论证巧妙地使传统基督教神学陷于尴尬境地一样,那些驳斥也必须转而依赖其他更好的方式来解释科学自身所发现的自然秩序。我们认为,这会变得越来越难,因为借助偶然性已经丧失了说服力。那么,有些人(像霍伊尔、维勒、巴罗和德日进)试图尽量挽救更多的宗教地位也不无道理,因为宇宙似乎越来越基于一种非物理的概念性创造行为。

轻信指数

我们在这里提出的问题,其实质内容是人择原理不会回答的。这既不是一个事实问题,也不是一个理论问题,而是一个有关相信意愿的问题。思想信念——无论针对普遍原理、引导价值,还是受人尊敬的权威者的陈述——都是我们所有人在这个世界上找到意义的主要方式之一。思想信念即参考框架,帮助无论虔诚还是怀疑的我们梳理矛盾的信息,以有意义的方式安排我们认为正当的一切。

一般情况下,在很多事情上我们和其他人都是一致的,这使我们不必"相信"任何费解的词义。我们信任常识,或接受值得信赖的专家告诉我们的东西。有时,这种可靠的一致性可能会遭到怀疑,那时我们会意识到,甚至我们一度认为可靠的事实可能也会基于某些潜在的推定事实。是太阳绕着地球转,还是地球绕着太阳转? 贵族生来就比平民血统好吗? 教皇在忠诚和道德上是绝对可靠的吗? 诸如此类的问题使我们不得不质疑,为什么我们要相信我们所相信的东西? 继而,我们可能会发现,信念植根于情感需求、心理怪僻、智识的骄傲和偏见。甚至怀疑也会成为一种充满激情的具有意识形态原理的事情。人们对怀疑形成的笃定,可以像对宗教信条形成的忠诚一样的自负。尽管听起来似是而非,一个人会"相信"不相信,处于极端怀疑状态。而拒绝宗教虔诚的怀疑者可能表现出同样的意愿来赞成极端荒谬的无神论辩解。

无论宗教还是科学,都有一个可能被称为"轻信指数"的因素在起作用。假设我们试图理解那种显然设计好的自然现象是如何通过纯偶然性产生的,科学可能通过不定向的随机性,使某些问题似乎有了完美的令人满意的解释。例如,我们如何解释哺乳类物种中雄性和雌性数量从长远来看保持完全相等的事实? 这种相当可靠的结果需要通过某种神圣的监督来解释吗? 一旦人们理解了染色体在遗传过程中的行为,解释就会体现偶然性提供的结果。我们发现每个新生儿都有内在的一半机会成为男性或女性。

但现在的事情尤为复杂。那种控制此类性别生理机能的复杂基因编码当初是如何出现的? 我们如何解释这个发展过程——由此,胎儿(无论男性还是女性)的各部分以适当的速度长在适当的位置? 我们能想象如此复杂的系统会源自随机的化学洗牌吗? 当我们转而研究实现这一复杂秩序的任何自然过程时,会发现自己面临一系列交织在一起的不大可能发生的事情。如果根据所采取立场而延伸出一种尺度范围,一端是像约翰·珀尔金霍恩(John Polkinghorne)这样的基督教目的论者,另一端是诸如雅克·莫诺德(Jacques Monod)之类的坚定无神论者,在哪个点上,你会宣布"我不相信这个"?

对于那些在意此类事情的人,甚至会量化轻信指数。如前所述,像弗雷德·霍伊尔和萨利斯布瑞等几位科学家,已经为我们达到该目的提供了这种计算。他们的结论意味着可能的天文学水平。同样,说到生命的自发起源,克里斯汀·德·迪夫(Christian De Duve)研究出一系列假设的但必须是以同样正确的顺序发生的"生物步骤"的组合概率。结果的数字"临界于那个奇迹:10^{-300},只有连续的 1 000 个步骤"。他得出结论,"依赖于一个接一个不可能事件的多步骤过程,早晚肯定会失败"。[24]

但有人会对"肯定"这个词产生怀疑,认为那个序列"可能"终止,而不是确定终止;总有极小的可能性,事情结果实际上和原来一样。与人择原理运用的逻辑完全一样,像莫诺德之类的信仰者会从第一个无神论原理提出辩论:既然没有上帝,复杂结构、生命和意念的存在只是用来证明随机性会产生什么。对这样的观点没办法做出回答,相反,我们这里探讨的是对一个人信念的衡量,当我们面临科学所展示给我们的自然系统的复杂性时,就会有这种诉求。我们会不会相信自己见到的都是偶然的结果?回答"会"的人看到的,只是人择原理的弱版本,而无法回答的人会选择该原理的强版本。

甚至把人择原理斥为"空洞的戏弄"和"混乱的臆想"的哲学家约翰·厄尔曼(John Earman),也承认"对自然法则如何为了青睐生命而进行的'微调'所表现的惊奇"在该假设中发挥的关键作用。他认识到该原理源于那份惊奇;但是,他反对把人择原理从本质上看作一种凋谢的选择效应。他让我们"想象一种泥虫的物种,如果泥的导热常数稍有不同,它们就活不下来了。"[25]

不过这种反对没有抓住要点。意念是人择原理的精髓,设定了理性自我意识的存在。泥虫可能根本不知道自己作为宇宙的一种属性有多么神奇,缺乏自我意识、好奇心和推理智能。然而,任何生命形式的存在都值得成为惊叹的主题,即使所说的物种不具备情感能力。人择原理所基于的事实是,我们在这里准确提供这种能力,还可以进一步将该能力延伸至惊叹自己所具有的惊叹能力。对于一些人来说,包括越来越多的科学家,那种使得这种惊叹性物种的存在成为可能的非凡"巧合",似乎远非不定向随机性所能解释的。

　　在新宇宙学史的相关部分,当说到相信盲目偶然性是宇宙中有"什么而不是什么也没有"的原因时,多数科学家仍然会把轻信指数排在前面。即使这样,在坦率承认这种"什么"构造如何神奇的同时,他们的职业谨慎可能也捎带着某种震惊。查尔斯·米斯尼尔(Charles Misner)认为,宇宙中的设计问题纯属宗教假设,但也同意"一个人要对整件事有某种敬畏……这是非常壮观的,不应该被认为是理所当然的"。[26]

　　"……整件事……非常壮观",这种坦白,真诚得让人感动,但也苍白得令人心碎。这是典型的陷于旧的不可知论的承诺与新发现的奇迹之间的科学,不过,依然象征着识别力的转换。在过去的 20 年,正如其所有的蕴含所展示的,新宇宙学激发了大量有着神学色彩的奇思妙想,多数都是科学家所为。"上帝"这个词,通常被半开玩笑地援引为"终极的",可能自牛顿和伏尔泰①时代以来就没有如此频繁地出现在科学文献中。但是,这种对宗教的开放性并不是惯例。多数科学家保持着某种大男子主义的正统,仍然坚持罗素的"不屈不挠的绝望"(unyielding despair),甚至逼近不屈不挠的敌意(unyielding hostility)。丹尼斯·夏玛(Dennis Sciama)的话真情流露……令人悲伤。

　　　大体上,我想说的是,宇宙浩瀚——比你强大多了——而你对它唯一的还击办法就是理解它。[27]

　　在第一次想象环境适应性的时候,劳伦斯·汉德森明智地认识到感

---

①　有关科学与宗教互动方面的文献样本,参见本书附件"上帝与现代宇宙学"。

觉(sensibility)在科学中的重要性。他用其朋友和同事——演化论哲学家乔赛亚·罗伊斯(Josiah Royce)——的话结束了其研究。

> 以叙述的方式看待所有这些事物,你只能看到不停移动的物质,每一个事物都充分地说明了要进入下一个事物的必要性……但以欣赏的、历史的、合成的方式从整体上看,像一位音乐家聆听一场交响乐,观众观看一场戏剧,你就似乎在现象形式上看到了故事。

以如此审美的眼光看待自然的能力,或至少是意愿,在当今科学中仍然如汉德森时代一样稀缺。但是,如果有什么改变,那就是20世纪的宇宙学已经融入了汉德森的生物化学的力量,使得宇宙中生命的"戏剧"对于那些不相信偶然性的全能力量者来说,比以往更具可信度。

还有一些人仍然质疑人择原理似乎肯定的发现和观点:大爆炸,宇宙演变,冷暗物质,甚至有关多普勒频移和背景微波辐射的标准解释。[28]如果新宇宙学的这些重要支柱中的任何一个受到严重撼动,人择原理就会坍塌。科学至少是一种实证的追求。另外,埃罗尔·哈里斯(Errol Harris)认为,只要宇宙继续以新兴连锁系统(一种形式规模)等级的方式展示给严谨的科学研究,它就会拥有某种秩序,就会挑战任何基于偶然性、随机性或意外性的范式。[29]

只有轻信指数非常高的人才会相信宇宙中的意念源于原始物质的无意识混搭。当然,如果大爆炸理论被证明是错误的,而且时间会再次无限获得时,这种信任还会得到加强。在一个永恒或稳定状态的宇宙中,任何事情最终都可能发生;像路德维希·玻尔兹曼(Ludwig Boltzmann)曾认为的,整个宇宙中的每一个原子最终会水到渠成,只有引力在发挥作用。甚至到那时,还会有人认为"肯定不止这些"。

只要认为时间有开始,那么在某种意义上,当科学还找不到清楚表达的语言,我写这些话所用的意念,你读这些话所用的意念,就总是在那里,被膨胀到虚无而创造太空的第一辐射所环绕。发展定律和模式就在那里,在时间的构造力推动下,产生这一结果。现在,当我们回看宇宙史,研究太空深处的背景辐射或最遥远的天体膨胀时,会利用由此过程生出的一种意识,并把我们的所见作为一种理念——宇宙的理念。其所在,我们所思。我们就是在这一时间段实现的有着内在可能性的意念。意念并不是虚空中的边际怪异,始终都很具体。

根据柏拉图的一种学说,我们是理性存在的,因为我们都是共享那个形成宇宙的更大意念的某种并不完美的东西。如果这仍然似乎是审视科学项目的一种古怪的方式,那已经不是很牵强了。也许所有妨碍这一理念的,就是那种我们认为智能必须有其物理官能的挥之不去的感觉。但这种想法和另一个曾经不容置疑的观念一样不可靠,即除非在某一诸如水或醚等物质中介中作用,否则不存在浪潮(wave)。毕竟,直到 19 世纪后期,人类所知道的唯一浪潮都是在海上或空中发生的。这个词是对人们庸常经验的比喻,最终脱离了其物理矩阵。我们能否以同样的方式对待思想呢?

20 世纪初,物理学家兼哲学家詹姆斯·琼斯(James Jeans)认为,宇宙对他来说"更像是一个伟大的思想而不是一台巨大的机器"。亚瑟·爱丁顿(Arther Eddington),一位虔诚的现代科学家,也附和说:"世界的内容就是意识内容。"这些都是非常珍贵的洞见。随着我们在系统、结构和过程方面的知识进步,宇宙所赋予的概念性超过了机械性。我们也许不再借助拟人的概念形象,但同时却越来越把自然视为在更高层次上运作的意识类。当唯物论安于不同个体之间的简单互动时,我们现在理解的是深层组织和自我调节机制,是时间开始时就可能存在的系统,其对自然的渗透如此深刻,我们可能需要在似乎最复杂的现象中才能发现其功能。如果说还原论和唯物论只能发现人与自然在物理层面的连续性,我们现在能够想象的,则是心理层面的更高联系。内在的意念(mind-within)和"一般的意念"(mind at large)——借用奥尔德斯·赫胥黎(Aldous Hux-ley)的说法——在形式和秩序知觉上重叠。科学也许很快就会被视为试图像宇宙一样思想所做的努力。

对于一般公众,以及多数科学家,人择原理可能是一种抽象的认识论难解之谜,在智力上耐人寻味,但不是最没有感情的。其可能体现了许多最激动人心的现代宇宙学思想,使意念雄心勃勃地跨越了浩瀚的宇宙演变场景。但是,其"薄弱的"解释力和随后遭到抛弃这一事实,都削弱了其在科学和哲学中的地位。不过,我们能在家附近找到同样专注的科学发现,也具有重大哲学意义。

我们下面要进入的盖雅假说(Gaia hypothesis),开启了人类与非人类世界关系新的可能性——较之人择原理,具有更多的神话和审美色彩。它让我们看待自己时,不是作为"陌生人并且在我们从没有创造的世界中有所恐惧,"而是作为共同演化的伙伴,经历着生命帮助创造的行星命运。

第**5**章　万物之灵:寻找盖雅

多面的大地母亲

这里是三篇在时间和空间上都非常疏离的文本,读起来就像在听一个音乐主题下的各个变异版本;放在一起,则描述了万物之灵——伟大的世界母亲之魂——漫长而奇怪的生涯,一如民间传说、哲学和科学中始终歌颂的那样。

啊! 我们的大地母亲就在这里。

啊! 她奉献着自己丰硕的果实,

全力奉献给我们。

感谢大地母亲。

瞧啊,大地母亲茂盛的田野!

瞧啊,她硕果累累,

全力奉献给我们。

感谢大地母亲。

（史前波尼部落的赞歌）

当世界之魂的全部构造在其创造者的意念中完成以后,接下来便是对灵魂实体的塑造和二者的结合,这是中心到中心的匹配。从中心到天边,灵魂无处不在,把天国从外面全部包裹起来,环绕在其自己的界限内,神圣开启生生不息的智慧生命(柏拉图,《蒂姆斯篇》,公元前 4 世纪)。

大地团结一致,组织协调,只要我们对其有足够的了解,它便会呈现出具有综合意义的结构。从远处——例如从卫星上拍照——看上去就像一种有机体;而从地质时间上看,简直就像一个巨大胚胎的发育过程。无论是其庞大的规模、无数的单元,还是无穷无尽的生命形式,其连贯性无所不在。每一个组织都依赖其他组织而生存,这就是生物,或者,如果用一种更传统但没什么情趣的名称,就是一个系统。(Lewis Thomas, *The New England Journal of Medicine*,1978)

类似万物之灵的神话从未绝迹,始终有着长生鸟一样的不朽,即使化为灰烬,都会经历神奇的转型,以其不变的本质恢复活力。可能被描述为跨越数百年从意念到意念的某种空灵基因,像所有基因禀赋一样,沿途与其他文化谱系和知识突变混合。有些神话的生命力足以超越历史和种族界限,最终被纳入永恒的形象与学说宝藏,成为人类大家庭的共同财产。这些也许就是荣格所谓的"原型"(archetypes),是集体无意识的永恒装备。

就万物之灵而言,我们所应对的可能是人类最古老的体验,即原始人面对地球的雄伟力量曾经感到的恐惧和怀疑。当这些早期的人类只是世界上胆怯而匆忙行走的新物种中为数不多的第一批代表时,他们必然对自然的巨大创造力充满敬畏;从此以后,这种敬畏对于大多数现代人都已丧失殆尽,仅存于少数诗人群体中。地球确实在全力全能地运作,长出庄稼,导入季节,孕育万物,使其在她浩大的母体中找到自己的家园。当然,她也可能是一位来势汹汹的巨人,这些都是神话和民间传说的记忆。许多古老的仪式,都是对有时会凶猛并具有惩罚性的神圣——那个时而愤怒、时而慷慨的大地母亲——做出的和解行为。

有关母神的最古老而有名的描写,是一个粗略的小雕刻,人类学家昵称其为维伦多夫的维纳斯。以其全然的性感形象,肥臀硕乳,该雕刻旨在体现狩猎采集时代的祖先对女性神圣的理解。很难想象如此原始的造型会比狩猎营地和农耕村落文化更长久,但她确实如此。大地母亲是人类拥有的最普遍的一种象征,甚至在那些已经进入更文明的社会里也是如此。但是,在其漫长历史的节点上,当离开土地进入城市时,发生了一个重要的变化,她的进一步冒险是沿着两条具有明显差异甚至矛盾的路线展开的,一条是宗教性的,另一条是哲学的,且最终是科学的。这种分歧反映了情感与智力割裂开来的一种深度心理分裂。我们会发现,该分歧也呼应了把每一种文化分隔开来的男性和女性定式。沿着这些线索,母神的转变构成许多错综复杂的性别政策问题的基础,有待于我们自己时代的到来才能讨论。

直到柏拉图和亚里士多德时期,当雅典成为古代世界的国际化枢纽时,伟大的母亲仍然在希腊的丛林中受到崇拜,不过那时,其仪式已经变成被压迫者——主要是妇女的——宗教;声名狼藉的酒神伴女(bacchae),为了达到与母神的疯狂结合,相传其祭祀仪式充满了淫秽和血腥。之后到了罗马希腊化时期,对伊西斯和大宇宙的迷信风行于大城市。这些迷信提供的城市化版本的古老农业仪式也许更为温和,但其承诺确实相同——救赎罪恶,延续生命,获得神圣母亲的仁慈之爱。同样,这些狂热崇拜的主要支持者仍是女性,她们显然在正式的、男性主导的世俗宗教众神中得不到多少满足。这种神秘的狂热崇拜更富感情色彩和私人性,使她们能够面对那位深知一位凡俗女子需求的神圣女性。

自始至终,更加微妙或至少更为谨慎的意念一直在寻找比这种心醉神迷的仪式所能提供的有关大地母亲更为深奥的思想,这主要是男性哲学家。在他们的想象中,古代子孙娘娘的形象越来越幻化为一种形而上学的抽象,成为万物之灵,世界之魂,是掌管物理宇宙的智慧。在柏拉图和他的追随者的作品中,我们第一次见到了她的这一全新身份。[1]

宇宙管家

柏拉图的宇宙学始于无形的形式领域。例如,现代科学理论提供了现实的知识结构,以其最高的表达形式,它们拥有数学的(对柏拉图来说,是一种特有的几何学)纯度。在这种不言而喻的完美状态下,它们象征着柏拉图的所有知识模型。逻辑、永恒、通用,这些形式可能比任何一位神都古老。没有它们,物质将是不可理解的一个不可能实现的(如果不是完全不存在的)领域。

令柏拉图难以想象的是,这些形式以其原始的超越性,会与无常的物质世界发生联系。那它们如何对自然产生影响呢?为了回答这个问题,柏拉图想到了万物之灵。它——或者毋宁是"她"(灵气总是女性的)——在形式一成不变的存在和这个低级世界的肮脏动荡之间形成中介。万物之灵是内含于肉体的心灵,赋予混乱以理性。她可能被视为宇宙管家,以最大规模地履行着女性的传统琐事——清洁、矫正、整理。

如果说柏拉图不愿意把自己的哲学抽象与任何诸如大地母亲之类非常世俗的东西联系起来,我想,现代科学家可能更不愿意看到他的作品与一种像万物之灵等怪异的形而上架构有所关联。科学更愿意使其形而上学地保持缄默,佯装其完全依据物理事实及客观测量行事。然而,科学大量借用了柏拉图的宇宙学,否则,不会有今天。究竟为什么要千方百计使这个世界有意义呢?因为我们认为存在有待于发现的意义,那是对人类意念的好奇习惯做出回应的一种秩序。如果构想合理,我们的问题就会得到回答。为所有理论奠定基础的,正是万物之灵,并使我们明白自然是一个宇宙,是一个有序整体。在其湍急的表面背后,拥有一种恒常智慧的结构。我们继承了希腊哲学家的这种假设，其中最重要的就是柏拉图，他是首先识别和详细说明数学精准性——作为打开事物自然秩序之门金钥匙——的哲学家之一。

自柏拉图时代以来，万物之灵在西方思想上经历了漫长各异的生涯。我们文化中许多最丰富的推想都首先围绕这一形象展开。例如，柏拉图的信徒，公元 4 世纪哲学家普罗提诺（Plotinus），把时间的存在归因于万物之灵。普罗提诺确信，万物之灵——因为她在完全不具备实体理性的情况下运作——不能抓住永恒性整体；负担着太多被赋予监督责任的总体事物。因此，她尽力而为；顺序解读各种形式的突发现象，将其一一解决。在她的调解下，这些现象成为我们随着时间的流逝所经历的系列事件。像柏拉图一样，普罗提诺相信时间是"永恒的映像"，是万物之灵为在较低的现实层面体现神圣所做出的努力。现代物理学中至少有几派玄想——平行宇宙理论——在回应这一有趣的观点。

炼金术霸主

沿着中世纪文化的模糊边缘，使万物之灵得到重要应用的则是炼金术士。对于"化学哲学家"来说，她变成了所有自然力量的在位霸主。尽管所有炼金术士都以洞悉其秘密而分享其力量为旨归，但在圆满达成该目标的方法上却大相径庭。精神炼金术士派相信，与万物之灵的和谐交流只能通过虔诚的灵魂净化才能实现。他们的"大功业"实践也许就是一种自然神秘主义的准基督教、准诺斯提教形式。值得注意的是，其中的女性气质扮演了重要——如果不是次要——的作用。在他们寻求神秘的魔法石过程中，那些自认为"高等炼金术士"者往往有一位女性助手，索罗魅影（神秘女郎）不离左右地提醒他们想起那位"永恒女性"。

还有第二种炼金术——庸俗炼金术，我们从中继承了衣冠不整的方士运用的各种陈规——阴冷作坊里烟雾缭绕，周围满是各种怪异的设备，冒泡的罐子和弯弯曲曲的锅里泡着难闻的混合物,在水银和骡马的粪便形成的混合物中寻找着物质世界的秘密。此类可疑人物确实出现过,像诡异的伊丽莎白的魔法师约翰·迪(John Dee),在欧洲皇室宫廷任占星家或男巫向易受骗的人承诺拥有神一样的权力和大量黄金。他们和万物之灵的联系方式非常不同,希望通过隐形手段驾驭宇宙的力量。高等炼金术和庸俗炼金术象征着认识自然界的两种不同途径,一种基于充满敬意的沟通,另一种则以暴力为基础。在这两种方法中,注定承袭未来的是庸俗炼金术,是以一种不可预知的方式。虽然这些炼金术的"吹嘘者"现在看来似乎古旧得可笑,但从关键意义上来说,他们的行为预示着科学时代的到来。那些把炼金术视为化学的某种原始先行者的人,心里都有庸俗炼金术。在论及其内在意图时,能看到二者之间的联系并不是件离谱的事。

到了中世纪晚期,这种世俗的炼金术已经分解为"自然魔法"派,试图并常常声称获得了魔力。在牛顿时代到来之前,自然魔法在有学问的人当中一直存在。牛顿本人不仅是一位浅薄的炼金术士,在他去世后,留下的有关炼金术和占星术方面未发表的论文比物理学方面的还要多。自然魔法总是小心翼翼地使自己有别于恶魔魔法,后者时刻准备与魔鬼和其他污魂沟通,那是浮士德博士的魔法,是一种危险而禁忌的追求。自然魔法比万物之灵的工作更加充满敬意,因为后者的力量被认为是来自神的。17世纪的弗兰西斯·培根(Francis Bacon)就采用了这一模型,并称其为"新哲学",是现代科学的知识先导。在文艺复兴时期与世隔绝的哲学家康涅里斯·阿格里帕(Cornelius Agrippa)的眼里,自然魔法也许是"魔法的最低领域",但它并不因此而遭到鄙视,因为它"传授世界上事物的本质,探究其原因、效果、时间、地点、方式、事件,它们的整体和组成部分。"[2]

万物之灵与炼金术和魔法的这种联系,是西方历史上的一次严重背叛。我们在此的追溯旨在掌握或至少有效掌控自然力。这是充满信念的事业,因为其基于的假设是,在自然的"另一边"存在着一种共鸣的意念,我们能够获得其同情,了解其秘密。柏拉图把万物之灵视为沉思的客体,有待研究和描述；但炼金术士则认为，她是能够被利用的——要么通过温和的劝导，要么通过强力。无论哪种情况，这些都是启动其力量的方法，象征着人类与自然之间的一种全新关系。这既不是柏拉图的被动冥想，也不是民间宗教的祈愿，而是一种有目的的行为，基于人类凌驾于所有自然事物的优越感认知，得力于赋予人类为其即时目的而具有操纵和利用能力的知识形式。今天，我们把这种知识称为"诀窍"——技术的基础。对于弗兰西斯·培根的追随者来说，这将很快成为唯一值得追求的知识。培根的作品充满了对自然的参照，呈现出怀疑、不信任和敌意。总是被描写成女性的自然成为难以捉摸的反面人物，必须遭受烦恼、指责和折磨后，忏悔其秘密。她必须在"无情的质问"中被逼到"十分焦虑"的状态。也许只是修辞，但却非常近似于在欧洲的基督教教会和国家惩罚大母神的最后门徒时的迫害：在巫师们（百分之八十估计是女性）遭到追捕和根除的同时，现代科学正在诞生。[3]

16 世纪和 17 世纪是万物之灵漫长生命故事的分水岭。那个时代受过教育的人仍然认真看待她的存在。在那段时间绘制的许多微观宇宙示意图中，她的位置总是明显地仅次于神，高于大地，是宇宙中君临臣下的存在（见第七章图 2）。杰出的科学家仍然在其理论中把她作为重要角色。英国自然哲学家威廉·吉尔伯特（William Gilbert）对磁力研究的假设是，自然磁石是万物之灵对地球金属施展的一种神奇引力。吉尔伯特是最有系统性和富有人性的早期科学家之一，他为地球辩护，反对所有将其斥为低等和野蛮的人。对他来说，她是"我们所有人的母亲"；她的磁场被视为"意念"；其吸引力是一种"交配"形式。[4]直到 18 世纪，先驱地质学家詹姆斯·赫顿（James Hutton）才准备把地球说成是拥有新陈代谢的一个系统。

但是，直到那时，这种观点也是很少见的，维持大母神的诗情比喻和象征性意向逐渐消失。取而代之的新比喻是机器，新的象征手法——数学——成为科学的主要语言。在之后的两百年，她在我们的文化中完全黯然失色。当她再一次出现时，扮相已经完全不同，在明确的高技术背景下,成为从气相色谱(gas chromatography)深奥研究中生成的一个假设。引领其回到这个世界的语言将是现代化学的语言,还会涉及许多精密的计算;但她还保留着自己传统的名字:盖雅(Gaia)。

女神成为高科技

20 世纪 60 年代中期,化学家詹姆斯·拉维洛克(James Lovelock)成为喷气推进实验室(JPL)团队成员,该团队负责搜寻火星上的生命。当该实验室决定通过机器人登陆艇执行该项目时,拉维洛克得出的结论认为没必要,因为通过远程监控行星大气层——无论是火星上的还是其他世界的——可以更廉价地遥感生命。这一论点与拉维洛克早期发明的一项叫作电子捕获检测器的技术有关,该技术能够识别特定化学物质的微弱痕迹。值得注意的是,这一技术将会产生重要但难以预见的政治后果;它使拉维洛克记录了环境中存在的可以追溯到广泛应用农业杀虫剂时的微弱有毒残余物。该发现成为雷切尔·卡尔森(Rachel Carson)在《寂静的春天》中所进行研究的基础,该书通常被认为是环境运动的导火索。从一开始,拉维洛克的作品就始终充满了生态意义。

拉维洛克在喷气推进实验室的任务很快演变为针对大气圈与生物圈关系的一种雄心勃勃的假说。他的论点是,生物一旦在地球上出现,就会以创造性方式控制全球的环境。它们会成为塑造地球——其岩石、水和土壤——的全权合作者。那时,地球科学的正统观点是,生命是地球上的被动依赖者,只有足够幸运的人才会找到合适的位置得以生存。虽然大家认识到生物系统可能会通过对局部产生重大影响的方式改变其邻近的生态系统,但不认为这些变化具有重要的全球意义,也没有在包含整个地质史的时间维度上进行测量。拉维洛克的假说则是一种背离,认为行星上生物总量中的所有物种,都以共生的方式促进该行星总体有被赋予生

命的潜力。生命的目的就是全球动态平衡,为此,它把行星转变为所谓单一的自我调节有机体。他这样概括自己的观点:

> 从生命起源开始,在整整 35 亿年里,地球一直是生命有机体的安乐窝,尽管太阳的热量增加了 20%。大气层是一种反应性气体的不稳定混合物,但其构成始终如一,适合任何碰巧成为其居民者长期呼吸……生命有机体总是积极地保持其星球适于生命。相比之下,传统智慧认为生命在不断适应环境原本不可避免的物理和化学变化……该理论认为,生命有机体的物种演变与其物理和化学环境的演变紧密相随,共同构成单一不可分离的演变过程。[5]

这其实就是拉维洛克和他的亲密合作伙伴林恩·马古利斯(Lynn Margulis)称为"盖雅"的假说。该理念大大改变了现代生物学核心的达尔文范式。较之在共生性全球网络中生物的全面整合,竞争——物种层面的自然选择——变得不那么重要了。演化生存的基本单位整体上变成了生物总量,它可能根据促进地球可居度的能力来选择物种。

自从拉维洛克和马古利斯首次把盖雅引进科学界,她始终是个可疑的角色。首先,盖雅是个想要合成多门学科的大假说——这在领域性很强的学术界总是很有风险的事。但更具挑衅性的是,该理论充满了技术和拟人化的启示。如果说有某种令专业科学恼怒(和警惕)的信号,那就是意向性暗示。行会的伟大戒律是,"你不应该赋予自然以目标、意志、知觉、价值,"除非人类挂念——尽管更为极端的行为主义者可能拒绝甚至做出最小的让步。再没有什么比现代科学致力于无意念且不具人格的宇宙形象更现代的了。伽利略和牛顿时代以来的全部科学活动,一直是寻找巧妙的办法,以消除对自然的目的性幻想。

"纯"隐喻,"真"机制

在后面的章节中,我们还会提到系统在自然和科学理论中的位置。在此仅注意,系统,特别是浩瀚如盖雅的系统,在不运用通用语言的情况下,几乎不可能讨论。当有人问,为什么有些东西在系统里会有这种行为,答案自然就是"为了……"。系统各部分的行动,好像都有一种整体感。我们没有讨论这种事情的其他智能方式。批评家可能会说,我们通过把自然理解为有意向性而犯着移情的错误。他们忽略了的可能性是,首先自然赋予我们意向性,其次我们看到了它给我们看的东西。

科学家往往会通过影响某种刻意的轻率语气而暴露自己对这个问题的察觉。例如,他们会诉诸某种意向性论述模式——一种一看就明白的眼色或点头,意味着排除他似乎在说的任何观点。在某种描述层面上,似乎除了对事情的修辞便利,什么也没有。例如,我的医生曾对我解释一次胆固醇验血的情况,把有些脂类(高密度脂蛋白)描述成"好人",另一些(低密度脂蛋白)说成"坏人"。显然,他是在开玩笑。但是,如果他试图描述身体调解胆固醇需求的神奇系统,可能会发现自己陷入立意参考中,而对事实认识不足。我们看到的这一段,来自 20 世纪 60 年代中期《新生物学》的一次标准调查。我选这本书的原因,在于其整体导向中强烈的机械论和还原论倾向,洋溢着新近采用的数据分析等形象描述——流程图、反馈回路、信息转移——自此以后,这些都成了遗传学领域的普遍现象。

> 因此,甚至在其还没有开始对外部环境做出反应时,细胞——或活体动物——就必须首先提供能够保护自己免受外界分解和破坏的机制;其次,还要不断从更简单的分子中重新合成其较为复杂的部分……细胞是如何着手实现高分子合成所必需的大量极其复杂的化学反应的?[6]

　　细胞必须"提供""保护自己""重新合成其较为复杂的部分""着手"……在后面的段落中，作者提到了"选择""要求""识别""区分""拒绝"的酶。他告诉我们，"其他酶略微挑剔些，要求它们作用的分子至少一半是果断的"。甚至在一篇专门驳斥自然中存在设计资质的文章中，还用到了类似的短语："演化……就是一个匠人，在变化极小的情况下，打造成任何行之有效的东西。"[7] 毫无疑问，如果请一位科学家解释这种古怪的拟人化选词，肯定会以另一个"纯"隐喻告终。很好，消除比喻。那还有什么其他的词能胜任这件事呢？就算科学家本人私下里自己想象，怎么才能真正充分理解酶在干什么呢？

　　有时看到科学家与自然的目的性问题斗争，几乎到了滑稽的地步，甚至在他们说的每个词里都渗透着这个问题的时候，还试图假装其不存在。在这方面，没有人比英国生物学家理查德·道金斯（Richard Dawkins）更激进了，他肯定是科学界剩下的最后一位无神论者。道金斯不厌其烦地保护达尔文的正统信条不受众多不明确的宗教对手的影响。他是怎么做的呢？通过发明超现实主义概念——驱动演化进程的"自私的基因"。他的论文里充满了拟人化的基因刻画，甚至老韦伯福斯主教（Bishop Wilberforce）对查尔斯·达尔文（Charles Darwin）本人提出异议时都可能羞于使用。在不同的节点，道金斯把他的人格化基因比作赌徒、对手、伙伴、建筑师、划桨手、编程大师，甚至芝加哥歹徒。它们"指导""预测""参谋"；据说是"合群的""努力的"，当然还是"自私的"。一次旨在消除演化适应和基因结构的"明显意向性"的演讲，充满了诸如"建一条腿是一项多基因合作的活动"之类的短语。最终，道金斯提醒我们，"我们千万不要认为基因是有意识有目的的因子"；所有这一切都是一种"方便的简略表达方式"，纯粹是一种"有效的比喻"。然而，如果去掉这些比喻，论点就不存在了。[8]

　　或者想想这一段，把人脑零部件人格化了：

扁桃体仔细检查其情感重量感知到的信息,发现低声怒吼可能招致危险。如果一种情感相应得到保障,扁桃体就会沿着众多连接其他脑结构的神经细胞通路发出信号,继而生成全部情感反应,包括恐惧、焦虑或喜悦。[9]

为什么我们会感到此类陈述中会有某种——就像道金斯想象歹徒基因时有的那种——误解呢?就因为这种解释必须借助目的来说清楚研究的过程,继而在部分而非整体上将其置于错误的层面。这种描述无法识别基因或大脑结构都在其中运转、各个构成部件的活动都是从属部分的那个综合系统(整个有机体,整个人)。合理的引入目的,必须与正确的背景相关,即我们所期待的意向性行为能够协调部件达成某种目的。对于某些过程,像恒星内部重元素的核合成,控制背景可能大如宇宙——或至少如我们所见,那是选择"强"人择原理解释者看待事物的方式。

道金斯等人的努力中流露出的不一致性——肯定和否定自然中存在目的性——又回到了达尔文时代。当时,许多生物学家都认为自然选择是(用当代的话说)"思想界最先进的一种",就因为其很"可能实现了曾经遥不可及的消除自然中似乎有的目的性,用到处都有的盲目必然性取代了终极因。"如果能够缓解因为必须得说出"器官的功能、性能、行为和目的"而带来的"理智上的折磨",[10]那该是怎样的仁慈啊。然而,达尔文一次又一次地借助意向性比喻来解释其理论,始终希望他能够去掉自己语言的暗示。达尔文尤其感到窘迫的,是找到人格化的方式表达诸如眼睛之类"极端完美的器官"。这里有一段他解决该问题的古怪方法:

假设有着完全独特设计——调节不同焦距,接收不同亮度,矫正球面色差——的眼睛是由自然选择形成的,我坦白说,似乎是最荒谬不过了。

但他仍然坚持这种尝试,提出:

> 我们必须假定有一种力量,由自然选择代表,总是专心致志地密切注视[原始眼睛]透明层的每一种细微的变化,并小心翼翼地保留下来可能生成更清晰图像的每一个变化。假设这一过程可能经过数百万年,每一年会发生在数百万个不同种类的个体上;难道我们不相信某种优于玻璃的活体光学仪器会相继形成,就像造物主造人所赋予的那种杰作吗?[11]

"一种力量……总是专心致志地密切注视……"这种拟人化参照以及段尾略带修辞的问题,都明显表明该理论在为自然的核心事实——似乎设计好的有机体属性——勉强寻找合适的非人化解释。

在为自己的理论选择"盖雅"这个名字时,拉维洛克和马古利斯只是把一种成熟的理论形象提供给生物学中仍然根深蒂固的修辞习惯。但长期以来,拉维洛克对这一选择感到非常不适。他提出,选择盖雅这个名字只是作为与非专家的公众进行沟通的方式,没必要运用"准确但深奥的语言"。到了 1979 年,他竭尽全力提到自己的一本书:

> 有些篇幅……读起来就像染上了拟人化和目的论的双重病害……我频频使用盖雅作为假设本身的简要说法……有时候,没有过分的累赘,很难避免谈到盖雅,似乎众所周知她具有感觉能力。当那些在其体内航行的人称一艘船为"她"时,这意味着,没有比"她"这个名号更当真的了。[12]

虽有这些免责声明,但不参考目标、目的、意向,甚至拉维洛克和马古利斯都不可能说清楚自己的理论,更别说和任何其他人交流了。被视为一种活跃智能的盖雅,显然不是比喻,她就是该思想的质体。比喻,我们可以想想,那是代表其他词汇的一个词;应该可以直接说其他词,而那些词一旦给出，应该能够清晰地甚至更准确地表达我们的意思。诸如"政治体"(body politic)和"国家元首"(head of state)等短语，轻易就可能被许多其他词代替。但是，当马古利斯非常不经意地告诉我们"原核生物开启了一种能源"或"生命调节着行星的温度"时，她能用什么"其他词汇"更准确直白地传达她的意思呢？[13]她会用化学公式代替吗？她在讨论一个用于实现某种结果的过程；即使该过程涉及试错或失意——正如我们自己人类的行为经常出现的那种情况一样——只有我们假设二者之间有某种意向性联系，结果才会有意识地与行为相关。我们对这种情况所拥有的一种语言，是基于意向行为的。

与其解读盖雅反映出的目的性，我们不如尝试着想办法来解读人类行为以外的目的性。科学家通过设想事物中的智能而非拟人化术语，避免拟人论的"颓败"——或在此例中更应该是基因变性论(gynemorphism)，因为盖雅始终被认为是女性。他们真正的问题是，除了人的脑袋，他们在宇宙中找不到安放意念的地方。科学在人的架构中发现的一切——所有的分子构成部分、所有电子化学振动、所有能源领域——都被解读为穿透我们自己并延伸到身体之外，这难道不奇怪吗？他们从"外在"得到"内在"。一切如此，除了意念，那只能存在于我们脑袋里的灰色物质中。

许多引人入胜的问题都与拉维洛克提出的科学修辞有关。例如，为什么在科学上普遍运用的词"机制"没有也被视为纯比喻呢？毕竟，自然中根本没有我们知道的该词被创造出来所指的那些装置中包含的"机制"。而且，据我们所知，为什么机制没有因拟人化和目的论等蕴涵而"颓败"？我们知道，没有任何一台机器不是被其制造者和设计者赋予目的性的。似乎借助硬件——螺母和螺栓、发动机和马达——的内涵，"机制"这个词听起来就会有更确切的物理性，因而具有了特别的非比喻性地位。然而，更可能的是，像机制一样的比喻，和隔代的人格化盖雅提出的问题简直一模一样，这使我们质问：谁创造了解释宇宙一致性的机制呢？

自创生的盖雅界

盖雅是个大系统。除非我们在其他世界发现生命,否则她就是我们所能知道的超级有机体。但是,她在维持全球动态平衡中所展示的共生趋势,也许会延伸到最小尺度的生命。我们现在完全有理由相信,共生是一种本源的、且最成功的演化战略。马古利斯认为,像一般意义上行星的样子,所有生命都可能是一种生物合成体,由许多经过世世代代组合到一起的共生体构成。按照她的观点,所有有机体都是"代谢复杂的多种组织严密的生命共同体"。甚至古代的细菌——曾经被视为最简单的生物——现在也被认为是系统中的系统。先前存在的有机体的类似联盟,也许是我们细胞中质粒体和线粒体的来源;都是曾经作为独立体的细菌的后裔,但却放弃了自己的地位,以便后续生物成为复杂的自创生(自我调节)的呼吸氧气的生物。正如马古利斯所述,借助毫无顾忌地政治人格化,第一批原生生物"合作集中,形成了一种新的细胞管理形式"。[14]似乎没有其他办法能够解释这种使得演化从单细胞向真核状态(多细胞)转型的突变。

虽然马古利斯像拉维洛克一样,在支持任何挑战达尔文正统思想的有关盖雅的解读上充满了专业上的谨慎,但她仍然认为,自己的"微生物学"研究是一种严重的理论背离。规范生物学认为,演化基本上是不断变化的环境所选择的幸运个体的被动适应。从共生角度看,没有"个体"——也许除了细菌;所有存在都是"内在的共同体。"[15]

在新达尔文主义和马古利斯所谓的"自创生盖雅"自然观之间的辩论,其实是可以追溯到19世纪的理论争议焦点。总有生物学家和哲学家相信,演化过程远比达尔文的自然选择情节微妙得多。重新审视其理论源头,达尔文发现,托马斯·马尔萨斯(Thomas Malthus)的人口法则对其多年对该领域的观察发挥了助推作用,形成了其自然选择的思想。马尔萨斯的著名论述根本不是生物性的,而是一种经济理论(如果不是社会宣传的话),是在新古典经济学派影响下写成的。马尔萨斯努力描述作为市场因素控制人口增长和衰退的机制。其毫不隐瞒的议程包括对性别的隐喻道德观。从牧师的角度写作,他借机鞭挞劳动阶级的"恶习"(意指性泛滥)以及妇女的淫乱。在一篇注定使古典经济学打上"忧郁科学"标签的论述中,马尔萨斯的结论是,无产阶级对于其所受的痛苦只能怪自己;按照自由市场规律,只有勤奋、节俭、节制,才能改善贫穷的状况。

马尔萨斯和曼彻斯特学派的所有严厉且具有竞争性的假设,共同成为达尔文生物学的基础。与其说达尔文把丛林法则注入文明社会,不如说他把工业资本主义精神注入丛林,得出的结论是,所有生命必须如其在早期工业城时的样子——进行恶性"生存斗争"。

那些坚持更为浪漫伤感的整体自然观者,从来都不满足于这种好斗型有机世界。他们更感兴趣的,是自然中呈现的天然和谐。俄罗斯博物学家和政治哲学家彼得·克鲁泡特金尤其如此,认为物种之间存在的合作至少与血腥冲突一样多。在达尔文主义占据知识制高点的情况下,克鲁泡特金是最重要的一位批评者。他相信,较之个体间的竞争,演化与物种内部和物种之间复杂的合作系统——他称之为"互助"——有着更密切的关系。这种系统对于社会、土地和灵魂都有好处。在这一点上,甚至狼和狮子之类的食肉动物,都可以被视为以优胜劣汰强化其猎物的较为有效的途径。克鲁泡特金通过强调种内合作而对演化理论所做的贡献,目前已经得到广泛的认可。他会把马古利斯在细胞共生和微生物聚落的共同演化方面的研究,视为对其引入原始生命层面的动物社会性理论的支持。达尔文本人最终意识到,在促进繁殖方面,鸟类中诸如美等因素,可能与无情的掠夺发挥着同样重要的作用。显然,在其基因构成中,甚至个体存在都可能是马古利斯所谓的"共同演化伙伴的多样性差异"。

诚然,共生演化过程,只要付出足够的努力,可能等同于自然选择,具有利于生存并成为遗传一部分的优势。但是,围绕这一认知的所有意向和比喻,必然不同于那些长期用于描述规范生物学特征的观点。正如科学中常常发生的,观察的色调、理论的修辞结构,都会大不相同。新达尔文主义强调机械简单化,其中,生命是被动的,而且大体上处境危险,处于基因的随机性洗牌和环境的偶然性变化之间。通过自适应的优势或劣势的差异来追踪演化路径，生态系统总体上的合作性建设——有的在细胞内部——就缺失了。另一方面，自创生的盖雅论，要求把分裂为原子的个体和"自私基因"的混乱、随机冲突，转换为内在而微妙的平衡、和谐与合作形式。演化过程深入系统，在全球范围内成为盖雅的创造性目的调整，不仅培育其所有的孩子，还使其融入生命共同体中。[16]

向盖雅学习

我们将在下一章回到盖雅生物学提出的更为重大的哲学问题，特别是在我们理解自然的过程中那些与系统所处的位置相关的问题。在此，我们以最谨慎和最低限度的假设做一个简单的结论，权且尽可能不虚构地将其定义为自然控制系统，具有在地球上维持生命的动态平衡条件。拉维洛克告诉我们，如果他没有充满想象地把自己的假说称为盖雅，他可能会想到类似"生物控制性宇宙系统趋势"的名称——其首字母缩略词（BUST）包含一种母性内涵。无论用哪种名称，都是一个超级有机体系统，我们人类都要在其中找到自己的位置。

但那个位置到底是什么？假设我们和自然界的其他部分——动物、植物、矿物——一样，受制于其调节和控制技术；但是，我们还是很好奇，这个系统如何应对我们这样的有机体？它如何监控和操纵我们的行为？它不可能通过足以影响其他生物的简单定向、化学信号和本能关系的方式，对于我们来说，这些都不是可靠的沟通方式。在我们和我们的生存本能之间，存在着自相矛盾的文化障碍，我们自由放任的智能产物，以及我们人类的荣耀与诅咒。我们之所以生存下来，取决于我们能够拖延，甚至忽略及时冲动和物质需求的暗示。在我们行动或反应之前，我们仔细考虑，对各种选择都感兴趣，对选择敷衍了事。我们在语言网中捕捉世界，游戏于未来可能有的众多可能性。

　　那么,也许只要人类关心,这个伟大的生物控制系统就会面对该智识,因为我们是全球反馈回路中能够分析自己生命条件的那种生物。拉维洛克和马古利斯——其研究的紧迫性使生物圈的颓败及时得到广泛关注——有没有可能从盖雅的微妙暗示中获得其假说的灵感和意向呢?但同样,通过科学智慧发生的联系,即使重要,也不可靠。就人类整体而言,还需要有关环境事实的集体知识和一致性,那需要很长时间才有可能。智识(intelligence)——观望、思考、三思而行的习惯——可能在关键时刻对我们不利,影响我们及时争论事实、抓住细节、辩论前进的路径。此外,在我们的理性和情感力量之间,显然缺少可靠的关系;后者不总是"听理性的",精神扭曲往往出面发挥作用,有时迫使个体自杀,使社会陷入灾难。

　　接下来,那个重要的生物圈反馈系统,怎样指导并建议我们这个具有独特文化限定性的独特心理物种呢?

　　答案可能在盖雅严格意义上的科学支持者们并不完全赞同的发展中。拉维洛克和马古利斯可能会使其许多同侪大为愤怒,但他们在科学界以外的环保人士和其他政治活动家中,则找到了狂热的听众。有时候,这给他们带来的麻烦,比自己专业内部的批评性抵制还要多。世界环境运动是一种多变的事情,在其旗下前行的队伍有很多;有的想把盖雅奉为当代重生的异教,有的把她作为自然神秘主义的基础,还有的视其为生态女权主义的政治同盟。这些追随者的公告与活动——我们在后面的章节还会提到——也许远非科学家想要的任何实践。然而,这些人赋予了该假说——或至少在他们理解的意义上——可能需要使其具有政治相关性的情感和道德力量。

　　虽然拉维洛克并不认可围绕盖雅产生的许多诗歌和宗教的引申,但他后期的作品对这些任意所为有所润色,把自己的观点描述为"积极的不可知论",更愿意使其假说适中且"易操作"。尽管他不认为盖雅"有知觉力",但承认其"令人满意",认为该理论不仅具有科学的而且还有精神的可读性。这是职业科学家所能做的一种慷慨让步。然而,也许这些发展中有更多他没有意识到的东西。主张地球的重要生物反馈系统以寻求动态平衡的方式作用于其所负载的所有生命的假说，必然在某一时刻权衡一种可能性，即盖雅政治是使该功能体现于人类的一种方式。这些努力中诗的破格和宗教热情，甚至可能是地球最有效的一种自卫方式——比冰冷的数学的尖锐或事实的权重都更为有效。毕竟，盖雅诞生于惊奇与痴迷。

另一方面，盖雅派在其对女神往往感伤的描述中可能忽略的，是母系传统的黑暗面。不是所有的地母都具有充满爱意的善良和仁慈；有些常常是严厉责罚的家长，像卡莉(Kali)、赫卡特(Hecate)。赛克迈特(Sekh-met)——那个可怕的狮头埃及女神——曾因人类的违抗而试图吞没所有人类。拉维洛克对此有过警告，认为盖雅是"严厉而粗暴的，对于遵守规则者总是赋予一个温暖舒适的世界，但对于违背者则会无情地将其毁灭。"[17]

当发现我们并不能保证演化会有利于我们的时候，诺贝尔奖得主约书亚·里德伯格(Joshua Lederberg)对我们提出了同样的警告。事实上，正是一种几乎是物种沙文主义的骄傲，使我们看不到更可怕的可能性。

> 人的智能、文化和技术，使其他所有的动植物都退出了竞争……但是，我们有太多的错觉，认为自己能够通过法令来统治剩下的微生物王国，那个依然是我们最终统治地球的竞争者。细菌和病毒不知道国家主权。在这样的自然演化竞争中，我们无法保证自己会成为幸存者。[18]

如果地球是一个自我调节的有机体，其自适力可能是新陈代谢系统型的——有效、客观、极其强大，这往往是我在赋予盖雅假说某种神秘具象时形成的画面。如果我周围有某种一体化智能在对地球起作用，我觉得那不是人的智能，而是更巨大、更原始的东西，就像身体中追求生存所要求的那种固执意志般的某种智慧。

第6章 神曾经的所在

深系统和新自然神论

"但是,有没有什么神曾经所在的地方呢?"

爱丽丝·默多克(Iris Murdoch),《给地球的留言》(*The Message to the Planet*)

世界等于……

以其更具冒险性的解读,盖雅假说和人择原理都不可能在近期得到主流科学界的认可。除了隐喻上的意义,没有多少科学家会同意地球是个超级有机体。正如我们已经看到的,有的甚至发现这种比喻会带来麻烦。至于人择原理,很可能保持其在天文学教材中的认识论好奇心;如果真得到关注,也是微不足道的,即使那时也可能作为选择效应的终极例证而以其警示性目的得到引用,即天文学家如果发现他们生活在使其存在成为可能的宇宙中,不要大惊小怪。

　　无论这两种思想的命运如何,二者都毫无争议地源于现代科学的坚实而不可逆的发展,都在为宇宙中支持生命的不确定性条件和力量的不可思议的相互作用,努力寻找宏大的理论依据。由于科学的精巧技术和仪器,我们现在了解到,宇宙传记是以一种有序复杂的语言写成的。在我们用"奇迹"和"神秘"来表达对自然壮丽的钦佩时,我们的宗教传统——至少其主流——与现代科学传授给我们有关此类术语的意义比起来,相形见绌。

　　鉴于我们所知道的有关自然的多层级复杂性,我们会惊奇地意识到,西方科学的解读设备在进入 20 世纪时还原始得令人尴尬。在努力了解宇宙的过程中,生物学家以及物理学家都只能勉强利用那些少得可怜的目标和原理。著名科学家和哲学家恩斯特·海克尔(Ernest Haeckel)在 1900 年写道,他只需要两个元素就能说明宇宙:原子和醚。当时,原子还被定义为"不能进一步分析的同质无限小独特粒子"。原子周围的醚,同样是不可再分的同等物质形态,是"不可衡量的物质……一种充满整个空间的极度衰减的介质"。这两种实体的相互作用解释了一切。在如此简单的宇宙中,没必要涉及系统的自我调节,更不用说借助创造性智能了。化学是物理学的线性延伸;生物学是二者的结合。甚至灵魂也只是一堆"精神原生质……一组我们称之为原生质体,蛋白质、碳组合体,是所有生命过程产生之源"。

　　在海克尔眼里,这种世界观经济是其主要验证,它把世界分解为赤裸裸的哲学要素。"我们的一元论……标志着最高的知识进步,明确排除了形而上学的三个核心思想学说:神,自由和永生。在把各种现象归因于机械动机的过程中,物质法则逐渐认同因果关系的普遍法则。"海克尔相信,这就是"透过无数不同现象错综复杂的黑暗,照亮我们道路的那颗固定不变的北极星"。[1]

　　海克尔的准系统宇宙学是从达尔文获得灵感的,他认为后者已经在科学上迈出了重要的最后一步,把"理性人类学"从"传统和迷信的束缚"中解放出来。但对于达尔文本人,事物从来都不是如此简单的。正如我们在前面章节里看到的,他努力想要搞清楚解释"极端完美之源"的问题。虽然他尽了自己最大的努力把生物复杂性引入自然选择领域,但往往似乎并不热衷于此。达尔文是一位伟大的科学家,像所有伟大的科学家一样,面对自然,叹为观止,他得出的结论是,"我们不会理解有机体奇妙的复杂性"。每一个"都必须被视为一个微观世界——由许多自我繁殖的有机体构成的小宇宙,小到不可思议,数量多如满天繁星。"[2]

他没有想到"小宇宙"很快便充满了复杂性——足以使他自己的理论遭到质疑。

我们作为学校里的孩子,在第一节几何学课上就学过著名的欧几里得定理:"整体等于其部分之和。"这是那种似乎一目了然无须赘言的陈述,但再一想就会发现,其天真戒律中的每一个词都不可靠。"整体",或者"等于"或"和",是什么意思?"整体"与"集体"是一个意思吗?在什么意义上,按照什么标准"等于"?假设我们需要做出选择,在一个桌子上放着一块表拆卸后的一堆部件,旁边放着相同数量的部件,但组装成了具有相同性能的钟表。你会选择哪个呢?显然,组装好的表要比一堆松散的零部件更受欢迎。每一个有组织和功能的整体都具有更多的价值,在这个意义上,比"等于"多。

但假设不去介绍对功用和经济价值的"主观"思考,我们严格坚持欧几里得定理似乎想到的量化衡量,那这条定理会变成什么?东西似乎变得稍显稠密而且更有意思。甚至从定量的角度,那块组装的表仍然"等于"其部件之和吗?或者,该组装体会不会比数量或重量展示得更多呢?所有总数都相等吗?或者一旦部件组织到整体中,部件之"和"会不会在某种意义上"更大"呢?组装好的表的形式会不会作为存在而成为表的一"部分"呢?所有功能部件之间的无形关系是不是某种存在的东西,而且必须作为整体的一部分列出来呢?

当我们从人为系统转向自然系统时,所有这些问题就会变得更加令人困惑。西方科学曾经相信自然就像一套"钟表机械",但这块表根本没有什么可能性像字面上的钟表那样成为独立的能够得到全面分析的对象。人们怎么将一棵树与维系它的土壤和空气分离？或者把一颗恒星从环绕它的银河系分离出来？而自然体系又在哪里结束呢？甚至还有更有趣的问题:自然系统从哪里开始？事物的自然性结构究竟有多深？19 世纪,新兴热力学始于一种便利的假设,认为我们周围的宏观世界秩序似乎只是在不可避免地向最大熵漂浮过程中的一次停顿。最熟悉的熵的形象(现在仍然出现在多数基础物理学教材中)描述了气体分子的随机行为,在一个箱子里四处游荡,那可能是宇宙中最大的"箱子",并随着时间的流逝变得越来越稀薄、冰冷,直至达到所谓的"热寂"条件。

　　这就是混沌世界的样子吗？不大可能。我们现在知道,这些漂浮的分子已经是高度结构化的系统了,形成它们的原子也是如此。从空间上说,它们体现了秩序的高度。即使人们到了分析构成原子的粒子或波粒子的层面,我们所应对的行为结构也像时间史一样的古老。就算在这个层面上出现了量子不确定性,这种不确定性也是在像原子和银河系这样高度耐久的结构范围内。神会和宇宙玩掷骰子吗？量子力学告诉我们:会的;但该游戏是在大门紧锁、结构完好的建筑后面宇宙的地下室进行的。按照埃罗尔·哈里斯(Errol Harris)的观察,"随机行为在某种秩序中总是寄生的,不会有最终优先权"。[3]

　　在无限大和无限小两个范围内,自然像中国方块拼图一样展现在我们面前:一种似乎无穷无尽的系统中的系统套嵌。每一个系统好像以另一个更大的系统为摇篮。构成身体组织的细胞即系统;这些组织显然包含在作为整体的身体这个更大的系统中。但是,相应的,身体则居于充满植物、动物、微生物、自然力的生态系统中,同时居于某个社会和文化中,二者都是源于身体的无形意念创造。如果我们接受盖雅假说,就必须把所有生态系统置于大如地球的这样一个生物圈系统中。人择原理把这种复杂性延伸得更远,提出宇宙作为整体可以被视为一个包罗万象的系统,经过所谓的大爆炸"初始条件"的浩大演变历史,才得以成熟起来。那么,那些神秘的初始条件是不是一个"系统",一种为了共同生成该宇宙而在一起和谐运作的各种力量和原理的复合体？

我们在哪里才能停止对系统的研究,宣布我们已经对其有足够的了解呢? 答案似乎与科学家进行测量时经常给出的一样。在某一个往往任意的点,人们会基于实际而"圆满结束"计算。对于系统也是如此。结束该研究,希望眼下没有漏掉任何相关的东西。但这是一种粗暴而实用的妥协,真正的系统哲学需要全球性解读。

系统的艺术与科学

无论是人为的还是自然赋予的,系统都源于最微妙的创造冲动。然而,具有讽刺意义的是,对其正式的学术研究却是以作为人类最具毁灭性的活动——战争——的助手诞生的。在第二次世界大战期间,作为应对极其复杂的军事行动的手段,系统分析盛极一时。如何协调战争需要的武器(那时叫作"武器系统")、弹道、瞄准重点、部队移动、指挥结构、供应线、智能、后勤? 系统分析学家被委以布局雷达和优化空袭技术的重任。早期计算机科学家中最著名的阿兰·图灵(Alan Turing)就是不列颠系统团队的成员,负责破译纳粹密码。战后,系统分析学家成为热核战争最初的战略家。当代对系统进行的首次深度研究,主要与破坏性引擎以及使用该设施的社会单元和指挥结构有关。这确实使得该学科平添了一种冷漠、冷酷、过分功利的形象。

系统研究从未摆脱来自这一源头的某些特征。该领域依然云集着以数学、逻辑、工程头脑为主的思想者。"系统"这个词本身就有着冰冷的金属性光环——这无疑也是其在科学词汇中能够保留如此长寿命和重要性的原因。该词首次出现在伽利略时代,用来描写"新世界体系"的日心和谐,之后用来指牛顿版的自然(机械或微粒系统),到了高科技时代,其出现的频率更高,拥有了一种特殊的光辉,较之以往的机械论,更增添了某种工程性内涵。现在,市场上每一种不起眼的商品都成了某种"系统"。一瓶面霜是"皮肤保护和修复系统",真空吸尘器是"卫生粉尘处理系统"。

如果在超市见到一套带牙膏的牙刷套装,可能就会叫作"口腔卫生系统"。该词给人以圆通的效率感,透着极致精准的味道。随之而来的思想风格很容易逐渐变成技术性管理。

一般系统理论创始人路德维格·冯·柏塔兰菲(Ludwig Von Berta-lanffy)就曾试图使其科学摆脱这种盛行的军事和技术关联性。他警告说:"系统方法会使人类进一步的机械化、强制和冷漠,迄今为止主要适用于工业－商业－军事的复杂性。"他哀叹,这表明了每一个科学领域存在的矛盾心理。然而,在服务于适当的人性理论中,他希望系统论会战胜"人的机械模型"。[4]

冯·柏塔兰菲的抗议提醒了我们,正如系统分析的冷漠性一样,其内在洞见源于一种审美感知。在遥远的历史背景下,在我们当今头脑清晰的技术人员背后,是浪漫主义艺术家和哲学家——歌德、柯勒律治、黑格尔。从 18 世纪后期的这种源头,衍生出德国自然哲学派,长期对牛顿和达尔文学派的"机械"方法提出质疑。对于浪漫自然主义者,事物的形式(form)——特别是有机体——优先于其部分的研究。在歌德看来,形式是"主要现象",必须作为形态完整性来掌握,其中,各部分的功能和同一性由其与整体的关系决定。

深受微妙、神秘、不可通约性艺术家理解力影响的整体思维者,对于科学主流思想长期占主导地位的数学分析习惯,持有非常固执的敌视态度。还原论者通常将事物分解成零部件来理解。也许一台机器或一种纯物理现象(像化学反应或惰性粒子的碰撞)可以这么粗鲁地应对——将其分解,检查各部件,看看彼此是怎样组合到一起的;但是,生物和社会实体却不可以这么做。有人认为,还原论者只见树木不见森林。更有甚者,如华兹华斯叹息到,他们在"谋杀性解剖"。整体生物学,至少在其早期构想中,似乎说明自然研究具有内在的二分性,把物理和机械归为一个研究领域、生命、人类和社会方面归为另一个。在极端情况下,这种论点甚至坚持认为,整体现象的研究需要运用完全不同的能力,那是其他远非意念的某种东西。要想正确理解自然，必须发挥直觉、审美敏感性、想象力的作用。

多数科学家对于这种观点的态度不是轻蔑就是焦虑，认为自然哲学（naturephilosophie）是业余者的公然叫嚣，是混淆视听的诗人或形而上学者故意想把科学陷于无知的云团中。传统科学始终同意自然研究的二分性，但分界线在于专业和非专业研究者之间。正如 19 世纪一位生物学家所坚持的：

> 诗歌与科学是两个有着内在本质差异的领域，将其混在一起就会使二者都失去了价值……用诗歌的方式对待科学……对于有教养的人来说，既令人厌恶又低级趣味，如同在诗意的演讲中还要达成交易、订购大衣或传唤服务生……诗意的科学是陷入困境的神秘主义，有着朦胧的狂热。[5]

有时，为了证明自己的方法，还原论者装出一副粗鲁冷酷的神情，大量使用充满轻蔑的短语"只不过"。在修辞层面，两个阵营的关系变得非常紧张，掩盖了双方的价值（和不足）。

随着政治意识形态和民族主义对立的参与，该辩论变得更加激烈。当浪漫主义席卷整个欧洲的时候，德国人对其尤为迷恋，视其为自己独有，并注入一种深深的民族自豪感，最终充溢于对两次世界大战的政治观点。19 世纪的德国，整体思维形成了一派理想主义的法律和政治理论，认为国家如同一个有机体，是不能通过纯粹的功能性或功利性分析理解的大众（volk）及其领袖的神秘共同体。后期的德国浪漫主义思想者认为自己是正在遭受呆板的几何型法国人和粗暴的实证主义英国人威胁的珍贵文化遗产的卫士。争论中的利害关系简直就是德国的灵魂。不幸的是，一些整体思维的捍卫者与其生活信条相联系，特别是与法西斯主义、纳粹和其他极端不合理的政治运动配合起来的流氓知识形态，最终使其成为集权主义者。"用你的血液思考"！身为一个失败的画家，希特勒如此开导其狂热的追随者。面对如此露骨的群众性歇斯底里,其敌对者轻易就会相信,无论是其政治事业,还是其主导的实证和分析哲学传统,都代表了高尚和进步,是对赤裸裸野蛮行为的理性辩护。

更高级的还原论

目前幸运的是,随着政治热度在该问题上的降温,整体论者和还原论者之间的争论似乎趋于陈腐。在过去的一百年中,科学研究发生了巨大变化,双方不得不做出让步。还原论者继续揭示出越来越多有关自然的内部运作;作为研究方法,其生产力是不可否认的。整体论者和活力论者曾经认为,太过神秘而无法用冷漠分析解释的东西,如有机生命化学,现在都能非常详细的解读,而且常常能在实验室得以复制。同时,正是通过分析的方法,科学找到了通往越来越多错综复杂结构领域的途径。古典牛顿学说剥离出的简单性,已经让位于诸如我们前面章节提到的细胞共生等从未想到的复杂性,而且不仅在生命科学中,原子结构的复杂性与生物系统的复杂性几乎不相上下。阿尔弗雷德·诺斯·怀特海德(Alfred North Whitehead)把物理学描述为"较小有机体"的研究并不过分。

由于现在对自然的分析注入如此深刻的系统理解,我们可能会好奇,在还原论者与整体论者之间旧有的争论还剩多少。也许,我们正在物理、生物和社会科学之间实现一种新的人道统一,继而平息过去的问题。这个问题的答案与我们如何认知自然的系统特征有着重要的关系。一旦认识到系统的重要性,我们会选择什么模型来使他们都得到公平的待遇呢?

至少系统研究的一种新流派——诺伯特·维纳(Norbert Wiener)的控制论(cybernetics),对旧的辩论成功进行了一种新的挑战性解读。维纳坚持的观点是,所有系统,活性的或惰性的,生物的或机械的,物理的或意念的,都遵循一套共同的原则。控制论被界定为"对动物和机器的控制和沟通"[6]的研究。维纳相信,一旦自动控制生成足够先进的装置,"整体系统就会通过感应器官、感受器、本体感知器,向整体动物做出回应,而不是如超高速计算机一样只对独立的大脑做出回应"。如果我们把事物看作系统,承认老式机械论科学绝不会承认其具有的复杂性,那么,我们应该能够把一切生生死死的东西都包含到相同的理论中。维纳脑海里的这个巨大统一的系统模型,就是一台更新更好的机器——计算机。他参考计算机所能解释的,如反馈现象,对他来说似乎是所有生物具有的特征。有机体自我调节的秘密就是信息处理。显然,重点仍然是控制论赋予熵的主导性。根据维纳的解读,作为脑力活动、社会交往和文化——都可以理解为信息转换方式——的一部分,熵应该有新的更广泛的含义。但毫无疑问,他认为,掌握计算机系统的反馈秘密,只是让我们在某种程度上暂时摆脱热力学第二定律的无情推进。虽然机器可能也有助于信息的局部和临时积累,

> 预知的结论是,允许生命在这个地球上以任何形式延续的幸运事件,即使没有把生命局限于某种像人类生命一样的东西,也必然会有一个彻底的灾难性结局……在最真实的意义上,我们是注定毁灭的星球上的遇难乘客。[7]

系统理论的奠基人之一在此说出的话,与弗洛伊德和勃兰特·罗素源自其死寂、敌对的宇宙论鲜明的悲观情绪遥相呼应。更可能的是,如维纳所认知的,系统研究重新肯定了相同的宇宙异化意识,允许其在生命科学中拥有新的生命契约和更重要的位置。也许是命中注定,维纳研究出控制论原理的同时,遗传学家兴致勃勃地描绘出"新生物学",他们急需某个模型来指导其研究 DNA 的复杂结构,立刻采纳了维纳的意向,用控制论解读其基因研究。难道生命本身不是一种循着各种微小的磁带、回路和线圈而处理信息的"生物计算机"? 在维纳的带领下,不久就出现了计算机科学家,认为人类"只是"信息处理仪器,也许有一天会被更高级的人工智能形式取代。

　　这样,通过系统研究的新路径,我们进入更高级的还原论。机械论再一次以生命、意念和自然的基本模式进入人们的视野——只有现在,它才是计算机机械论,比过去的钟表式意向复杂得多。维纳的最大愿望就是,控制论可能有助于"人类对人类的应用",将其从工厂的次级知识性单调工作中解放出来。然而,他的信息系统科学构想,如同牛顿的原子论一样,严重威胁着整体论原理。更糟糕的是,它适用于"人类的机器人形象",轻易地导致库尔特·冯内古特(Kurt Vonnegut)在其反乌托邦小说《自动钢琴》(*Player Piano*)中预见的管理独裁主义的出现。

　　维纳式的假说很快就陷入与老式还原论相同的困境。无论人们认为计算机和生物彼此之间如何相似,也有令人困扰的差异,其中之一就是传统的整体论。一台机器,包括计算机,能够被拆解后重新完好地复原,但是一个有机体却不能。一旦拆解,就会有某种特别的事情发生——它死了。无论多长时间,只要把它分解成碎片,就打断了其维持生命所必需的过程,它就失去了隐藏在各部件关系中的某种东西,那是不能复原的。生命时间与钟表时间完全不同。生物是历史不可或缺的系统。

　　这一差别表明了一种再明显不过的能力,那是一种往往轻松地只与计算机相关的能力——记忆。就机器拥有"记忆"而言,其功能与有机体领域的记忆是非常不同的。有机体的记忆记录的是经验,是对情感、感官刺激、生存危机等的一种错综复杂、高度选择性的整合。在动植物中,这种经验可能是我们称之为本能的对演化历史的集体体现。在人类层面,则与心智有关,那是不仅从演化历史而且从个人生成的一种真实意念,继而与有机系统和机械系统之间的另一个巨大差异关联起来,并与时间也有关系。在宇宙历史中,有机系统先于机械系统。如果没有人类在地球上生产出机器,那么后者根本不会存在。即使这样,没有人能够成功地生产出一台可以与我们自己的意念或身体的复杂度相媲美的机器。这也是机械论假说始终瑕疵深重的原因,其把不太复杂的系统当作了更复杂系统的模型。

机器里的灵魂

　　然而,维纳的控制论——如果随意详加说明——可能会为我们提供一个与其原意非常不同的视角,具有信息技术明显微妙的特征。

　　任何使用过计算机的人,很快就会了解硬件与软件的差异。硬件常常被认为是机器,表现为四四方方的物体、电线、键盘、终端等。但软件就是另一回事了。显微镜下蚀刻成硅芯片或在纸板上精心地绘制,其精致的外表说明,我们应对的是一种脆弱模式,其中的连锁逻辑前提和推理,与其使用的物理材料——晶体管、线路、母板——之间的关系高度不稳定。我们所看到的如此优雅地勾勒出计算机内存卡和中央处理器中的东西,就是意念的表象。

　　当然,每一台机器都是如此,都会被注入决定其目的的"系统"。"机器里的灵魂"这个短语,仿效对比有着物理身体的人性中的精神元素,常常被引为机制。但这些词实际上在其相反方向上可能用得更好。每一台机器都无法摆脱赋予其生气的人类意愿这个幽灵。这也是特雷西·基德尔(Tracy kidder)说机器有"灵魂"[8]时的想法。然而在过去,机器的"灵魂"绝不精巧,粗鲁地体现在齿轮、杠杆、凸轮、轴承、活塞等沉闷关联中——物质物推拉着物质物。

　　相比之下,我们称为"软件"的系统,虽然必须使用机器来完成其工作,但本身没有任何传统或熟悉意义上的机械性。作为程序,它们是象征逻辑、数学和言语关系的符号库,提醒我们系统不是机器,而机器则是系统。模拟系统——包括自然系统——的最好方式,是将其视为理念(ideas)。我们看到的自然中的系统,是宇宙学意义上的原型,用以表达我们作为"思想"的自我意识。我们思考——在某种意义上是字面与比喻的混合——是因为宇宙"思考",其生成结构、模式和过程的方式,如同大脑产生理念一样。历史的等级连续,来自也许像宇宙的初始状态一样古老的自然系统,经过人的意念,形成我们作为地球生命一部分的社会、文化和技术系统。在这一点上,通过反射事物的性质,我们反映了自己祖先的理念——宇宙大系统包含所有其他部分。

在这里只是讨论我们周围世界模型的比喻吗?莱恩(R. D. Laing)曾经认为,科学的特征是"对其主题有足够知识的知识"。科学上最复杂的问题之一,就是决定一个模型在哪一点上完全"足够"成为现实可接受的代表——一面可以向自然举起来并反射其真实所在的镜子。但即使我们坚持维护模型与现实之间的差异,我们选择的模型也会有很大的不同。当我们把世界当作一台机器——任何机器,甚至是一台"思考的"机器——我们就和世界具有了一种关系。把世界看作感性心理,则是另一种态度。当世界被视为使我们处于对话状态的互相联系的理念领域时,内此和外彼就作为连续体而有了关联,使我们和宇宙建立起友好关系。

深系统

当前,所有科学家都认识到自然系统的复杂性。对于多数人来说,系统仍然是宇宙的第二属性,可以用物理还原和可能的机械模拟解释(至少"原则上")。但对于其他人,系统很"深";是原生且激进的结构,不能还原成任何更简单的东西而不失去某种本质的研究现象。正如劳伦斯·汉德森有关环境适应性的方法,再一次说明个体科学家的敏感性也许是决定性品质。什么是"本质的"?它是什么时候"失去的"?

诸如此类的问题表明了深系统研究的一个主旋律:突现(emergence)。突现是我们越过等级边界所发生的一切;我们遇到了真正的新颖,会出现从未有过且不能预见的可能性。在深系统宇宙中,意外(surprise)是基本的体验。这甚至在物理现实的"最低"层都可以看到。原子结构——连同所有赋予其永恒性的基本力量——无法从构成它的难以捉摸的夸克和其他粒子的最全面分析中充分预见。我们称其为原子的物质单元——当波浪、振动、场等组合在一起而产生的持久装配,从根本上不可还原;对于任何当场看到其出现的观察者来说,都是一个意外。突然间,哪里有流动能量,哪里就有紧实(compaction)、稳定(stability)、费解(opacity)——持续存在的事物而不是转瞬即逝的事件。水的"水性"也是如此,平凡到几乎无法描述:能够形成水珠、水滴、溪流,能够感受"湿",能够松散地连贯,能够在其表面实现暂时的结合张力,能够膨胀至冰点——这些熟悉的品质与性能,无一能够从分析构成水分子的那两种气体而得以还原。正如尼尔斯·波尔(Niels Bohr)曾经与生物学家恩斯特·迈尔(Ernst Mayr)论述的那样,系统复杂性不再是生物的垄断,化学元素的性能"不可能基于独立的质子、中子和电子的知识就可以详细预见"[9]。系统理论像亚里士多德与炼金术士的科学一样,对品质的关注度很高。系统理论不会匆匆把质变成量,而是把事物的形式、结构、感觉和外观置于同等重要的地位。

虽然有关必须包含在完整清单中的层次名称和数量还没有在系统理论者中达成共识,但却有某些广泛一致的领域。所有深系统理论都是层级性的(hierarchical),把宇宙描绘成一种金字塔形的系统,从次要到重要,从低级到高级,从简单到复杂。不变的是,世界的物理物质(粒子、原子、分子)被归为次要和低级类,复杂结构(生命、意识、意念、文化)属于重要和高级类。例如,马里奥·邦奇(Mario Bunge)提出一个11层级的系统,随着复杂程度的上移,每一层都复合到下一层。尽管每一层都包含其子系统,但任何高层都无法由下面的层级充分解释,也不能从低等层级得到还原。"每一个具体事物不是一个系统就是一个系统的成分,即事物由彼此联系的事物构成……在每一层,获得(或突现)某些性能(特别是规律)的同时,就会失去(或沉没)另一些。"[10](图 6-1)

虽然可以构想出等级和突现的概念作为抽象的比喻性差异,但它们也有一个平凡的事实,即与我们的日常经验非常相近。想想一个司空见惯的事实,一个对于基础物理学——量子、夸克、热力学——一无所知的汽车修理工,却能修理好汽车,而且干得很漂亮。对于他处理的每个部件、他操作的每个过程,都可以进行深奥的物理分析,并且能够用复杂的

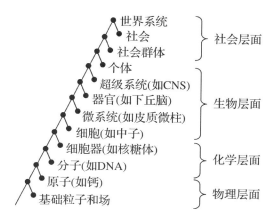

图 6-1　人类的超系统和子系统

数学公式表达出来。机械工什么都不需要知道,他只是在一个系统(汽车)中工作,该系统实际上是高于其组成部分和原理而自成一体的。另外,研究金属、内燃机和电力的原子基础的物理学家,可能对于修理汽车一窍不通。机械工和物理学家的工作显然是有承接性的,但各自领域的专业知识之间却存在着极端的分裂,这使他们能够分别追求自己的目标。

海滋·帕格斯(Heinz Pagels)为这种情况取了个名字,叫"随意解耦"(causally decoupling)。当我们跨过高级和低级系统之间的"复杂性障碍",彼此就享有了自主权。[11]所有科学的专业化都基于这一惊人的过程。借助该过程,每个结构层不仅向上有了提升,而且重要的是,从下面层级的控制中解放出来,因而能够以其自己的方式得到解读。每一层既依赖也超越下面的层级。这种模式始终不变。生物学家从不质疑他们所研究的物理器官和过程是由原子构成的,但他们对这些原子的职业兴趣决定了其不需要完全掌握理论物理学,因为可能不会超出有机化学的实际知识。同样,人类学家根本不需要知道细胞化学也能研究由这些细胞构成的人的文化和习俗。那么,在什么意义上还原论才是从高层级到低层级的任何"解释"呢? 如果是那样,这种自主研究领域怎么才有可能性呢?

对相同的问题做过评论的理查德·费恩曼(Richard Feynman),提出了一套连续上升的复杂层级,从基本的热压定律,一直上升到诸如正义、邪恶和美丽等人类事务和哲学概念。他说:"我们不能也没必要相信自己能够在此事物的这一头与彼事物的那一头之间画一条线,因为我们只是刚刚开始发现这种相对的层级性。"我们也不能肯定"哪一头更靠近神——如果我可以用一个宗教比喻的话"。[12]

当然,意识到把自然世界编织到一起的这种连续性非常重要;科学始于对普遍规律的假设。但在我们从一个层级移向另一个层级时,系统等级内自发出现的量的解耦或重新配置,如同任何对称或恒定性一样真实,也许更具哲学意义。事物不是简单地碰撞或混合或堆积,而是会从根本上改变自己的形式和行为。再来参考一下精神性而不是肉体性,在层级之间的关键时刻,如同出现了一个全新的格式塔(gestalt),这是从未预见过的完全形态,是人类的眼睛或耳朵从零散的感性刺激或源自脱节的知识材料的意念中创造出来的。

自然神论的旧与新

但是,惰性材料怎么转变成了如此复杂的系统性等级排列,以至于科学还在努力寻找与其精妙相配的模型呢?无意识的物质如何变成努力完成理解物质任务的意识的呢?科学家在应对此类问题的时候可能非常随意,有时甚至随意到似乎根本没有识别到有问题。有位科学家写道:"最开始,生命自我组装。"另一位杜撰出"自发性自我组织"来补充达尔文的自然选择演化理论。还有的说生命"由氨基酸汤引导生成"。[13]此类构想旨在听起来流畅自如,但其实意味着定向智能。我们的文化将其命名为"神"。尽管系统理论可能基于实验和观察的最新发现,但重点在于,它可以追溯到现代科学的早期,那是在自然哲学还没有脱离神学的时候。

在伽利略、开普勒和牛顿的时代,先进的西方知识分子中盛行的世界观是被称为自然神论的理性和虔诚的怪异混合。自然神论也以"自然宗教"著称,是一种似乎与牛顿宇宙非常相容的神学。启蒙运动的领军人物——伏尔泰、杰弗逊、洛克、约翰逊——都是自然神论者,相信"从自然作品中解读神的意念"是最高理性,旨在对抗各种形式的盲信,同时也是将世界各地有着良好意志的人联系起来的桥梁。

自然神论可能是学者、科学家和非常健谈的绅士们的宗教,但却与诸如大卫·休谟(David Hume)这样无情的怀疑论者格格不入,他们认为没有神也能过得非常好。休谟对自然宗教的抨击主要在两个方面:一个是逻辑性的;另一个是事实性的。在逻辑层面,他对自然神论者决定怀旧式保留犹太基督教极少数钟爱遗迹持有异议。自然神论者继续把创世神看作《圣经》创世纪前两章中描写的样子,致力于保留耶稣的至善和最具智慧者的地位。自然神论可能将其与所继承的宗教传统的关系降到了最低程度,但在更为狂热的世俗思想者眼里,它在为少数还保留着的脆弱联系而受苦,背后总有那个留着胡子的耶和华在山顶上宣布律法条文的记忆。这位老人可能更像是一位天国官僚(有些自然神论者把他当作"伟大的管理者");那些律法条文可能是对数表;但该形象始终是不合逻辑的人格化。神,依然是一个在遥远天国的"他"(或像约翰逊博士眼里的一位"阁下"),这是一种越来越令人无法忍受的迷信。

休谟提出,在这个多灾多难的世界,神的善良和爱心的证据在哪里?我们有什么权力认为宇宙是按照人的幸福观"设计"的? 更可能的情况是,我们所居住的尘世暗示这是一位恶神,或至少是一位装模作样、粗心大意的神。

在事实层面,自然神论渐行渐远,因为那种用来解释的浅系统,看起来并不需要超自然的解读。那位超然存在的神所监管的钟表式宇宙,是如此不出所料地循规蹈矩,可以想象,它会永远这样自行运作下去。众所周知,法国物理学家曾夸口,他的学科不再需要神的"假说";言外之意就是,宇宙可能只是个偶然。在没完没了地随机乱撞之后,那些小小的台球一样的原子,终于滑入有着几个简单运动定律的轨道,并由于绝对的宿命,陷入一种无尽的稳定状态。这种宇宙的简单性,根本没有在自然中为除了神绘制的原始蓝图以外的任何思想形式留下余地。到了19世纪早期，几乎没有多少科学家还需要蓝图，相反，他们的研究变得越来越专业化，对神学要求的综合探究形式兴味索然。其专业建立在研究成果上，而不是建立在忠诚上。斯蒂芬·图尔敏（Stephen Toulmin）所说的"学科抽象"，逐渐成为那个世纪的专业科学。随着专业化的兴起，科学家找到一种"多产的"求知方法，不仅保证了具体的结果，也不出意料地成就了一份有价值的事业。智力劳动的分工，通过脱离"宇宙关联度"14等重大问题，几乎必然使思想世俗化。

自然神论还有一个致命的弱点，也是其优势的另一面——文明理性人的宗教。其理性程度令人毛骨悚然，既没有前瞻性色彩，也没有先知性烈焰。在原则和品位上，自然宗教不染指激情。在这方面，其推动了19世纪欧洲文化的压抑理性，这是浪漫主义无法忍受的，最终，诞生了用以疗伤的现代精神病学。

无论是自然观和人性观，旧体自然神论都缺乏深度。作为其基础的科学所看到的世界，只有无尽地按照规律互动的原子，而有关其尊重的人类意念，所看到的只有冷酷的逻辑，没有深系统，没有深感情。自然神论对于外彼或内此的神秘毫无兴趣，相反，更喜欢清晰和良好的行为。最终，弗洛伊德在发展出探索无意识领域的精神分析学时，发现，那里愈演愈烈的精神官能症，正是由他如此崇拜的科学的超尺度心理造成的创伤。

回顾过去，我们会发现，自然神论的最初构想旨在跨越自然研究中的一种不可能的分歧。它发现宇宙是在两个层面设计的，方便起见，它把二者归于"秩序"（order）的范畴；尽管直到20世纪才完全搞清楚，这两个层面是有区别的，而且在某些方面是不兼容的。二者都存在于自然中，但彼此需要的理解模式则是不同的。

首先是一般物理法则层面，主要是牛顿的运动和引力定律。这些定律以其简洁和普适性而受到推崇。由此产生了数学家和钟表匠型的神的形象。其次是我们周围世界中事物彼此的复杂适应所形成的秩序感知。这主要表现在有机体及其环境之间的精巧配合。花朵似乎为蜜蜂而设计,蜜蜂则为花朵设计。在这种意义上的秩序远不止简单,而且可能根本不是数学范畴的,相反,这是需要奇迹般错综复杂的安排。牛顿的构想言简意赅,在某种意义上,这是在一定观察和论述领域内的终极观点,即比光速的运行慢得多的大型实体的三维世界。另外,有关白蚁群或树的生理机能的奇特复杂性,就可以写出整本书,因为总有更多的东西要看,要讨论。这里存在"秩序",但不是那种可以用一个数学公式就能一次性说明白的。

在某种程度上,这两种形式的秩序会引发不同的品位和敏感性。一种是深奥的,几乎隐藏在气质中,是致力于数字和逻辑关系的脑力劳动,也许只需要纸和笔;另一种是深刻观察型的,享受丰富纠缠的细节,必须走遍世界去寻找。早期的几代自然神论哲学家认为,天文学和物理学所具有的数学秩序特征,可能导致了生物现象的复杂性,最终会对其做出解释,二者之间的联系终将被发现。然而,当 19 世纪晚期达尔文最终发现那种联系时,其设计论的证明则是毁灭性的。达尔文的自然选择论,尽管没有数学构想,但却有自然神论者推崇的牛顿定律般的简洁性。它只包含一个致命性因素,即偶然性。达尔文的论述是,变异、选择和适应,可以通过完全随机的组合而生成有序的生物世界——只要给予足够的时间。

当时,该论述似乎完全是结论性的,尤其对于那些愿意使用任何便利大棒打击虔诚者的人。然而,其在两个方向上却有着很大的瑕疵。在物理和生物界没有肯定的联系,只有生物源自惰性物质的假设,也是偶然性的。另外,如我们所见,自然系统的错综复杂远大于达尔文时代的科学所能考虑到的。随着这种复杂性日益得到了解,需要越来越高的(我们所称的)轻信指数,才能相信如此秩序会在现代宇宙学赋予我们的时间跨度内创造出来。正是在这一点上,古老的设计论获得了新生。

透过深系统论,才能看到其阴影轮廓的新自然神论,有着更坚定的智力和心理基础。它对犹太基督教理论没有任何挥之不去的忠诚,不需要扶持一个人格化的神;不需要寻找一位神圣而父亲般的立法者。它为一般意义的意念发现的证据,都坚定地基于良善的科学。通过系统接着系统、系统内的系统的发现,有序的复杂性是存在的,这标志着科学史的最宏伟篇章。这种复杂性可以借助数学抽象而加以理解,但实证现象的充分研究也是不可或缺的。埃罗尔·哈里斯(Errol Harris)对此做了很好的论述,"现代装扮下的设计论"不是"借助上帝作为掩盖我们无知的外衣,而正是我们知识的性质和实证科学发现的宇宙结构的逻辑结果。"[15]

新自然神论在探索自然的过程中并没有排除理性的作用,进而为其开启了知觉洞察力和审美体验,听起来比传统理性具有更多的心智。与深生态学、生态女权主义、新异教的强烈交感联系,使其还具有了心理学的广度。在许多方面,深系统理论都可能被视为自然神秘主义的说明文版本。最重要的是,系统理论提供了实现科学目标的独特承诺:用统一的世界观,像对待数学和物理现象一样,努力公平地对待心理、文化和精神现象。

在自然的深系统研究和人类想象力系统与结构形成习惯之间,有着微妙而明显的连续性。甚至在最准确的科学中,体验都不是默默无闻的,因为审美愉悦往往开启了知识的大门。把"生命的秘密"简化为化学公式的詹姆斯·沃森(James Watson)被双螺旋线吸引,不仅在于其美丽,而且在于其解释力。按照他的说法,这是一个"太漂亮的观点,不可能不是真的"。

科学形式理论的先驱,最早把自然形态趋势作为专门研究领域的兰斯洛特·洛·怀特(Lancelot Law Whyte),曾经这样描述其对层级结构的迷恋:

> 理解层级是理解我们自己的一种途径。我们每个人都是按照层级构成的有机体;我们的骨骼、生理、思想和行动,都是按照一系列层级组织起来的。当不处于病态时,人就像所有活性有机体一样,会出现不同的层级,一种协调极好的层级系统……当我们生病时,这些层级中的某个或多个层面的协调力就会丧失,身体对于意念关系的澄清以及受心理影响的疾病,需要一种层

级方法。内疚、虚伪、心碎等，都是等级上的损害。等级结构是
物质和意念共有的基本属性。[16]

对于深系统的研究在于我们从自然中发现的与文化中创造的形式之
间的交叉。世界的形式呼唤意念感知的形式。任何万有理论，如果漏掉
了创造它的想象力，怎么能完整呢？

第**7**章　人类前沿

欧米伽的含义

我相信第一个活细胞，

有对未来的回音，会感受到，

方向和伟大的动物、葱郁的森林，

以及鲸鲨划过的大海；

我相信这个球型大地，

不全是偶然和命运的造化，

而是感觉着、选择着。

银河系、焰火轮，

我们附着其上，

在旋风般的恒星中，

太阳只是一粒尘埃，一个电子，

这巨大的宇宙原子，

并非盲目发力,而是自我实现,前路有约。

罗宾森·杰佛斯,《雷姆·维图特》

(Robinson Jeffers, *De Rerum Virtute*)

数十亿与数十亿分之一

关于现代科学,再没有比其应对的量级更震撼的了,既有原子的微小,也有星系的浩瀚。这些是每一位学龄孩子首先学到的宇宙学事实,是所有流行科学文献的恒常主题。天文学家探索的太空距离是难以想象的。而在另一端,原子物理学家以世界的细枝末节让我们眼花缭乱,使我们意识到自己每天都穿行在幽灵般的无形实体网络中。我们已经了解到,在数十亿和数十亿分之一的领域之间,自然万物究竟能变得多大或多小是没有限度的。结果便是既让我们迷茫又同时让我们清醒的神秘数量。我们似乎生活在没有人类比例的量级之间。

科学历史学家亚历山大·柯瓦雷(Alexandre Koyré)认为,伽利略时代从"封闭世界向无限宇宙"的转变,是现代西方世界最痛苦的知识经验。[1] 无限不是简单的非常大,那是一种无意义的大,是似乎吞噬其中所有的价值和德行的一种浩瀚。在无限宇宙的早期历史中,只有两种具有哲学重要性的量:小的不可思议的我们和大的不可思议的它。填补中间虚空的,只有对创世神的信仰。当神从深思熟虑的怀疑论者心中退去时,再也没有什么可以填补这个空白。无限成为一片荒原,地球在其中到处游荡,没有引导,没有仁慈作证。很可能的情况是,伴随度过每一天的最恼人且最伤人的现有知识——甚至我们当中最有宗教性的——是陷入无尽空间深渊的令人麻木的焦虑。我们可能无以言表,但我们的意念背后始终存在这个问题。面对这种消弭一切的浩瀚,我们的生活怎么才会有意义呢?

　　然而，当我们引进在新宇宙学中已经发挥作用的时间因素时，那对孪生的巨大与渺小的无限性则具有了完全不同的层面。无论在牛顿还是爱因斯坦的宇宙中，被理解为永恒的时间，只不过像众多的灰色宇宙壁纸一样，是一种无边无际的纯中性背景，除了使得物质与偶然性完成其无意识的随机互动游戏外，没有任何更好的目的。但是在新宇宙学中，时间变成了历史。在历史的时间中，空间和物质都具有了恢复人类意义的能力，其浩瀚变成了生命的先决条件。

　　人择原理告诉我们，生命只有在某种宇宙历史的区间才能出现。缺少重元素参与的储备中，生命是不可能的。然而，只有经过两代恒星的生生死死，并将其物质注入空间的虚无中，重元素才可能形成其必要的丰度。生命的出现需要一定时期的宇宙膨胀，其间，宇宙会冷却，星系达到稳定。"如果生命的诞生需要数十亿年的孕育，"休伯特·里夫斯（Hubert Reeves）发现，"膨胀的宇宙必须不断地伸展数十亿光年"。[2] 现代世界似乎常常感到卑微的两个方面——宇宙的规模和年龄——现在证明是维持生命的。他们必须精准地如其所是，生命才有可能。就像为新的受精卵细胞提供居住和孕育场所的子宫在尺寸上具有压倒性优势一样，这些令人生畏的无限空间，维持着似乎迷失在其巨大量级中的生命。

　　此外，在历史的时间里，宇宙具有了叙述方向，联系起了一个界定明确的演化故事，通向越来越高级的复杂秩序。再想想前面章节提到的马里奥·邦格（Mario Bunge）的突变层级和沉没结构，他描述的金字塔形秩序是不稳定的，时间在各级之间展开。无论人们怎样谦虚地解释人择原理，都要以这一重要的宇宙学视角为基础，即从历史的角度，时间、物质、生命和意念是缠绕在一起的。宇宙下至其最细微的粒子，都有一部包含重要的"之前"和"之后"的传记。我们现在知道，天文学和物理学研究的结构（原子、恒星、星系）是宇宙的早期产物，可以追溯到大爆炸之后最初的几十亿年——或者，就基本粒子而言，是最初的几分钟。新宇宙学始于时间历史最初的几秒，这些区间没有多少可能的意义，因为其基本在我们所知道的时间存在之前。[3] 在那之后，经过世世代代，有了一批批的恒星，其作用就是铸就较重元素的库存,最终形成我们所知道的诸如太阳系中被认为布满太空的行星。在最后的几十亿年间,至少在这个由一颗主要序列恒星温暖了的行星上,大约在其生命跨度的一半,出现了有机生命。终于,在时间历史的最后一章,出现了人类,达到了复杂度的顶点。之前的所有系统,不是我们生物结构的子系统,就是解释宇宙学机构的超级系统(星系和星团),其中,生命已经具有独特的发展可能。

从这个意义上讲,作为宇宙演化外围的突变形式,人类在那段历史上具有一种奇怪的全新向心性。鉴于宇宙在数量上的浩瀚无垠,从定性的角度来说,生命和意念的特殊性使其不仅仅是某个无限黑暗角落的边际偶然。以这种方式看待事物,说明没有完全从规模的神秘性中脱离出来,没有意识到宇宙在本质上不只是创造巨大,还在精心设计复杂。这也是其运用距离和物质的原因——为了体现其事物的理念。无论巨大还是渺小,规模都受到这些复杂性的支配,每一层由其上面一层的需求形成——或至少这是系统理论在人择原理的假设下提供的一种解读。要想出现更复杂的组织层级,必须存在某种规模和特征的原子、耐久的星系结构、达到某种辽阔度的空间——万事俱备,以配合原始的自然力。这是原子和星系诞生以来的漫长岁月里宇宙所做的一切。它始终在追求更为精细的复杂秩序,以达到人类再精细的想象力都无法构想出的微妙和复杂度;在层级之巅,拥有至高无上的地位,体现了之前所有的潜力都得以实现和表达,并充斥于宇宙的前沿。

这怎么能不是一个重要的事实呢?

全新的时间之箭

如我们所见,没有什么比熵的概念更坚定地锚定了弗洛伊德精神分析学的英雄宿命。与其同时代的许多人一起,弗洛伊德坚信宇宙的热寂说。对如此悲观的生命前景的笃定,很值得进一步解读,特别是在系统论和新宇宙学正在提出新的备选观点的情况下。

随着演化,熵成为 19 世纪科学的最高成就。始于热机研究的技术问题,该思想注定超越科学而触及周边文化的每一个领域;到了 19 世纪末,作为热力学的一条"定律",被广泛吹捧为人类有关宇宙性质的最高洞察力。定律使用了引号,因为这是一种新的、奇怪的规律,是现代科学首次赢得这一地位的统计概括。毕竟,熵是一种不具备完全规律性而只是对可能趋势的陈述。据说,牛顿法则表达神的力量,而热力学第二定律表达人的重要性。科学历史学家查尔斯·吉莱斯皮(Charles Gillispie)发现,"似乎很奇怪,自然的基本法则取决于排除人所不能的东西,即创造永恒运动"。[3] 熵还可能被视为当时许多人面对工业革命在世界上释放的巨大而不可阻挡的力量所感到的绝望的一种宇宙预测。在弗兰兹·卡夫卡(Franz Kafka)小说里的人物与 20 世纪初的熵理念之间,有一种深刻的心理学联系。

人们可能会对那些急于用热机理论从整体上解读宇宙尤为谨慎,特别是在科学文化面对如此多的危险之时。早些时候,唯物主义以及与科学发展相关的无神论,都是旨在作为解放力量,扫除过去集聚的迷信思想;无宗教信仰(godlessness)被视为进步的先决条件。到了 19 世纪后期,到处弥漫着对工业未来更为黑暗的预期。系统的混乱和痛苦似乎难以逾越。乐观主义不再流行,取而代之的,是宇宙濒临的热死成为界定时间方向的思想,这被认为是牛顿的时间可逆的运动公式还没有解决的问题。

说也奇怪,甚至弗洛伊德这种致力于内心生活的学者,从未问过为什么时间的方向首先会是个"问题"。无论牛顿的等式在观察反冲和引力体时怎样模棱两可,人类意识自发地把时间记录为方向性的——从生到死,从思想到行为,从行动到结果。反转电影胶片,我们会毫不费力地意识到其后退——除非电影只是展示台球倾斜在桌上。即使那时,包括图像中的打台球者,我们也能马上分辨出该动作是向前还是向后移动。人的时间经验源于记忆,好似人格的基础。记忆告诉我们自己是谁,它记录了成长、成熟和道德责任。过去事物的重新积累,是心理分析可能形成自觉和智慧的原材料。然而,在唯物主义的重要时期,甚至心理学家都不愿意把如此"主观的"思考引入自然研究中。反倒是弗洛伊德,以其权威使人信服,只有物理过程能够告诉我们"时间之箭"的方向,以及该箭的飞行是朝向用数学方式可以测量出的熵值渐增的方向。

令人好奇的是,现代科学始终不愿意放弃这种沉闷的愿景,甚至在其完全有理由这么做的时候。在 1930 年出版的一部很有影响的书中,天文学家哈罗·沙普利(Harlow Shapley)列出了从亚原子粒子到遥远的星系大约 15 层级的有序复合物。沙普利认为,宇宙描述了"通往秩序的演进"。作为研究银河结构的先驱者之一,他显然不是在讨论宇宙的某些边缘和瞬间现象,而是其发展的核心属性;其中,人的意念可能被视为发展的制高点。尽管小心翼翼地触碰该主题,沙普利还是不得不提出疑问,"如果确实存在意念,难道其不可能进入每一个类别和亚级别吗"?[4] 他这么问的意思是,心智可能始终"存在"。

然而,科学对熵的忠诚并没有动摇。当原子物理学家欧文·薛定谔(Erwin Schrödinger)从物理学转向生物学研究时,他必须承认,生物似乎正是熵的对立面。但是,就像为了检验那个显然不存在的事实一样,他拒绝对该现象做任何适当的命名,而是赋予其否定性定义的阴暗现实。没有遵循熵点的事物呈现为"负熵",或反熵作用。这就如同把爱界定为"非仇恨"或把美说成"负丑陋"。暗示很明确:死去的东西主导着宇宙。与其背离的一切,都不正常。

更令人不寒而栗的是,诺伯特·维纳(Norbert Wiener)发现熵在确立信息理论基础的过程中可能发挥的作用。维纳认为,将热力学概念引入物理学,是"20 世纪物理学的首次重大革命"。继而他提出,熵与弗洛伊德在无意识方面的发现有着惊人的相似。对他来说,二者似乎都是对极端偶然和非理性的认可,只是一个在意念之内,一个在意念之外。鉴于此,二者都是"邪恶"因素,是……"圣·奥古斯汀(Saint Augustine)所说的具有不彻底性的负邪恶"。[5]

由于我们现在了解了系统的重要性和宇宙的结构,我们应该认为,曾经无所不能的热力学第二定律,是以对秩序的古怪解释为基础的。如同其众多词语一样,科学从其领域之外,向法律和审美等领域,借用了"秩序"这个词。但是在这么做时,科学家几乎反转了该词的意思。正如第二定律所述,宇宙的最早阶段比现在更有"秩序"。那么,秩序是什么? 一种没有任何形状或物质的膨胀的辐射光,其中(很可能)没有可以支配的自然规律;除了能量的集中,在什么意义上这会被称为"秩序"? 又在什么意义上,用那些能量创造所有接踵而至的物理实体,会被称为"无序"?

在一定范围之内,科学家可以随意界定自己喜欢的术语。但是词语有一个值得尊重的历史,特别是当涉及重大哲学问题时。无论我们想说熵在衡量什么,它都不应该被称为"秩序"。一位把一生中许多岁月都投入一件雕塑作品中的艺术家,耗费了的能量是无法再恢复的。他"用完了"的时间也不能再用了。通过他的努力,物质可能发生了不可逆转的改变。所有这些,可能都被视为"熵"。但是,最终还有一件艺术品,意味深长地体现了从前分散的时间、精力和物质单元。从前只是艺术家意念中一个潜在的未实现的形象,现在则呈现在我们面前,既能看到又能共享。存不存在损失或增加呢? 现在世界上还有没有多多少少的"秩序"呢?

所有有关大爆炸——原始无形能量的最初爆发——这个词的传统用法,都被认为是"秩序"的基本丧失。按照传说,这是神圣创世时刻之前存在的"混沌世界",当时"地球没有形式,是虚空的";只不过作为没有实现的潜能,它被多数形而上学流派的研究者视为"无"(nonbeing)。对此,甚至纠结于词语一般意义的常识都会坚持认为,一个充满星系和生物的宇宙,要比一个空空的火球更有"秩序"。按照一个受过文化教育的人的观点,在知更鸟的翅膀或妈妈教给孩子的最简单的儿歌中所包含的秩序,要比所能想象到的都已成为过去的大爆炸中的秩序还要多。在解释逐渐向条理分明的组织演化的宇宙过程中,深系统理论丰富了传统的思想和常识。

在这方面,我们可以不加任何主观色彩地说,秩序就在"旁观者的眼中",因为该旁观者(我们自己)是过去一切的继承者。我们发现秩序为我们而建,赋予我们以所有的物理、心理、社会和文化的复杂性。曾经被认为完全指向宇宙热死的"时间之箭",指向了结构和系统,以及最终有意识的生命——人类的前沿。熵是耗竭物质之箭,不是活跃意念之箭。

詹姆斯·格雷克(James Gleick)认为,"不管怎么样,毕竟,随着宇宙在最大化熵的平凡的热死过程中陷入其最终的平衡,它成功地创造了有趣的结构"。那么最大的问题是,"无目的的能量流如何推动生命和意识出现在这个世界"。[6]

消耗性创造的悖论

按照系统论的观点,有序的复杂性,而不是熵,象征着宇宙中占主导地位的变化主题。熵进一步缩小,成为宇宙结构形成过程中的一个更有限的现象,变成系统的一个特征,与其周围的环境既不在能量上也不在物质上进行交换,最终屈服于热损耗。对于这种系统,有的科学家用"封闭"这个词,有的则用"隔离"这个词。无论哪种情况,能够很好地展示渐增熵的那些系统,都只不过是完全的假设现象。大卫·雷泽尔(David Layzer)简言之,"自然中不存在封闭系统"。另外,还有无数"开放系统"能够经得住熵的无限期恶化,在燃烧宇宙生机勃勃的资源中获得充足的时间。有些开放系统会波动得离平衡状态越来越远,可能变动到现在混沌理论所研究的领域。20 世纪 40 年代,伊利亚·普里戈金(Ilya Prigogine)和鲍尔·葛兰斯多夫(Paul Glansdorff)承担了这种非均衡系统的研究。他们发现,这种非线性系统能够在不稳定的尽头产生新的有序结构;只要接收到"外部"稳定能量流,它们就不会退化为随机性,而是变成自我组织型。普里戈金称其为"耗散结构(dissipative structures)"。[7]生命是通过耗散不断自我重新创造的结构。对于深系统理论,这不失新宇宙学的精髓,即生命出现在宇宙史"后期"而不是"早期"。耗散结构,正是时间建构的方向。我们不仅有向太空深处延伸的类星云和星系群,而且,至少在这个行星上,还有极其复杂的有机生命、人类文化和社会生活。我们有科学本身,这一巨大的知识大厦。

当然,最终地球上的生命会耗尽我们现在能想象出的所有能源,甚至太阳也会死去。然而,那就是包括所有生物在内的耗散结构的目的吗?这等于在问,熵是否在一个普世系统中增加——我们只是其中的一个例子。显然,宇宙是一个与众不同的系统。一切都是由独特的爆炸或膨胀推动产生的。这样的系统能实现平衡吗?或者,有没有某种无穷无尽的"外部"能源使其成为包罗万象的耗散系统?有些理论家提出了把物质通过黑洞从"其他宇宙"运送给我们的神奇"时空隧道"的可能性。[8]也许宇宙会在大爆炸与大危机之间"反弹",从而处于永恒运动中一个永远不会停止创造的能量系统。我们不得而知。但是把一切归于宇宙的热死者也一样。他们为什么对把热力学第二定律从这里延伸到永恒如此有信心呢?这不仅仅是一种病态的愿景吧?

对于系统哲学家埃里克·詹奇(Erich Jantsch)来说,耗散结构在演化中找到了自己最高的天命,用时间冒险,实现惊喜。[9]詹奇的方法生动地展示了系统研究在其最雄心勃勃时的全新(而且非常有争议的)视角。系统理论更倾向于辩论而不是还原。虽然可能有例外(如我们在维纳的控制论中看到的情况,主要聚焦机械模型),多数系统理论会以向下一个最高层级进发而"告终",用导向和目的来解释。虽然较之传统科学并不缺少理性分析,但系统理论更喜欢从原因分析预见效果(那个完全发展了的系统),从原因中寻找该结果的暗示。在早期亚里士多德学派中,这是众所周知的"目的因"研究,即引导进程通向完成的结果状态。这无疑是一些人——包括詹奇——从整体上思考宇宙中所有过程的制高点。继而,人们看到的自始至终贯穿宇宙的主题便是意识的演化,这是所有系统中最新也是最复杂的。如图 7-1 所示,詹奇的宇宙,努力实现一种真正的"万有理论",不仅涵盖物质世界,还包括意念领域。二者的整合就是演化。其推进,如同一个动力系统层级,所有系统以人类世界为顶点。

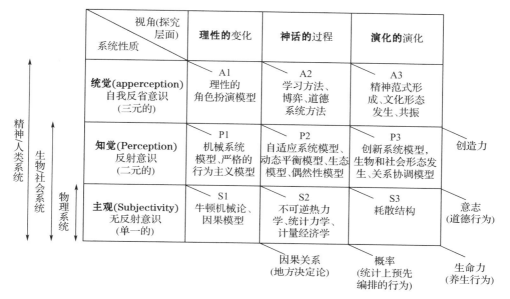

视角(探究层面) / 系统性质	理性的变化	神话的过程	演化的演化	
统觉(apperception) 自我反省意识 (三元的)	A1 理性的角色扮演模型	A2 学习方法、博弈、道德系统方法	A3 精神范式形成、文化形态发生、共振	
知觉(Perception) 反射意识 (二元的)	P1 机械系统模型、严格的行为主义模型	P2 自适应系统模型、动态平衡模型、生态模型、偶然性模型	P3 创新系统模型、生物和社会形态发生、关系协调模型	创造力
主观(Subjectivity) 无反射意识 (单一的)	S1 牛顿机械论、因果模型	S2 不可逆热力学、统计力学、计量经济学	S3 耗散结构	意志 (道德行为)
	因果关系 (地方决定论)	概率 (统计上预先编排的行为)		生命力 (养生行为)

图 7-1　詹奇的宇宙

（左侧竖排标注：精神人类系统　生物社会系统　物理系统）

从左下方到右上方,该矩阵旨在呈现的是惰性的和简单的与重要的和复杂的共同构成的连续体。首先,物理、生物、心理和文化系统并列在这里肯定不和谐——特别是对于更为严谨的科学家,他们习惯于要么使这些领域分离,要么认为更复杂的系统可通过某种方式还原为更简单的系统来解释。然而,作为科学知识整体性的代表,这个图表可以看作是门捷列夫熟悉的元素周期表的非数学性延伸。只要(像新宇宙学那样)在表中引入一个时间维度,就可以看出,在时间史的某个点上,只有几个轻微的原子核,主要是由大爆炸合成的氢和氦;所有其他元素都是后来出现的,每一个都禀赋惊人,无法从之前存在的分子中演绎。不再(或同样)显著的是,之后的某个时间,这些元素构成了我们今天的宇宙——一个秩序复杂、没有任何熵死亡迹象的宇宙。正如一个匿名科学双关语所述,"氢是一种轻飘无味的气体,假以时日,就变成了人"。

像所有的科学一样,系统研究常常遭受无情的抽象化影响。但有时我们会洞见诸如"潜在力(potentiality)"这种关键概念的辛辣和戏剧性。

当代行为学(contemporary ethology)就是一个例子。在动物沟通领域，没有什么比对猿类语言的研究受到的热议更多了。与猿类亲密接触的人，相信它们具有学习人类语言的非凡能力，不仅能理解，还能创造新词，掌握简单的句子。另外，也有评论家坚持，语言专属于人类。按照他们的观点，除了最基本的模仿，猿类缺少处理语言的"认知基(cognitive substrate)"。该辩论似乎源于在演化的连续性和断续性之间无法找到一个中间词。"潜在力"正是那个要找的词。它是位于等级之间等待穿越的那个可能性区间，既在那里，又同时不在那里。这个词使我们可以说猿类具有使用语言的成熟能力，但不能完全像一个孩子那样能够创造语言或使其精细化。潜在力即那种无名的形式创造力，把现实从一个层级送入下一个层级。

从被广泛研究的倭黑猩猩坎兹(Kanzi)身上，我们可以对此略见一斑。坎兹生于 1980 年，落户于佐治亚州亚特兰大语言研究中心。在掌握语言方面，它比之前任何猩猩的进步都大，成就斐然；但最令人印象深刻的是其教练给我们描绘的挑战其天赋的画面：

> 它的理解力远胜于它用符号创造语言的能力。苏·萨维奇-伦博说"它变得非常沮丧"。在这种时候，它往往会发出声音，换一种高调的尖叫。它在模仿说话吗？……"它很努力地尝试，直直地看着你并发出这些声音。当你与它交谈时，它就会发出更多的声音"。[10]

那种高调的吱吱声会引起共鸣。这是不是没有实现潜在力而产生的苦恼和付出的努力呢？当我们的祖先试图努力延伸其经历范围时，内心深处是否也回荡着这种鸣叫呢？也许当我们在追求某种渴望而力不从心时，仍然会在自己的内心听到这种声音。我们叫作"神经官能症"的痛苦，是否与这种深藏于内心的更为巨大的同一性有着重要的关联呢？

宇宙的死亡中心

　　然而，即使宇宙中人类前沿的概念证明具有知识吸引力，但我想，对许多人来说，在感情上接受这个理念还是有障碍的。人们刚提出以人为中心的宇宙观（从这个短语的任何意义上），就感到了世俗怀疑论者的不爽，他们从中除了听出可能的自负意味，什么都没听到。大问题再一次介入争论。为什么小如地球、细微如其所承载的生命会那么重要？认为宇宙的本质是质量而不是规模，新奇、惊讶、目的比无理性大小更重要，这让人想起在传统宗教思想中人类曾经的唯我独尊和自视过高。

　　把人类推向"人是衡量万物的尺度"这一唯我独尊信条的，是受基督教影响之前的希腊人和文艺复兴时期斗志昂扬的人本主义者。皮科·德拉·米兰多拉（Pico della Mirandola）在其《论人的尊严》（*Oration on the Dignity of Man*）中的骄傲断言，便是蓄意要抛弃基督教谦卑中似乎要求的羞耻和卑微感。早期哥白尼学派的天文学家也是如此，认为他们在致力于拯救地球及其人类的尊严免于地心说诽谤的耻辱。英国教士约翰·威尔金斯（John Wilkins）在 17 世纪中期的作品也是致力于这一目标的。古老宇宙的假设是，"身体必须远离高贵"（bodies must be as farre distant in place as in nobilitie）。这意味着"较之其他星球，地球是最卑微的，由更为卑鄙可耻的物质构成"，因此更接近地狱，"必然坐落于地球的中心"。[11]总之，人类中心论赋予其完全不同的属性，可以被视为授予特权，为自负辩护，施加责任，或提出挑战；也可以是一种徒劳的自负或可怕的负担。但无论哪种情况，都要求我们把人类作为宇宙的一个重要特征而严肃对待；要求我们探索自然时不仅仅要超越自己，还要对我们自己和通过我们自己进行探索。

　　人类前沿的概念甚至对其支持者也提出了重大问题。前沿是未知领域，可能充满了危险，是人们很容易走失的地方。如果人类意念标志着前沿的开始，我们应该注意，这是一种可能有很多音调的工具。正如从我们日常经验可知,智力会有很多形式。我们拥有丰富的心智来描述意念的范围——智慧、判断、直觉、理性、洞察力。哪一个是意念的本质——最接近宇宙中一般意义的意念功能?更具挑战性的是我们有各种可以考虑的精神病理学——心灵扭曲、弯曲、失常。头脑敏锐的人可能会精神错乱;迟钝的人可能富于激情;理性的人可能是冰冷变态的。宇宙的意念会不会也有这些特性呢?科幻小说讲述外星智能充满敌意的故事;古代神话说到众神不仅凶狠,甚至疯狂。如果宇宙中存在像心理一样发挥作用的有序原理,与人性相关吗?它能够提供温暖、同情和安慰吗?如果意念在演化,它必然日臻智慧吗?

人类圈还是神经官能圈?

就欧米伽的本性而言,在"世界的尽头"只能有一种可能明确再现的点——在此,由于人性化合成行为的作用,人类圈(正如其自我叠加一样,其元素互相叠加)会集体达到其汇合点。

皮埃尔·德日进(Pierre Teilhard de Chardin),
《人的现象》(*The Phenomenon of Man*)

从相关理论诞生起,意念在演化中的位置一直是个难解之谜。虽然达尔文本人不愿意超出选择优越性的狭隘界限来思考问题,进化论的合作者阿尔弗雷德·拉塞尔·华莱士(Alfred Russel Wallace)却对人工智能提出的更大问题进行了思考。华莱士显然对人类拥有的夸张意念纬度感到迷惑。简直太多了!旺盛的智力、创造力和想象力。为什么会这样?基于自然选择的理论,怎么能应对似乎对其自身原理完全例外的情况呢?达尔文生物学可以毫不费力地解释人工智能的小进步。共享相同栖息地的生物可能在"思维"上有所改善——例如,黑猩猩会与其同类或近亲争夺资源,保证其存活率更高一点。由此它们会变得稍稍狡猾些,判断更为迅速,能够用棍棒自卫,找到大树上的果实。但是,一旦到达那个高度,为什么大脑就不能变得再狡猾一点,更不用说具有创造性了? 艺术、宗教、梦想又该嵌合在哪里呢? 科学本身归属在哪儿呢? 计算火星的轨道或解释树叶光合作用的能力显然没有选择优势。

　　确实有个生物学概念叫作"hypertrophy"——过度生长,亦指一件做过头的好事。在灭绝物种的残骸中,可以看到这种演化倾向的证据,如长得太大而没有用的鹿角、爪牙。曾经认为,恐龙的尺寸太不一般了,从而超出了其食物供应力。人类智能也是这么分类的吗? 如果是,科学就会表明其最佳手段是一个生物上的失误。如华莱士所见,当我们说到人类自己这个物种时,大脑早已超出了生存的必要性。承认这一点,意念的哲理就变得尤为相关。

　　这个问题可以从一种不同的、更为不详的角度加以思考。人类心智发展的每一个层面并不都可能是优势。人类能通过可怕的幻想吓唬自己,创造出恶神,预示可怕的命运。他们还会变成幻觉、噩梦、错误信念、迷信的牺牲品。他们会撒谎——对别人,也对自己。这种有悖常情的行为,对我们的生物状况有什么助益呢? 精明的演化理论家从没有真正遇到过如此窘境。如果智能是一种选择优势,那这种优势包括所有与之伴生的东西吗? 包括似乎是智能的忠实伴侣(神经官能症)吗?

　　致力于意念与演化进程整合的最宏大努力者之一,是法国古生物学家德日进。他认为地球的所有其他物理圈层(岩石圈、生物圈、平流层)的最上面,是"人类圈"(noosphere),即意念的最高领域。这是最伟大的系统,也是最发人深思的系统;其继续引领,会导向超级心智的高潮圈层"欧米伽点"。演化即指向这一层,从原始的感觉能力一直构筑成高级的神秘哲理。在发展的顶点,所有个体人类意念会合并成德日进的一个学生所说的"与地球共同膨胀的单一超复杂且具有意识的拱分子(arch-mole-cule)"。[12]

　　但德日进对待意念显然太理想化,漏掉了在人类层面的全部病理性偏差。如果我们承认人类圈是合法的演化阶段，那很可能其选择优势要么以更高级的灵长类而告终，如平静的大猩猩，其拥有智能使其生活安逸；要么如鲸或海豚等水生哺乳动物。而人类经过人类圈后，则进入可能称之为"神经官能圈"（neurosisphere）的圈层——精神病领域。如果我们人类成功地把自己赶尽杀绝而占领了大部分的生物圈，难道我们不会断定自己在这种智能上的实验是一种失败吗？

德日进只是基于演化的反思性——宇宙可能具有人类意念的自我意识——进行哲学思考的学者之一。他本人深受在其"创造性演化"理论中对相同观点进行了审视的亨利·柏格森（Henri Bergson）的活力论哲学影响。柏格森的理论假设生机——一种相生的万物之灵——存在。一路自我造型的生机引导着演化的进程；在其创造力的最高水平，产生人的智能。但对于柏格森来说，这还没完；意念中重要的是艺术家和圣人的东西，是直觉赋予的意念。在此之下，意识则充满瑕疵，从而产生痛苦和杀戮。

有关意识演化的哲学，多数都更注重创造性和精神性，而不仅仅是灵巧。这让我们想到，意念本身是一个分成许多部分和层级的宇宙。即使我们同意宇宙具有意念一样的特征，我们仍然需要区别各种智力，需要了解那个表示时间历史的进程。在哪个点上，我们的意念与那个像众多伟大思想在其中运转一样的银河星系的更巨大意念非常相似呢？

生态层级

德日进的推论把我们带入一种世界末日的极端，任何猜测都有可能。但是，通过在如此宏大规模上对层级概念的集思广益，他提出了重要的伦理和政治问题。等级不仅内容丰富，也是一个有风险的概念，需要谨慎对待。要说明等级在系统理论中的重要性，我们必须从政治和社会结构上小心区别有机和生态。毕竟，每一种专制形式都是以某种隐喻政体为基础的,使其居民成为更巨大整体中的细胞单元。

德日进的欧米伽,在一个单一的稳定超越点达到顶峰,让人想起但丁的《神曲》结尾时那支伟大而光辉神圣的玫瑰。在那种天堂的高度,每一种生命的出现,都成为那蓬火红花树中的一片没有个性的花瓣,虽然光彩夺目,却洗去了所有个体特征。天使们是浸淫在固态天体集合中的可以替换的实体。没有变化,没有运动,什么也没发生。德日进在但丁的终极天福形象上描绘了欧米伽的样子,但加入了演化纬度。时间以物种接着物种的方式向这一点推移,直到随着人类惊喜的神化,所有个体意念合并成一个统一的星球意识——一种心理奇点,即时间开始时产生大爆炸的那个物理奇点最终的空灵对应。

德日进有关欧米伽所说的一切,可能会演变成科学化的神秘主义。但是,那些比喻似乎描绘出一幅连续的画面,"退化……聚爆……统一……聚合……超合成……一致……中心化"。这是专制主义中央集权的语言。在地球的生命历史中,这种层级是人类的近期发明,不会追溯到比早期河谷文明的专制暴君更早的时代。其模式是埃及金字塔式的,最上面是一个独立的压顶石,代表法老无所不能的神圣权力。它被赋予了一种源于恐惧、贪婪和野心的庞大政治风格。这样的社会只能通过恐怖、神秘和暴力焊接在一起,用后工业时代的话说,这就是奥威尔的"老大哥社会"。

如果说深系统生态学有什么有价值的东西传授给我们,那就是,德日进的欧米伽是一个提升到最高权力的糟糕生命理念。他使用的术语等级,是有关人的神经官能圈的一种发明。自然层级(像我们自己的身体)从演化进程中自发产生,一旦被选择,其构成实体(细胞和器官)便以共生方式结合在一起,不需要通过暴力被迫生存。它们不会消耗其构件没有实现的潜力。相反,一旦某个物种的成员获得足够的个体性,就会变成生态系统的参与者,而生态系统的健康基础是多样性,而非一体性。正如我们从生命形式的旺盛繁衍中看到的,多样性是演化过程的特征。演化是在摆脱曾经安稳单一的微生物源头过程中完成的,没有任何回归某一独立点的迹象;它不是收缩,而是繁荣。

是的,有蚂蚁堆和蜂巢,牛羊成群;但也有基于资源归属和互助的人类共同体。人类意念可以改变一切。它并不是一个政体的亚细胞单元,而本身就是一个宇宙。在人类前沿,正确的意念生态会带领我们实现人格化成长和民主权利。

有些深系统理论家对层级概念持非常保留的态度,认为这是另一种人类中心主义的傲慢,担心它会助长生态哲学家华威·福克斯(Warwick Fox)所说的那种"人类沙文主义",导致"仅仅基于不是人类就莫须有地区别对待其他生物"。[13]这种担心是正当的。等级是一种能使人沉醉的思想。德日进是首先意识到演化过程赋予人类以新的核心地位的人之一。他发现,"人类不是我们曾经简单以为的宇宙中心,而是某种更神奇的东西——是指向生命世界最终统一之箭。人类独自构成所有连续的生命层级中最后出生、最新鲜、最复杂、最微妙的部分"。不幸的是,德日进为我们展示了如此异想天开的沾沾自喜是如何导致荒唐结果的。例如,他认为昆虫展示出的"精神卑微"是因为它们"太小了"。[14]可怜的东西!它们抵达了"形态的死胡同"。只有哺乳动物的尺寸才合适。

任何想要探索演化哲学的人,从德日进(的研究)入手,都会做得很好;因为,无论从深生态学还是规范生物学的角度,他在任何一个能想象到的方面都是错误的。毫无疑问,人类中心主义导致人类对自然的霸权,这是我们生态问题的根源所在。表达这种可能性就是在预警,希望从不同的角度解读。我们应该记得,最糟糕的环境毁坏发生在严格的非人类中心主义宇宙学意义上的现代时期,那时,人类在宇宙中无足轻重。本书始终认为,这种对人类生命的全面贬值,只可能使其渴望意义,直到产生对权力的病态迷恋。如果是这样,那么,鼓励人类主导地位的这种任性断言,正是那种令人绝望的人类中心主义假象。

就宇宙演化可能被视为一种有序复杂性的展示而言,人类意念处于这个进程的高级位置,值得受到与以往的一切相同的赞美。这么说是完全可能的,不需要借助毫无节制的霸主声明。我认为,说这是一种责任感,特别是好奇心驱使的自豪感,更合适。我们的作用并不是要扮演宇宙的法老。但愿我们能依赖自己的幽默感,给自己上演此类妄自尊大的喜剧。不幸的是,人类太容易让自己满脑子都是这种荒唐的宇宙假象,而且如法效尤。

罗宾森·杰佛斯(Robinson Jeffers)——也许是当代最伟大的英语自然诗人——用毕生的艺术和思想探索人类生命在宇宙中的位置。他最终发现,自己的方法是一种充满矛盾的哲学方法,称其为"非人道主义(in-humanism):从人到非人的重点和意义的转换"。

> 似乎该是人类以成年人而不是一个以自我为中心的婴儿或狂人去思考的时候了。这种思维和情感方式既不是愤世嫉俗,也不是悲观……与虚假根本无关,是在不可靠时期保持头脑清醒的方式,具有客观真实和人的价值。作为一种行为规范,而不是爱、恨和嫉妒,它提供了一种合理的超脱方式,中和了狂热与疯狂的希冀;但却为宗教本能提供了宏大,满足了我们崇拜伟大和享受美好的需求。[15]

在实践非人道主义过程中,杰佛斯成为庆贺"超人类辉煌"的喉舌。那是一种吟唱的声音,以其独特的方式,成为所有不了解自己宏伟者的无情见证——"星星的火焰和岩石的力量、海洋的冷流和人类黑暗的灵魂"——似乎在界定所有人类前沿的荣耀。

意象世界

17 世纪,西方盛行把宇宙学与心理学结合在一起的艺术时尚。这是一种微观世界——用图像描述的"小宇宙"——的艺术。在宇宙逐渐被视为最好用数字和公式表示的数学造物之前,自然哲学家往往运用符号、神话和诗歌比喻,来描述和解释他们所生活在其中的这个世界。描述即解释。人类形态、星座、神秘的野兽、深奥的象征,都混在一起,以说明宇宙的形状和性质。数字也占据着主导地位,这是毕达哥拉斯和柏拉图的珍贵遗产,他们传授了象征知识的数学的重要性。但当时的数学几乎完全是几何学,主要借助图形艺术。毫无例外,行星、天体、晶体、季节循环的几何图形,掩盖了包含占星术、炼丹术、球体音乐、自然的超然和谐在内的神秘数字命理学。

一个构思完整的微观世界,可能会竭尽全力地试图通过深奥的呼应方式把所有事物联系起来而变得拥挤不堪——有着地球一样金属元素的天国行星,带有音程的身体结构,有着天文图像的性符号。这是古代和中世纪世界试图创造的艺术样式,也是今天的科学家在大一统理论中寻找的东西。直到 17 世纪中期,西方世界主要的思想家相信,自然的力量、艺术原理、诗歌和音乐、医药、圣经传说,以及高级神学,可以全部协调为一个统一的系统。

根据罗伯特·弗拉德(Robert Fludd)描述的哥白尼之前的宇宙,万物之灵在神与物理性之间斡旋,站在天地之间。弗拉德是一位化学哲学家,是 17 世纪最多产的微观艺术家之一。他小心翼翼地站在基督教正统的一边,在其描述中提到了自然女神(Dame Nature),“她不是女神,而是神最亲近的大臣,在神的指令下掌管尘世”。在其描述的微观世界中,我们注意到从神之手经过这个女神而运行到下面的地球有一条存在巨链,那象征着整个宇宙中事物的层级次序。链条中与她连在一起的那只猴子(即“自然之猿”),是人类文化的象征。“自然之猿”,形象地表达了人类思想的创造力是对神圣力量的写照。该意象再一次从空间上表达了人类中心主义,以事物的位置决定其秩序。

重绘的微观世界

新的宇宙学还没有完全解决我们世界的某些物理中心要素。在无限的宇宙中,物理体的尺寸并不像人们所期望的那样,是随机的和不稳定的,这是较引人注目的宇宙巧合之一。物体的大小并不尽然,相反,一切似乎都在一个相当有限的可能性区域内。约翰·巴罗(John Barrow)提出,"假设我们要对宇宙中所有不同类型的物体从基本粒子到最高级星系群进行一次调查"。他继而展示给我们这一任务可能形成的大小－质量示意图。[16]

　　虽然我们希望图 7-2 能客观展示物体的分布,但显然不是。平面的一部分呈系统性聚集,其他地方则大片留白。这是什么造成的呢? 在制作类似图示的过程中,乔治·希尔斯塔德(George Seielstad)得出一个发人深省的结论。在把宇宙中的一切——从细菌到银河系——沿着大小(以分米为单位)和质量(以克为单位)的两个轴线大致安排后,他的结论是,"距离这一巨大尺寸和质量跨度中心不远的地方,是物质的一个位形,迫使研究沿着两个方向进行"。[17]在这一奇妙的统计分布中,"人类是介于近乎无限小和近乎无限大之间的一个粗略的平均数……从数学思维的角

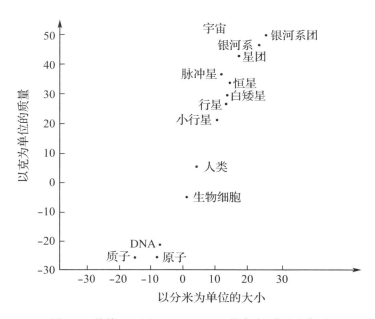

图 7-2　约翰·巴罗(John Barrow)的大小-质量示意图

度,人的大小相当于一个行星和一个原子之间的几何平均值,即人的大小≈(行星的大小×原子的大小)$^{1/2}$,人的质量大约是一颗行星和一个中子质量的几何平均值:人的质量≈(行星的质量×中子的质量)$^{1/2}$"。

科学家的假设认为,最小的事物,"主要的黑暗物质,可能是大爆炸幸存下来的亚核微粒。终极的统一理论……可能会把量子引力效应(按照普朗克长度,10^{-33} cm)与观察到的全部宇宙属性(10^{28} cm)联系起来"。

在现代科学的哲学重构过程中,该在多大程度上严肃对待这种数字游戏呢?仅就统计上的新奇和高度推理性关联而言,也许不必太当真。巴罗认为,这里提到的一些奇事,也许是人择原理中不太可能的选择效应。同样,数字——即使是物理学家精确的数量——本身也会有许多的随意性。借助小小的计算机,可能会生成所有的一致性和相关性。但是,当亚瑟·爱丁顿爵士试图雄心勃勃地从认识论角度探讨作为现代科学基础的许多无量纲常数时,他被指控沉迷于数字命理学。然而,值得注意的是,目前仍有科学家会在这种游戏上花时间。

另外,大小、质量,或事物的结构和宇宙的历史之间的关系,则是另一回事。当然,很有可能新宇宙学的一切——大爆炸、宇宙膨胀、背景辐射、广义相对论——都没有新的证据。但是,如果该理论成立,生命和意念就处于时间-发展的定位上,这显然是全新而具有挑战性的前沿现象。这里呈现的微观宇宙,可能缺少自然哲学曾经具有的艺术共鸣和丰富象征性特征;但是,在这些不可能绘制于两代人之前的图表背后,包含人类中心论全新解释的宇宙思想。

20世纪后期的新宇宙学对人类中心论的界定,是从历史而非空间的角度展开的。生命和意念出现在一个分层演化的宇宙顶点——"现在"。他们的位置如同古代托勒密型宇宙中人道的位置一样独特,但是,这种独特性的表达已经更具科学的复杂性且更缥缈——依赖非物质的时间作为中介。在这种情况下,存在链条变成大爆炸以来出现并逐渐成熟的复杂系统的时间推进,从最初的原子构成,一直到银河系星群的组织,以及最终——在我们的银河系里——孕育生命的地球。从鲍尔·大卫斯(Paul

Davies)描述的"宇宙历史"中,我们看到时间导向取代了空间位置,成为哲学构思的核心思考(图 7-3)。[18]

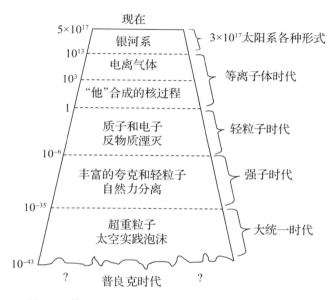

图 7-3　鲍尔·大卫斯(Paul Davies)描述的"宇宙历史"

大卫·雷泽尔(David Layzer)提供了一幅阐述相同等级推进的图,但将其进一步延伸到意念领域,包含了产生社会文化体验层级的"反馈回路"(图 7-4)。[19]他发现,"在宇宙膨胀之初,宇宙中几乎没有或根本没有秩序。随着宇宙膨胀,出现了化学和结构次序……每个进程创造了使新进程成为可能的结构和初始条件……初始条件下层级的每一级和亚一级,从质量上体现了秩序的明显变异"。

在最具审美性的宏大现代微观世界形式中,当推迪恩·莱特(Dion Wright)的"演化曼陀罗",它以其全部的艺术自由,合理准确地展示了现代科学思想。这是罗伯特·弗拉德时代的自然哲学家可能会尊重的一项成就。原作绘于 20 世纪 60 年代中期纽约伍德斯托克(Woodstock)的一个玉米穗仓库,太大、太详细,这里无法再现。

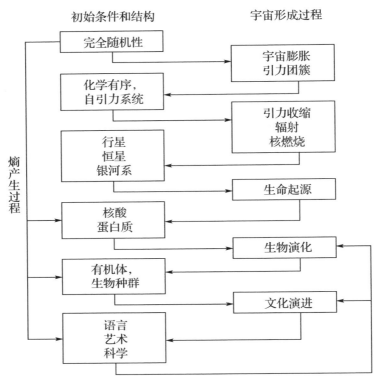

图 7-4　大卫·雷泽尔（David Layzer）的等级推进图

然而,作品的整体连贯性不仅仅是一种创造性选择和润色,它深刻地汲取了天文学、地质学和生物学的知识,以正当的秩序进行了安排。在此,我们反而有一种花开式格局,无穷无尽的变化围绕一个简单的核心喷涌而出;在核心处,会发现被 DNA 双螺旋围绕的基本生命原子—分子要素。在这样的描述中,我们会感到演化的"推进"不是指向进化的直线,而是随着时间的推移,在全面复杂程度提升中所具有的丰富的多样性。我们还会在生命的故事中清晰体会非人类的广度,特别是原生动物占据的巨大空间。

对于所有这些细节和广度,该描述所缺少的,是宇宙时间维度以及自大爆炸以来的发展情况。接下来我们会看到,地球生物学由更巨大的演化框架支撑,需要更深入地了解宇宙的层级进程和结构。

第三部分
生态学

　　新宇宙学以及我们对有序复杂性的深入研究，为重新理解人类与自然的联系提供了智能原材料。随着艺术家和有远见的哲学家给予的帮助日渐丰厚，这一事实和理论体系可能逐渐成熟，形成基于生态的万物有灵论。我们会发现自己再一次与自然发生了联系。在这种更大的环境背景下，正常神志和疯狂具有了新意。我们开始看到城市产业的现实原理如何抑制了对人与地球的健康都至关重要的——原始的、有机的、阴柔的、孩子般的、野蛮的——东西。

　　像所有自然系统一样，我们假设正常神志拥有创造性自我调节的能力——至少在限度内。毕竟，这是致力于完善地球生命的更重要的盖雅系统的产物。那么，地球如何回应其麻烦的人类孩子鲁莽的猴子般的狡猾呢？高度工业化社会出现的"自我陶醉"，有没有可能在驯化我们的普罗米修斯错觉中发挥创造性作用呢？

第 **8** 章　城市病和家长式自我

极端城市化

假设我们有一部从轨道卫星拍摄的有关地球过去百万年的电影，一个盖雅生平中最近的且情节丰富的生动片段，是前所未有的最伟大的电影。

假设我们为电影加速，把那百万年压缩成几个小时。

我们会看到什么？

透过浮云，全程几乎仅有海洋、沙漠、草地、森林、极地冰盖与山脉；没有任何动物生命的迹象，当然也没有人类存在的痕迹。即使这样，在过去的几十万年间，我们的祖先就在那里，小小的狩猎采集队伍默默无闻地游走于林间和草原，追逐猎物，拔出树根，采摘浆果。我们在电影上看到的，基本就是这样一个有着烈日炙烤下的斑驳沙地和弯弯曲曲岩石带的蓝绿色浮动球体。

直到最后的画面——最近四五千年——我们才发现几个零星的人类作品，主要在尼罗河、幼发拉底河、印度和黄河等肥沃河谷，脆弱的灌溉网络，错落有致的条块耕地。也许埃及的金字塔或中国的长城，会凸显于安第斯山的梯田山坡和秘鲁神奇的地球图画"纳兹卡线条"，但比这些大型作品更重要的是其建造者居住的不同寻常的栖息地。那是他们自制的空间，沿着海岸或河流交汇处密集的家庭、作坊和市场小集群。围绕这些区域,人们筑起高墙。在高墙内,他们把脚下的地面铺上石头,迫使绿地、森林和野生生物远离自己——就好像希望世界变得只有他们自己。

我们在观察首先出现的城市。只有几个,而且按照我们的标准属于很小,但是我们已经能够感觉到人类条件的决定性变化。城里人精明而贪婪,他们会谋划攫取远处的财富,组织铜头铁臂的武装队伍,征服临近的部族。他们创造出洋洋自得的权力与辉煌的神话和无情征服地球的英雄故事。他们当中出现的国王自诩为神,组织浩大的集体项目——修筑道路、要塞、随意导引河流的运河。我们第一次在地球的脸颊上看到了由人的意志雕刻出的痕迹,似乎向天国宣布一个强大的结构信息,"瞧啊,我们在这儿。注意我们!"

伴随着这些定居点,人类开始了大胆的实验。我们看到一部分人把自己安顿在一个自制的小宇宙(一个能够夸大其成员声望和增加其能量的戏剧性舞台)中。但是,城镇只是地球表面的针尖小孔,没有变焦的帮助根本看不见。他们仍然被厚厚的包围在不可战胜的嘲笑其自命不凡的荒野中,而且,这种状态又维持了四五千年……直到离我们现在只有两个世纪。

在电影即将结束时(我们现在必须仔细看才能抓住这一场景),我们注意到一个奇怪的变化。它始于欧亚大陆西边的一个小岛,不列颠的中部地区。像燃烧的伤口一样冒着烟的灰黑色小点,从地球表面凸起。这些点遍布西欧,跳过海洋,抵达北美,之后遍及其他各洲,在数量和规模上迅速增加,变成丑陋的黑暗瑕疵。再近距离聚焦,我们会看到成堆的煤渣和碎石像滚动的肌肉一样在其周围形成;滚滚浓烟变成人造云挡住了天空;油污废水从这些烟雾缭绕的地方流出,排入附近的河流湖泊。

我们看到第一批工业城市出现并蔓延——开始只有几个,但在规模和数量上野蛮增长。随之,铁路、柏油路和水泥路延展开来,彼此相连,遍布各地,形成充满生机的交通网络,搭载着城市的节奏冲向乡野。很快,天空塞满了飞行器,巨轮往返于大海,从遥远的地方向城市聚集货物。我们还看到一件事,也许是最不祥的,成千继而成百万的人离开乡村,涌入城市,仿佛接受了催眠一样,被这种新的生活方式敲击的节奏所吸引。随着在规模上的膨胀,城市开始占用巨大的开放空间,展开阶段性扩张——从都市到巨大都市,再到拥有卫星城市的超大都市,跨越大陆,把城市的污秽一个接一个地传下去。

盖雅一直遭受着城市病的折磨。

我们现在经历的上千种不适和丑陋的疾病,都源于工业城市的这种无所顾忌的突发性蔓延。“突发”,意指 18 世纪 80 年代英国第一批工业城市出现后的两百年内。即使这样,在工业制度的摇篮英国,直到 1850 年,城市人口才占据优势;美国则到 1910 年。我们所说的,是地球生命史的最后一瞬间。然而,就在那个地质时间的瞬间,工业文化变成了一个城市帝国,其势力跨越海洋和大陆。

对此,仅以城市的地域规模是不足以诊断城市病情的。我们必须想到对资源和政治统治力的欲望,如众多无形游丝般从城市中心伸展出去不断索取森林、地下矿藏、油藏、深层蓄水以及最遥远的能源渠道。城市拥有一切,管理一切,消费一切。它们的管道和电力网翻山越岭,卫星在太空边界巡视。其微妙的沟通网络把地球包裹在一层电子皮肤中。其人工制品抵达月球表面和附近的行星。荒野变成了他们的游乐场、疲惫旅游者的休闲空间。就像几个为数不多的传统社会的境况一样,野生生命在其容忍保留的情况下得以幸存。

现在,在我们的影片即将结束的最后几幅画面里,才看到了特大城市密密麻麻地在地球表面旋转、翻腾成许多贪得无厌的旋涡,什么都无法逃脱其杂食性代谢引力。它们吞噬着地球上的财富,又以商品和垃圾的形式源源不断地将其倾倒出来。我们俯瞰到的,只有一群寄生的城市群,没完没了地吞噬着地球,返回垃圾的能力大大超出全球自然循环拥有的清理能力。

城市病也许正逼近终结期。

城市的疯狂

　　现代心理学总是受到证据问题的困扰。要想不仅仅是纯粹的投机，就必须找到实证方法，探索无法进入的心智内部。就其性质而言，意念是个谜，既不能放在桌上解剖，也不能像身体的四肢和器官那样接收 X 光照。为了对人类行为意义的了解不只是停留在研究肌肉反射和生理痕迹上，弗洛伊德提出"投射"（projection）的概念，心智的隐藏内容必须以某种方式"投射"给世界才能分析。

　　他开始得很谨慎。起初的投射只是从病人的讲述中得到的内容。心理分析即"谈话疗法"，目的是让病人通过意识流展示自己。最终，弗洛伊德希望他们能够告诉他对他们来说最重要的东西。该方法可能间接借助了电影的新技术，至少那似乎是弗洛伊德想到的，因为他把分析人员描述成一张遭受困境的心智可以自由投射的"空白屏幕"。用得聪明的话，该技术会相当有效，但也有明显的陷阱，即压抑会造成扭曲和误导。记忆不总能可靠地记录动机、影响和情感。病人会忘记，会夸张，会撒谎。在寻找更直接进入无意识状态的过程中，弗洛伊德偶然发现了梦幻状态，即心智的标志性景观。这可能是他最持久的贡献，主要因为它开启了人性研究的一种新视野。如果做梦可以被解读为展示隐性意图的信号，那为什么要止步于此呢？难道整体文化不可以被视为人类的集体梦幻吗？由于弗洛伊德及其后荣格的贡献，精神病学发展迅速，从一门几乎没什么可研究的准科学，变成什么都可以研究的哲学探究，包括所有神话、传说、艺术、文学和人类宗教。

　　随着精神病学越来越大胆地运用文化内容探索无意识领域，其变得不太愿意借助政治和社会机构来达到该目的。这可能因为，政府、公司、政党军队呈现为目的性和理性的产物，而不是自由幻想，这种产物似乎比艺术和宗教的创造更"真实"。捕捉那些弥漫于日常生活大街小巷、官僚体制和法庭上的梦魇氛围，只能留给像卡夫卡（Kafka）和德·基理科（De

Chirico)这样的艺术家了。

那么,已经变成最大的人类机构的城市,又怎么样呢?再也没有什么东西能够吸引这么多人,激起如此多人类欲望的了。然而,现代精神病学从未对城市进行过象征性的解读。无疑,这是因为精神病学家工作在城市中,他们靠其维持生计、获得同行认可、赚钱、建立自己的职业生涯。但是,对于生态心理学,再没有什么比城市这个栖息地更能说明我们灵魂集体状态的症候了,它从一开始就一直在精神病理学的边缘保持平衡。现在,被完全理性化并视为"正常"的城市,追溯着狂妄的法老和耀武扬威的君王的幻想。这源于宏大的错觉,由训练有素的暴力构筑,专门用于对人与自然的统治。墙与塔,古代城市的金字塔和庙塔,都宣示着充满希望地摆脱自然环境的生物独立性。数百年来,这种隔离只是部分的,野生环境从未远离。随着时间的流逝和技术的发展,我们获得了把希望具体化的力量。很快,动物园或保护区之外不会有猛兽了;除了城里人记忆中与地球的关系,再没有部族记得与地球的那种不同的关系了。最终,我们无所不能的错觉得到了完全的纵容,城市幻想的投射完成了。我们在每一座现代城市中,都能看到这种投射实现在玻璃、混凝土和金属中。这是一个完全封装存在的古老梦想——免于疾病、依赖、肮脏和有机生命的不适,甚至最终摆脱死亡。

作为一种生活方式,城市化满足的从来都只是少数疯狂的军阀、追逐利益的商人和古怪的知识分子,以及那些执迷于人工作品和权力、世界观局限在城墙内者。产业化对环境的贪婪利用——要么作为原材料,要么作为垃圾场——进一步加剧了城市与自然的疏离,使城市文化的精神病习惯更加体制化和理性化。威廉·莱希(Wilhelm Reich)创造了"防弹衣"这个短语,描述把我们与自然生命力和感性的亲密割裂开的神经质防御机制。工业城市可以被视为我们文化的集体"防弹衣",是我们企图把自己与孕育我们的自然连续体的亲密接触进行病态疏离的尝试。正是在这种疯狂的和令人疯狂的背景下,进行着按照没有任何对该背景进行反思的理论而展开的精神疗法实践。弗洛伊德和激进的治疗师可能会勇敢地指出,所有人都参与了"共谋的疯狂"。但是,即使他们从城市内部提出假设,通过那个反常的视角反观世界和历史,他们也像天文学家一样,不会预料到能够看到城市阴霾以外的天堂,除非他们离开城市,前往遥远而人迹罕见的地方。他们所能提供的疗法,即使最富同情心的,也是相同城市智慧的作品,这支撑了刘易斯·芒福德(Lewis Mumford)曾经称之为古代河谷的"超大机器"。他们的科学也得益于大规模灭绝性技术和政治。

情况可能如此。

假设我们在观察一位正在作业的精神病专家,一位善良、体贴,甚至才华横溢的精神病专家。在外面的候诊室里坐着许多病人,其业务繁忙。病人一个接一个地被带进来接受治疗。他们确实是一帮很难应对的群体,表现出真正典型的情感紊乱:几乎歇斯底里的,处于自杀抑郁焦虑的,遭受幻觉痛苦的,患有紧张症的,承受可怕噩梦折磨的,被迫害幻想症折磨的近乎绝望的(总觉得有人故意要加害于他们)。

在精神病医生的吩咐下,病人忠实地做着他们被要求做的事情,重复着自己的梦境,坦承自己的恐惧、隐藏的渴望、内疚的秘密。医生边听边思考着每一个案例,努力大胆地为他们恢复健康,耗时漫长,艰苦地工作着。但是,并没有多少人痊愈。他们的恐惧和痛苦错觉仍然继续,甚至更糟。医生几近绝望,然而继续勇敢地决定以人道主义医生所能做的一切,提供一流的关爱。

现在退一步,从更广阔的视野来审视该场景,病人到一间屋子里接受治疗。屋子在一个建筑中,建筑位于某个地方,那个地方有个名字,叫布城瓦尔德(Buchenwald)。透过屋子的窗户,我们可以看到带刺铁丝网、绑缚受鞭打犯人的柱子、烤炉。

我们怎么看待一位在这种本身就是疯狂产物的地方治疗一个疯子的精神病专家?在这样的地方,"治疗"意味着什么?意味着调教囚犯适应其环境?安慰其恐惧?通过谈话让他们摆脱噩梦?

我们所知道的精神病学,是在城市背景下城里人对城里人的实践,完全就是类似的投射。如果医生和病人都没有这样看待这件事,那么,在集中营出生和长大的人,没理由相信还有别的地方存在;而当集中营变成和世界一样大的时候,就更没有理由那么想了。

野性智慧的梦想

在焦虑的美国人心灵深处,美洲印第安人是复仇心切的幽灵……他们会收复下一代归为己有。这件事一旦发生,美国公民将最终成为美洲人,真正以该大陆为家园,并爱上这片土地。夏安族印第安幽灵舞蹈颂唱——"hi-niswa'vita'ki'ni"——"我们将再次生活"。

盖瑞·施耐德(Gary Snyder)

盖雅病了。在高烧中,她梦见——通过其最敏感的人类儿女的意念——曾经轻松地生活在她富裕身体内的淳朴人民,他们索要得很少,却以虔诚的互惠方式还回来,对其宏大充满敬畏。尊贵野蛮人的形象弥漫现代西方世界,充满了自我怀疑的迹象。

值得注意的是,创作这首民歌的,是 17 世纪的英国小说家阿芙拉·贝恩(Aphra Behn)。她本人是个外来者,是当时男性云集、竞争激烈的知识分子圈中的一位职业女性,轻易就能预见和她一样的被抛弃者内心深藏的自尊。她在《王子的奴隶生活》(Oroonoko the Royal Slave)中创作的奥鲁诺克(Oroonoko),是对伦敦知识界的自以为是进行关键性纠正的人物,由此,她变成了一个有趣的怪人。

尊贵野蛮人的神话始终有一种梦幻般的模棱两可,是互相矛盾形象的一种重叠。在文明的西方世界,普遍认为真正的传统民族是令人鄙视的野蛮人,是近乎未开化人类的文化失败。甚至 20 世纪初期的人类学家,都倾向于把其研究对象视为严重智障者,因此理当逐步废弃。基于这些傲慢的民族优越感,形成了流行的学术观点:野蛮人因为迷信而落后,因为落后而迷信,所以需要基督教化,文明化和发展——或者更可能的是,完全适合在其白人西方征服者手中彻底消逝。对原始和传统的敌意,是革新和殖民投机者的革命路线。按照马克思的观点,进步政治的目标就是要废除"乡村生活的愚蠢"以及之前的一切,以利于工业进步。在工业时代的政治哲学家中,只有多愁善感的无政府主义者威廉·莫里斯(William Morris)或皮特·克鲁泡特金站出来反对这种意识形态舆论,像他们之前的浪漫主义者一样,回想起村落民主、部落平等的传奇自然状态。

同时,每个时代都会有某种原始的天真回归到小说中,挑战文明方式中对公正与理性的信心。像奥鲁诺克,《最后的摩西根人》的奥卡斯,《鲁滨孙漂流记》中的星期五,《人猿泰山》中把欧洲白人和丛林野蛮人结合起来的泰山,都广受欢迎,背叛了那些我们认为文明使其处于危险境地的美德。

整个19世纪都认为,野蛮人的高贵在于其美德。他们纯朴无瑕,是未遭受原罪的伊甸园的孩子。20世纪80年代初,南非电影《上帝也疯狂》在美国受到了疯狂的推崇,在许多城市的放映期都创下了纪录。除了一些滑稽的闹剧,并没有什么投入;其完全出乎意料的受欢迎,显然与其中出现的卡拉哈里地区布希曼人的生活画面有关。观众,特别是大学城和高端社区的人们,感到他们憨态可掬,具有信任感,完美地衬托出自己周围文明社会中白人的疯狂和古怪。当然,这些布希曼人出现在电影里,有些可能是专业演员。无论哪种情况,他们都在扮演角色,而且是非常老套的角色——重新演一遍大自然高贵的孩子们。但公众却爱看。

该形象隐含一种假设,靠近原始自然的生活是野蛮人的优势。通常,荒野被赋予了把野蛮人与城市恶习割裂开的能力。在不同的时代,人们认为与世隔绝的野蛮人中会流行不同的英雄品质。他们内在的荣誉和自由,在启蒙运动和浪漫主义时期最具吸引力。有时,赢得更多钦佩的,则是他们孩子般的纯真。正如雪莱(Shelley)所言:"野蛮期即童真期(the savage is to the ages what the child is to years)。"之后,在社会达尔文主义者以及尼采哲学论者心中,赢得赞赏的则是刚毅和韧性等勇士美德。野蛮人具有更加吃苦耐劳的奉献精神,生活得更有节制,比盲目爱国的泰迪·罗斯福(Teddy Roosevelt)所谓的"超文明化的人"更加勇猛(当然,略显矛盾的是,罗斯福也把"对野蛮人的战争"视为"最终极的公正")。再后来,弗洛伊德所预想的史前人,主要受"无意识的性和原始利己主义驱动"。之后,诸如劳伦斯(D. H. Lawrence)等作家想象的野蛮人,毫无顾忌地无视中产阶级的压抑;他们的生活更贴近本能驱动,赤裸裸地傲然往来于世界。

所有这些夸张而不切实际的想象,都没有赋予野蛮人以智性能力,那种比其文明化的同类更好地理解世界和更有效利用资源的能力。按照定义,原始人属于没有得到充分发展的群体;他们没有真正的科学,没有技术能力。这也许有助于其道德健康,但却无助于经济繁荣。尽管无知、落后、贫穷,野蛮人却是高贵的。只有到了现在,随着城市帝国逐渐将荒野排挤出局,并使所有传统社会遭受灭绝的威胁时,这一古老主题才出现了一种有趣的变化——作为生态智慧的野蛮状态,是生存和永续繁荣的奥秘。正是技术上的简单化和科学的缺席,才造就了传统民族生活环境的和谐。他们的"迷信"是另一种有着自身尊严和实用性的世界观。

有些人类学家逐渐意识到"仪式性调节生态系统"的价值,因为这会对人类的劫掠施加宗教约束力。诸如此类引人注目的例子仍然存在,有时候似乎足以成为吸引专家关注而解决当代经济问题的可行方案。也许这些传统方法能够解决更为复杂的方法所不能解决的问题。例如,在哥伦比亚亚马孙,当地人成功地保持了热带雨林的完整性,甚至在 20 世纪 80 年代后期,官方政策要求橡胶公司和其他工业把曾经迫使当地人离开而占用却毁坏的土地重新归还给当地人。他们的宗教视野在其合理利用丛林的丰富但濒危资源过程中发挥了不可或缺的作用。这些社群(有 50 多个部族,总计约 7 万人)中的一个学生,称站在迷幻仪式中央的萨满教道士为"文化生态学家",是与"动植物的守护者"进行谈判的人,从而决定部落狩猎或采摘的特权。[1]

同样,在巴厘岛,西方"绿色革命"农业潜在的灾难性影响,在一位美国人类学家的影响下得以平息。他发现,几百年前,稻农已经应用了非常高效的水利共享系统,而且该系统还是虫害控制的一种手段。[2]在世界的另一处,水利工程师正在重新思考非洲国家设计的许多耗资巨大的排灌项目,这些国家往往由于缺水而发展滞后。在尼日利亚、埃及和赞比亚,过去几代人建起来的大型水坝,许多都被证明是代价高昂的失败成果。也许较之这些西方灵感下的"工程狂热",另一种选择则是回归传统的借助隧道、墙体、排水沟和小型积水池等诱雨技术。这些廉价、耐久而灵活的方法,都源自生活在贫瘠地区几代人的经验。在最近一项对古代积水技术的研究中,考古学家大卫·吉尔伯特森(David Gilbertson)得出结论,"在管理这些条件艰苦的地形中,古人的智慧比我们的具体得多"。[3]

最古老有效的基于仪式的生态系统之一,坐落在玻利维亚安第斯山脉。人类学家约瑟夫·巴斯琴(Joseph Bastien)研究了在卡塔山(Mount Kaata)极端垂直地形上仍能生存下来的那些村子的所谓"隐喻性经济学"。在印加时代,土著人精心制作了一幅巨大人体型山体形象;每一个隶属小群体都在该地区地理结构设计中拥有自己的位置。牧师群体住在山的"头"部,基本上贫瘠的高地上;围绕卡塔村的中央田野是"腹部"和"心脏";山脚下更远处的矮矮的玉米地的家庭认为自己是山体的"脚指甲"。

与我们对待环境的方式明显不同的是这些例子中展示出的敬畏。然而,甚至最具功利心的观察者都认为这里运用仪式和隐喻的方法是可取的,每一个都反映了人与自然界的和谐关系,这也是传统心理疗法的核心。远非把经济和心智分属于不同的生命构成,这些文化将其混在一起,允许物理的和精神的东西彼此促进。即使我们在此几乎没有发现任何可以直接借鉴的东西,重新理解原始和传统的东西,也许是我们进行环境应急举措中最实用的资源之一,就算人们会发现还有部落社会滥用甚至毁掉自己栖息地的例子。在史前时代,地中海盆地的部落和游牧民族过度砍伐和放牧导致水土流失的痕迹仍然清晰可见,其宗教盛典的自然意识并没有抵消其长期破坏自己栖息地的无知。

即使这样,没有任何历史记录可以与我们当代目睹的对全球环境的大肆挥霍相匹敌,而这主要发生在那些傲慢地声称知识更丰富的发达工业社会。当说到理解自然的全面复杂性时,知识——那种现代生物学、地理学、地质学等可以获得的知识——当然是必要的。但同样可以肯定的是,在保护环境时,只有知识是不够的,至少还需要某种没有种族优越感的适当的谦恭,以及承认我们集体方法中的错误的意愿。此外,还要有寻找指引的伟大灵魂,无论去哪里找,甚至从没有文字、非城市的社会中找。这些都是文明社会与原始社会建立关系过程中所缺失的美德——直到最近。

新石器时代的保守主义与伦理无意识

对原始社会的再评价——特别是其生态智慧——有很多途径,有时负载的不仅是环境的还有政治的优先权。这可以生动地体现在主导 20 世纪 60 年代的鲍尔·古德曼(Paul Goodman)的乌托邦无政府主义思想中。古德曼喜欢有点顽童似地把自己说成是保守主义者,最关心——

> 绿草和清洁的河流,孩子要有明亮的眼睛和好看的颜色——无论什么颜色,人们能够不被使来唤去自由地做自己。现在,保守主义者似乎想要回到麦金利执政下才能获得的状态中。但是,当人们从属于普遍的社会工程,而且生物圈本身处于危险中时,我们更需要一种新石器时代的保守主义。[4]

　　较之仍然喜欢在市场和富丽堂皇的公司挥金如土般繁荣的"假保守主义者"，古德曼把过去史前部落的朴素作为其历史基线，致使保守主义大大超越了城市帝国，变成了新激进主义的基础。古德曼是有着极其复杂品味的彻彻底底的纽约人；然而像他之前的许多浪漫主义、无政府主义者一样，他对乡村民俗怀有一种真诚，或略带伤感的忠诚。他的目标就是在现代都市背景下重新捕获祖先的这些价值。像舒马赫(E. F. Schumacher)一样，他努力通过权力下放和内部多元化的方式，实现在大的背景下"美丽"的"小"。他觉得，这不仅会治愈许多政治病，还可以救治已经成为工业社会独有的精神病理学，即严重损害身体的无力感。对于古德曼来说，现代理想村落应该是某种全盛期的格林尼治村，一个身处令人窒息的大纽约区却丰富多彩、生机勃勃的艺术家和知识分子社区，充满文化特色，具有相当程度的社区自治。

　　为了在高度工业秩序中重新捕捉新石器时代精神，古德曼遵循了彼得·克鲁泡特金的路线。克鲁泡特金作为现代生态学奠基者之一的地位得到普遍认可，他是生态系统这一概念的创造者之一。

　　克鲁泡特金总是很小心地坚持，他在所有生物中发现的互助性，本质上不是一种利他美德，而是更深入得多的东西。那是植根于动物意识中、经过地球上生命历史演化而成的一种本能的、明显自发的冲动。这与弗洛伊德的对比再戏剧化不过了。基于在西伯利亚和中国东北地区的荒野及部落社会毕生的近距离研究(比弗洛伊德在其咨询室里收集的证据更多)，克鲁泡特金得出结论，人性基本上是伦理性的；人的亲属关系和道德感的出现如同鸟的歌声一样自然。在潜意识的基础上是良心，即个性化的道德能量。

　　　　人类社会的基础不是爱，甚至不是同情，而是人类团结的良心——假设仅在本能阶段。正是从每个人的互助实践中、从每个人的幸福取决于所有人的幸福中、从正义或平等感中无意识地识别出这种力量，才使得一个人思考每一个和自己相同的人

的权利。在这种更广阔而必要的基础上，形成了更高级的道德
情感。[5]

＿＿＿＿＿＿＿＿＿＿＿＿＿＿＿＿＿■ ■ ■

对于克鲁泡特金来说，内在良知的因素使得人类共同体远不仅仅是
一个由社会契约凝聚到一起的人的聚集体，而且是一个在生物学上更深
刻复杂的系统。较之极权主义制度把人作为政体中的附属细胞单元，克
鲁泡特金理想的社会则是由具有自主性的人构成的，彼此由伦理关爱连
接在一起，不再需要任何其他东西，没有警察机关，没有官僚机构。但是
我们当然有警察和官僚，而且已经很久了。为什么呢？如果有伦理无意
识提供可靠的社会纽带，那还有什么必要呢？无政府主义者对这个问题
从来没有一个很好的答案；在解释罪和根源方面，他们不比其他任何人更
强。但是不管怎样，很显然，如果伦理无意识不存在，没有任何警察机构
或官僚能把社会凝聚到一起。我们自发地形成家庭、宗族、帮伙、部落、行
会、村落、城镇，这就是行动中的社会生态。无政府主义者提问：这种本能
的社交能力，在解决我们自身的社会邪恶中能发挥到什么程度？

在应对资产阶级工业化欧洲的心智损伤过程中，弗洛伊德从自然中
发现的与心智相关的，只有报复性自私，此外便是死寂宇宙的外在虚空。
在应对健壮的野生动物以及面容粗糙的个体农民的过程中，克鲁泡特金
断言，伦理无意识源于生物共生。以其对人性同样美好的信念，古德曼创
造了他的新石器保守主义，拓展了这一分析。他是首次把去中心化和生
态健康与道家传统联系起来的人。在道家思想中——至少是他所理解
的——他发现了有机体自我调节的原理，无论是对身体、社区，还是对
环境。

作为感知心理学的一种发散性方法，完形心理学始于 20 世纪 20 年
代。较之认为感知基本上是被动和感受性的行为主义者，完形心理学拥
护者沃尔夫冈·科勒（Wolfgang Köhler）和科特·考夫卡（Kurt Koffka）
关注感觉器官甚至在似乎混乱的情况下创造有意义模式的特殊能力（"完
型""gestalts"）。意念形成意义，即使在没有什么因素作用的时候。这一

发现引出许多有趣的问题。这种形成倾向能延伸出眼睛、耳朵、触觉以外多远？是否在整个有机体的意念和身体的所有部分都能找到？在我们与其他人和整体外部自然界之间的关系中有没有这种倾向？20 世纪 40 年代后期，在古德曼和弗洛伊德学派中标新立异的弗利兹·佩尔斯（Fritz Perls）从这些问题开始，把完形心理学梳理成一种新的精神病学派，首次使用"生态"来描述有机体在其环境中的自发调解力。完形心理学假设先天的健康功能，一旦出现神经官能症，与疗程相关的问题就变成：是什么妨碍了前进？[6]

　　把心理学与生态学结合起来的这些早期努力的突出特征是乐观主义。克鲁泡特金和古德曼都认为人性具有天生的无辜性，强力和父神的威胁都不一定使人表现为欢乐之人。政治统治始于一些人教导另一些人：身体、心智、社区和自然，基本上都靠不住、无能、怀有敌意，因此需要自上而下的监督。独裁政治植根于内疚，始于使人相信他们不能彼此信任，不能相信自己。禅宗诗人盖瑞·施耐德（Gary Snyder）很好地总结了这一评论。他的诗旨在唤起"伟大的亚文化"，那是"体现在……壁画中延绵不断的东西，经过巨石和神秘、天文学家、精通仪式者、炼金术士……直到金门公园"，是 20 世纪 60 年代许多旧金山部落聚集的情景。

　　　　［他告诉我们］所有这些都是对文明的颠覆，因为文明建立在等级和专业化之上。统治阶级要想生存，必须建立法律；法律要生效，必须在社会心智上有所关联——最有效的办法是使人怀疑他们的自然价值和本能，特别是性欲上的。使"人性"生疑，也就是使自然——荒野——成为对手。因而有了今天的生态危机。[7]

　　从学术的角度，克鲁泡特金、古德曼和施耐德在他们的概括中，可能对"原初人"（primary people）（施耐德对部落和农民社会的称呼）太放肆，尽管我不会像弗洛伊德一样完全这么认为。但是他们在为我们提供新心理学的开创性原则;新心理学旨在公平对待我们的全部文化经历,不仅包括文明社会的,还包括部落群体的。这引起了对城市－工业社会基本正常神志的重大批判。在这方面,作为新石器时代保守主义的野蛮高贵神话已经变成精心设计的好神话,可以给出容忍的建议,激发自我批评——总是文明生活的最高美德。

作为当代政治和个人正常神志基础而重新评价原初人,绝不是小成就。这是少有的文化克己行为。毕竟,现代世界的文化生活,无论其国家、民族或意识形态有什么变化,都属于城市化知识分子,他们是共同致力于城市化的国际阶层,垄断了关键对话。无论公正的问题把城市－工业世界分成什么样的阶级、种族和性别,那些问题都是在城市文化内部以及该文化成员之间提出的。因此,那些站在非城市或前城市人——诸如为濒危物种抗议者——的立场上发声者,都展示出一种独特的普世感。

深系统, 深生态

> 世界上最原始的人拥有的不多,但他们并不贫穷。贫穷不是物品的某个数量少,也不仅仅是手段和目的之间的一种关系;最重要的,它是一种人与人之间的关系。贫穷是一种社会地位,因此是文明的产物。[8]

柏拉图发现,"贫穷的人与其说财产太少,不如说欲望太大"。穷人是有许多需求的人;富人是几乎没有需求的人。在这些充满智慧的字里行间,至少较之我们自己无节制的贫穷的高消费社会,生活在自己环境手段中的原初人可以称之为"富裕"。

深生态学家针对上述状态非常认真地进行分析,甚至把环境运动分成两个常常引起极大争议的阵营。他们不认为我们大多数的生态问题可以通过落实完善资源预算和改进全球治理等法律程序而得以解决。深生态的立场是,我们的环境危机绝不仅仅是一连串随机的失误、计算错误和起步失误,只要在正确的地方多一些专业知识就轻易变好的。所需要的,只是有所改变的敏感度,这是一种全新的正常神志标准,会削弱科学理性,根除工业生活的基本假设。

深生态学的创始人之一挪威"生态智者"阿恩·纳斯(Arne Naess),在 1973 年的一篇经典文章中描述了自己的目标,"抛弃人在环境中的形象,支持关系性、整体性形象。生物体是生物圈网络或内在关系场中的关节"。其言简意赅所要表达的是,在社会和生物科学背景下,还缺少革命性,即所有物种中所谓"生物圈平等主义"(biospherical egalitarianism)(或至少"从原则上",因为纳斯也承认,"任何现实的实践必然有某种杀戮。")。

> 生态田野工作者学会一种根深蒂固的尊敬,甚至对生活方法和形式的尊重。其达到了从内心深处的理解,一种其他人只对其同类才拥有的理解。……对于生态田野工作者来说,生活和繁荣的同等权利是直观而清晰的价值公理。只有人类才能享有这种权利是人类中心主义,对人类本身的生活质量会产生有害的影响。[9]

纳斯所说的"从内心深处的理解……",是指自然中存在一个包括作为物种的我们在内的深系统,只要我们能对这种知识敞开心扉。

我们可能需要好好思考一个问题:当人类单边对所有其他物种宣称自己的优越性时,他们认为谁会关注呢?

深生态和浅生态之间的对比,在于保守主义者与"绿色和平"或"地球第一"等组织之间的差异,前者通过设定捕杀巨鲸的配额来应对其可能的灭绝,后者则把配额设置为零——因为他们认为没有任何物种,或至少没有任何大型且完全有知觉的物种(对于究竟在哪里画出该防线——就算有的话——仍存在分歧)应该被剥夺生命权。按照生物中心主义民主，"人的权利"属于所有物种。自然权利最终延伸到了整个自然界。[10]

旧石器时代保守主义者和女权主义精神

明确成为环境事业的激进派之后，深生态学家根本没有料到自己被更为尖锐的文化和心理洞见的各种运动包围。但情况确实如此。1973年，在伯克利加利福尼亚大学举行的里程碑级"妇女与环境"大会上，出现了一种新型女权主义——生态女权主义。其注定使得深生态和妇女运动本身都不得安宁。

当 20 世纪 60 年代中期发生妇女解放运动时，没有人会想到十年之内它会变成环境政策形成的主要力量。女权运动最初提出的问题是传统的民主要求，希望得到政治和社会的平等权利，这可以追溯到维多利亚时期妇女参政权论者，诸如妇女的投票权、工作权和教育权。贝蒂·弗莱顿(Betty Friedan)的《女性迷思》(*The Feminine Mystique*)(1963)直接抨击了歧视性的陈规陋习，指出中产阶级妇女被锁在分层结构的郊区贫民窟，隔断了她们本可以参与更好职业竞争的教育和就业机会。甚至当该运动扩大到第三世界和有色人种妇女的时候，其政治议程基本上还是限于主张取消种族隔离的人，旨在为妇女——无论贫富——赢得男性主导的特权。

在过去的 20 年，该运动在这方面获得了相当的成功，尤其对于从 20世纪 50 年代艾森豪威尔时期优越地位的角度想象的任何人来说，更是如此。只要再去看看那个时期家庭剧的重播，就会发现那时与现在妇女形象的不同。

20 世纪 70 年代早期妇女运动发生的转变。

有的妇女已经开始相信其中的"污点"比资本主义市场的邪恶还要深。为了找到一种不受其歪曲影响的文化，必须从历史上回到早期的新石器时代、基于村落的农业文化,即考古学家马瑞佳·吉布塔斯(Marija Gimbutas)所说的"古欧洲"。我们所知道的跨越欧洲的这种前印欧文化,只能从其物理器物上凭想象重构了。这是一种基于女神崇拜的、母系的、相对平等的、非军国主义的生活方式。

再想得雄心勃勃一点,有些女权主义者逐渐发现,这曾经是最早的普世人类文化,是以母亲为中心的黄金年代,一直持续到大型猎物狩猎时代。他们的政治变成了旧石器时代的保守主义型,其洞见立刻成为政治的、心理的和生态的。[11]他们认识到,如果"进步"意味着必须接受男人名誉上的地位,可能要付出重大的个人代价。一种错误的意识正在强加给她们,这甚至是由她们自己的政治领袖给予,要求她们模仿的正是长期以来压迫和约束她们的男性的陈规陋习。

从一开始,妇女解放运动始终是一种探索性心理运动,基于增强意识和反省忏悔。现在,这种风格展示出一种潜意识的压迫度,比讨论婚姻、家庭和职业所触及的更为激进。不仅在社会机制和政治结构上,而且在神话、比喻、象征和神学思想方面,妇女们都发现自己的命运与这个星球"地球身体"的命运连在了一起。除了少数例外,几乎在世界所有文化中,性别同一性源自"女人是自然的,男人是文化的"这一假设。最具决定性的是,为了实现环境政治目的,甚至意志坚定、积极探索、方法具有不受感情影响的客观性的现代科学,都"性别化"为一种通用的知识性妇科医学了。传统的地球母亲和大自然的意象远不只是一种诗意般的比喻,它体现出女性与自然界的古老联系,二者都已经转变成男性支配下的不相容且卑贱的目标。

暂时回到城市历史的源头来看,有神话记录了人类文化的这一巨大转变,充满了性别政治。在人们的记忆中,伟大的巴比伦王国之父马杜克神(Marduk)是文明世界的创造者。他的成就是以之前统治地球的混沌世界化身海洋女神提亚马特(Tiamat)为代价的。正如我们在前面对热力学的讨论,秩序与混沌的区别其实就在于品味。"秩序"是某种我们期待或青睐的东西;"混沌"也许只是另一种秩序,出乎意料或不被欣赏。在巴比伦创世神话中,提亚马特所谓的混沌代表着女性曾经发挥更大作用、也许有时是主导作用的旧文化。最近的考古发现表明,在城市之前的乡村文化时代,妇女在社会和精神上都完全能够使尚武、鲁莽的男性保持合作状态,像保护他们母亲的身体一样保卫土地。在马瑞佳·吉布塔斯富有影响力的构想中,正是印欧穷兵黩武的游牧部落——男性天神的崇拜者——的入侵,致使"男性统治的武士"社会取代了古欧洲的母权文化,从此以后,其自身便成为"文明"的所有美德。但是,在此之前,存在以和平和高雅艺术为标志的"女神文明"。在这种原始版盖雅魅力的影响下,甚至有另一种"城市"(这种城市尊重地球,轻盈地安放在地球上)。[12]

妇女运动创造了一段其自身推想的历史(她的故事),探索那段遥远的几乎被遗忘的时期。如果这段历史存在,其消亡便是在宇宙范围内一场性别之战的记忆。那位伟大的男神马杜克,夺取了提亚马特的权力,将其身体撕成碎片,并用那些碎片建造了一个更符合他的喜好的世界新秩序。那是军阀和家长的秩序,也是科学的秩序。马杜克测量和界定他创造的世界,确立了季节和星星的固定节奏。他是第一个天文学家、地理学家和勘探人员。在他之后,神王们根据实力依法治理河谷。

人类全能的梦想是城市的基础。但这是一个男人的梦,是以女人的价值和方式为代价而实现的。反思这一历史片段的性别暗流,生态女权主义者提出如下论点:深生态发现人类中心主义是我们环境问题的根源。但是,如果人类中心中的"人类"指的是诸如统治、尚武、丧失理性、渴望征服和剥削等属性,那么,"人类"不是指所有人类,而是指某些人类,他们叫作"男人"。其他人类(叫作"女人")缺少这些特质——一般来说。她们被期待缺少这些,培育成缺少这些;她们被期待承受巨大的社会劣势,因为她们缺少这些。也许(这一观点具有很大争议)她们真的在基因上缺少这些。无论哪种情况,女人成长起来,在许多"他者"的世界中(敌人、社会弱者、野蛮人、狩猎中的野兽、自然界)获得自己的地位,面对的是男性在争夺自己的主导权。

生态女权主义者坚称,必须有所区别。环境问题的原因是大男子主义（androcentrism），不是人类中心主义（anthropocentrism）。男人是问题——至少在他们让自己在历史中发挥的人的和摧毁地球的作用上。英内斯特拉·金（Ynestra King）叹息道，"女人的仇恨和自然的仇恨紧密相联、互相促进"。然而——

> 虽然关心着非人类自然，生态学家还需要明白，他们与结束妇女的统治地位休戚相关。他们不明白，妇女受压迫的核心原因是其与其关心的卑微自然之间的联系。[13]

从这个角度看，甚至深生态都具有"惊人的性别歧视"——按照莎伦·道彼阿戈（Sharon Doubiago）的话说。这是其某些最显著的属性导致的。道彼阿戈指出，深生态学家以典型粗暴的男性方式盗用了"女性意识"，却没有认可其来源。他们尊重传统美洲印第安人文化、佛教、新物理学、神秘主义和超验论，尊重一切"异域的、遥远的、男性化的"东西，而实际上，

> 每当你们这些男性生态学家反思时，不得不承认，你床上的伴侣以及那个很可能统治了你整个童年时代的人，在你们的一生中都在分享着这种意识。[14]

道彼阿戈的话也使女权主义者自己出现了分歧。有没有一种"女性意识"？如果有，是天生的还是被反复灌输的？许多生态女权主义者不愿意说女人和自然之间确实存在一种独特而内在的纽带，这等于同意了那些厌恶女性者的观点，多少年来他们坚信女人的生物性就是她们的宿命。对于那些投身女权灵性（feminist spirituality）者，则骄傲地拥抱这一宿命。怀着对盖雅真切的忠诚，这包含了对某些"女神文化"的尊重，那是大规模灌溉系统和城市崛起之前，自然和谐的母系氏族的黄金时代。这些唤醒史前女神崇拜的努力，有时近乎是女性自己进入新一轮的定势，有些

声称直觉、敏感、神秘的自然和谐是绝对的女性特质。在此,女权主义者、社会生态学家和生态女权主义者还有许多重要的问题需要解决。贝蒂·罗杰克(Betty Roszak)对这些问题做了很好的总结:

> 关键问题必须提出来。女人再一次被认为是原型母亲或自然之母了吗? 通过更大的同情和智慧,女人具有拯救人类和地球的特殊感召力吗? 或者,这只是我们竭尽全力要打破的古老定势的又一次重复? 难道我们不是为了满足男人的权力而又在被微妙地利用吗? 承认女人与自然的关系,难道不是在进一步反射男人作为世界的拯救者而对女人的责任吗? ……
>
> 作为女权主义者,我们必须像警惕自然的浪漫化一样警惕对女人新的情绪化解释。……在每个男人接受和表达他自己天性中所谓的"女性"和每个女人被允许表达她自己天性中所谓的"男性"之前,我们必须提防把自己作为一个新版的高贵野蛮人中的女性,以为自己拥有所有的智慧并能纠正世界上的错误和不公正。

男人的烦恼

任何当代的政治运动都没有达到女权主义的惊人影响力。作为最初针对受过教育的中产阶级妇女的自由改革项目,始于 20 世纪 60 年代的这一运动的内容已经变得非常丰富,包括种族、贫穷、性取向、虐待儿童、战争、第三世界、宗教、濒危文化、濒危物种、全球环境等问题。妇女们逐渐发现其被剥削的"他者"反映在形形色色的欺骗中;从对好战的旧约中父神的崇拜,到用毁灭世界的暴力而令青少年陶醉其中的尚武游戏和电影,家长的自我随处可见。

　　越是了解家长制的权力和来源,妇女运动就越是不得不投身于心理理论问题,对于男人和女人为什么如其所是,在个人生活和人类历史上的性别差异要追溯到多远等问题。女权主义者很快发现,和这些问题同样至关重要的,是正统精神病学不仅几乎无法提供任何答案,许多情况下还是性别歧视的堡垒。按照弗洛伊德及其追随者(包括其中的女性精神分析师[15])的观点,男人是人类的法定代表,男性心智是规范的;女人的问题常常被说成是后见之明或不成熟的一种资质。

　　在公平体现妇女情况的精神病学理论中,荣格比弗洛伊德做得稍好一点。虽然意识到不仅女性而且男性也存在女性化特征,他的有关该主题的大部分写作,都仍然深深束缚在德国浪漫主义对"永恒女性"的狂热中,这是女权主义者一直在学习却达不到的高度。在荣格的心智中,温和、野心、英雄的努力等性格特征,仍然以性别确定;虽然重新包装成女性特征(anima)和男性意向(animus),古老的定势仍在发挥作用。像弗洛伊德一样,荣格对女性的地位保持着深沉的传统观念。他随时准备警告任何具有职业头脑的向他咨询的女性,她正在做"直接伤害其女性本质"的事情。此外,正如现在已具备更准确历史学识的女权主义评论者所见,许多旨在与女性相关——具有灵感地相关——的荣格原型,充满了奥林匹斯神殿的性别歧视倾向,是一种后期对家长制的重新解释,通常女神附属于男神。前希腊和旧石器时代那么能力四射、精力充沛的女神,都声望大减。[16]

　　可以借鉴又没有性别偏见的东西实在太少,妇女运动几乎不得不重新发明精神疗法的方法、理论和价值,而每一步的背后都有着生态蕴含。完形心理学分析师桃乐茜·迪娜斯坦(Dorothy Dinnerstein)首先发现,父权性自我对环境的干扰和女性自然观是一样的。她以此作为疗法的一种核心作用,鼓励"我们如儿女孝顺般地关爱保护地球"。她提出的"性别新用途"的主要方法似乎非常温和——如果不是彻底平庸的话,即男人应该承担约一半的孩子抚养任务,更好地享受抚养中的惬意;结果会是一个"关系型个体"世界,天赋中可能包含最佳组合的典型男性和女性特征。

到那时,也许不需要通过性别识别人的属性,每一个性别都可以自由选择。迪娜斯坦这样说:

> 当男人像女人一样投入婴儿作为人类资本的启蒙中时,当父母双方对我们所有人童年时代的早期都具有特殊意义时,我们最终都要面对调节人的意义之类的麻烦。当然,结果将会是一个更全面、更现实、更友好,同时更苛求的人的定义。[17]

客体关系(object relations)属于后弗洛伊德学派,被许多女权主义精神病学家当作儿童发展中更具建设性的方法。客体关系理论尤为关注前俄狄浦斯(pre-Oedipal)阶段,此时孩子开始摆脱似乎"无所不能"的"母亲形象"——特别是在我们这样的社会中,养家糊口的任务常常使父亲不在家。假设这种摆脱经历在男孩儿和女孩儿之间有明显的差异,女权主义客体关系认为,男孩儿脱离母亲的方式使其在客观理智的自我边界内陷入感情的孤立中。成长为一个男人一样的男人,需要删减掉自己身上所有女性的痕迹,才能使这种分离安全。马蒂·基尔(Marti Kheel)发现,"因此,男孩儿的自我认同建立在对一个他者的否定和客观化之上"。[18]通过与被排斥的他者相抗争,男孩儿成长为完全不同的具有竞争性的男人。这种结果可能不只是一种个人心理,也许会渗透到文化的自然哲学中。凯瑟琳·凯勒(Catherine Keller)的观察很清楚:

> 强加在男性身上的自我感,似乎与牛顿原子论有着惊人的相似!分离、顽固,只有在其虚空中撞上其他人,才会有外在的偶然联系……男性越是充分地体现出这种分离感,就越是有效地顺应了现代家长制的机器经济。[19]

女孩儿则一般对其成熟的人格保持更温暖和"主体间的"品质。如果她们成长为典型的好女人,就会成为家长制社会期待的那种慈母。但是,她们也可能不太张扬,而且更具依赖性。

　　如果个人早期经历的这种性别不对称是普遍现象,那这种现象可能解释了为什么神话和比喻中的自然会被感知为女性。作为一个错综复杂的关系系统网,它拥有更多反复灌输给女性的那种关系品质。男人坚持其周围的世界应该有并希望在自然中能找到女性身上的那种关怀的温暖。该洞见很有价值,但是,正由于这种扭曲,可能对女权主义事业并不会有什么增益。它会使育儿工作如此的"灾难性"——按照南希·查德罗(Nancy Chodorow)的观点——致使女人们决心应该承担其儿子反常态发展的全部责任;在她们的意念中,情愿自己成为"完美母亲神话"的牺牲品。

　　不过,客体关系在紧紧围绕早期育儿方面,可能对妇女运动有一定的价值。但更为不幸的是,它的许多文献听起来呆板而抽象。也许是学术风格的共同缺点,但也正是女权主义者自己敏锐发现的官方父权散文的特质:文字被抽走了情感的汁液。毕竟,人们会怎么理解"客体关系"这样一个名称的意义呢——特别是当这里的"客体"意指母亲的时候?

　　尽管生态女权主义者尽了最大的努力,生态学-心理学之间的联系还有待于精神病学家进行专业层面的阐述,而且会姗姗来迟。到目前为止,我们已经拥有了可能需要的有关性别定势的所有历史和人类学的洞察,也有女性承受的长期不公正和痛苦的记录,(在有着感情缺陷的相邻性别的眼里)那是自然的鲜活体现。唯一缺少的,是需要女性和女权主义式的弗洛伊德把这些令人心碎的事情和理论编织起来。这是当务之急。毫无疑问,世界形成男孩意识的方法,就在我们环境困境根源的某个地方。只要媒体运营者继续不断满足男孩的意念,认为他们似乎是唯一的观众,需要不断供应《终结者》(Terminators)、《清算者》(Liquidators)、《歼灭者》(Annihilators)、《虎胆龙威》(Die Hards)、《壮志凌云》(Top Guns)等稳定的"饮食",我们就别指望自己会免于道德的毁灭。我们被一种心智紧紧地束缚着——12岁的男孩儿会长成30岁的公司主管、40岁的上校、50岁的政客。想一想在10～25岁男孩儿非常受欢迎的电影《机械警察》(*Robocop*),我们这里理想的男人实力是什么? 科学复活的一具警察尸体,装备着坚不可摧的钢铁身躯和电子大脑,全副武装地出现在街上,运用一触即发的武器,瞬间即可实现大规模的种族灭绝。身体横飞,楼宇崩塌,车辆相撞,血流四溅。面对诸如此类会激发冒险但不会平息最狂暴的死亡本能渴望的影像的仇恨力量,生态女权主义者和女权精神的所有最善良的诉求和最温柔的表示,都无能为力。

　　像性别歧视这种习惯根深蒂固,以至于我们无法准确说清楚哪里是文化缺席,哪里是自然开始。目前,甚至一些最敏感的男人似乎都在不顾一切地想要找回他们不安全的性别身份的些许悲伤残余。为了回应身边的傲慢女性,他们转而依靠挽救某些版本的"骑士"品质。无论他们给这个词注入怎样的寓意,其所遵循的传统不会轻易抹去血光;这使他们的任务既荡气回肠,又充满威胁。在最佳状态时,近期提高男性意识的努力也近乎表达一种强烈的不满,听上去有点像回应民权事业的老式"白色权力"(white power)运动。诗人罗伯特·布礼(Robert Bly)是处于危险境地的男人们的主要发言人,相信"深沉的男性"不需要排除温和、敏感和培育的温暖。但愿他是对的。然而,如果是这样,那他就不应该相信他在专门说男人的属性。他有时似乎也承认,因此把男人自我解放的"狂人"与"野蛮人"做了区分。不像野蛮人(savage man),狂人(wild man)接受其人格中的"女性化一面",没有剥削或暴力的欲望。那为什么要称这些人为"男人"(men)呢? 在我们最终完成把人类德性分成男性和女性两种愚蠢的类别之前,性别之争不会平息,也不会出现生态正常神志。[20]

重获原始

　　对"男人的本质"和"女人的本质"一般化,最终是对整个人类的一般化;这总是一场有风险的尝试。对一个人的经历稍加反思,通常都足以产生众多的例外。也许这就是人性——对所有规则的无数例外。但是,如果人很多,榜样很少,无疑性别就比其他个人属性更具有典型性。假设我们承认,至少在各种陈规定势中,地球所需的生态敏感性隐藏在"女人良心"中;那么我们会问,是不是只能在那里才会有? 如果不是,我们需要等多久才能看到它在男性中也被激发出来? 在依然是男性导向的文化中抚养下一代的母亲们,会不会对自己的养育美德非常骄傲,甚至想看到它们不仅在女儿身上而且在儿子身上都发扬光大呢? 如果我们的环境危机在人类养育孩子的习惯中像客体关系论者认为的那样根深蒂固,那么,要想家长制自我形成对关系心智的文化主导,我们可能得长期等待了。

同时……既然女人在男人的世界里有更多的职业选择,我们期待她们作为男人必须学习的长期遭受痛苦的美德榜样,还能持续多久? 也许这就是我们这个时代生态女权主义者和女权主义精神的重要性。作为一项有目共睹、坦诚执言的运动,其彰显捍卫了人的素质;如果地球要得到治愈,必须保持这些素质。在此过程中,生态女权主义者付出了巨大的努力,从经验上重温女神的时代和精神。正因为她们找到了摆脱传统学术束缚的勇气,生态女权主义者通过艺术和各种仪式,发现了重新创造万物有灵敏感性的新方法。

尽管这些努力在外界看来似乎不可思议,但它们代表通过集体意识进行的一次郑重的考古挖掘;因为,尽管被活埋了,谁知道什么还活着? 也许我们祖先世界观的某一小部分,仍然在不情愿的文明化本我中坚持着。

我记得参加过类似的一个节事——由加利福尼亚"礼法家们"举办的一个仪式("礼法家们"认为自己的职业是研究与表演艺术的交叉)——整个过程没有伪装历史的准确性。每一个人都意识到,我们是现代西方男人和女人的一次聚会,坐汽车抵达,珍视留在家里的室内管道。那天晚上的目的,就是对另一个民族至关重要的核心自然观表示敬意,而且可能比仅仅是词汇带给我们的东西更进一步。结果(在这种情况下)变成了一种自由风格的人类学组合的冬至典礼——选读北美原住民神话;音乐与颂唱同在;传递工艺品;交换礼物,分享食物;人们围着点起的火,跳着编好的舞蹈,肃穆地移动着。

还有一个例子,众生理事会(council of all beings)是一个在各种地方——从以大峡谷为背景的荒野到大学里的学生休息室——表演的"重接地气"的仪式。该节事由澳大利亚热带雨林信息中心(the ainforest Information Centre in Australia)主任约翰·希德(John Seed)和美国治疗专家与作家乔安娜·梅西(Joanna Macy)创办于20世纪80年代中期,以参与者想象自己进入一种非人身份(nonhuman identity)的一段独立的冥想开始。这一训练的灵感要追溯到美国博物学家奥尔多·利奥波德(Aldo Leopold),其20世纪30年代提出的"土地伦理"通常被认为是深生态学的最早陈述之一。利奥波德认为,没有人能充分理解生态系统,除非他们尝试"像山一样思考"。因此,众生理事会相关人员聚会时都带着自制的面具,以雨林、袋熊、大雁、蛞蝓、枯叶、山丘等身份发言。所以,海豚说:

> 我热衷于滚动、跳跃、玩耍。是,人类,也和你玩儿,当我能够信任你时,是因为我们觉得和你们非常亲近。但是,你们用刺网缠住我们,把我们淹没了。你们残酷地利用你们的友好,对我们进行军事实验,在我们背上安装了检测器和发报机。你们把我们用墙围起来,在你们的海洋公园里展览……我在为所有北部生物说话,在寻找你们的自由时,请尊重我们的自由。

诸如此类。还有利用传统医药轮(medicine wheel)仪式进行的庆典,但普遍的精神还是明显现代而西方的,把民间创作、环境研究和当前的新闻编织在一起。用典型的当代语言表述,就是要所有人都"记住我们的生物—生态历史,因为人类及其祖先经历了45亿年的地球生命演化"。[21]

要不是不可否认的真诚和谦逊的幽默驱动着,这样的活动可能早像新时代的娱乐和游戏一样,在冷嘲热讽中被抛弃了。然而,如果有机会进行,至少人们可以期待,我们仍然举行像重生的太阳那样的季节性庆典,那种崇高的感情投入,会高于每年的圣诞节购物狂热和标志性贺卡;人们肯定会获得体验某种东西的感觉,那是一种地球的节奏,是"正常情况下"(在我们当中)还不如每年的超级碗比赛更受关注就过去的东西。除了从前早期教堂的父辈们认定这种仪式是异教徒的僭越外,还有什么更好的理由能让我们屈从于这种体验呢? 是因为几百年后,对万物有灵情感深恶痛绝的现代科学的父辈们决定,季节只不过是在一个绕着一团燃烧气体的死寂球体旋转的小行星的轴上某种可测量的斜度吗?

我们并没有在遵循这些规则的时候感情更丰富,也没有更接近健康生态的奥秘,在某种程度上,那是需要像科学精度一样地吸取爱和神奇的。

诸如众生理事会的实践,与传统精神病学的技能毫无相似之处。它们是公共的参与性活动,有戏剧、歌舞,运用非语言表达力和宣泄;没有出现专业性要求,没有更了解情况和负责的医生。但是,也许生态心理学必须开辟新天地,不仅在理论上,还要在实践上。

第 9 章　全新电话：
无度的道德对等

产品是产品就是产品

那是一家在当今所有购物中心都能见到的商店,满是丰饶闪亮的新奇物品和拉斯维加斯赌场形象中时尚的"成人玩具",有着炫耀的名称——"超炫花招""发明天堂""电力梦想"。像"醒目形象"之类的高级连锁店,则被称为"我们所有人当中百万富翁孩子的伍尔沃斯"。在醒目形象,一台人格化、程序化、数字化的语音秤要花费高达 450 美元。站上去,就会有语音说出你的体重,(用欢快的语气"祝贺")提醒你减了多少磅,或(带着真诚的担心"遗憾地告诉您")长了多少。你可以选择男声或女声。

这个地方叫作"头版头条",是一家中等规模的喧闹店铺,其装饰和商品都倾向于放纵低俗。就在地板的中央位置,是本月的特色奇品——霓虹电话。

不止一个模型,而是十来个。有的闪闪烁烁,有的彩灯盘绕,有的汩汩震震。大部分都用透明的塑胶设计,使内部冒着彩虹色火花的虚拟线路图暴露无遗。有的风格与古老巨大的沃利策相似,有的亮起来像图片跑马灯,一响,彩灯就闪出"叮咚！！！"的字样。毫无疑问,这些是我多年来看到的最丑陋的商品。

一些有创造力的企业家已经开始越洋来生产这种高科技"怪物"。还有一些人辛辛苦苦设计它，疏通从审美噩梦深渊出来的每一条弯弯曲曲的银光；还有成百的人以最低微的薪酬拼命组装着上千种微型零部件。也许，为了给国家赢得最大外汇，某个专注的海外贸易部部长还花了数月，详细商讨其定价。

19 世纪，诸如马克思等反对资本主义的批评家坚信，经济学必须包含在伦理背景中；社会公正比工业效率或私人利润更重要。20 世纪后期，环境运动试图教导我们，经济学和伦理学都必须包含在生态背景下。按照我们开明的利己心，如果没有更好的理由，分配公正必须包括对鲸、红树林和臭氧层的公正。无论分享什么财富，不仅从社会的角度，还要从生态的角度负担得起。然而，新电话在所有人的账簿中突出了一个可怕的困境。在当今所有第三世界，投资者的投资、工人的工作、规划者的规划，都为了一个目的，即大步奔向工业富裕。对于新加坡或墨西哥流水线上的工人，像霓虹电话这样的新奇事物的出现，意味着一份足够养家糊口的工作，可能有一天还会移居到某个更富裕的国家。对于雄心勃勃的企业家，意味着有机会使自己及其国家融入更大的企业联盟中，也许还会被日本或德国或美国的联合大企业收购，得到更多的投资，雇用更多的人，生产下一代更大、更炫的电话。对于努力想要结束长期滞后而不断期待变革的政府，有销路的产品意味着有钱及时向世界银行还债而获得国际货币基金会的又一笔贷款。

按照流行的工业化生活标准，这种疯狂的发展也并不是一无是处，它带来了汽车、电视、飞机、计算机……尽管这些东西可能很快就会成为任何致力于环境可持续政治的国家裁剪的对象。许多发展中经济体生产的其他东西——廉价时尚、花哨的器具、电脑游戏——显然是浪费。但是，有必要分得这么清吗？所有正统经济财务分类账上记录的，都是生产和销售事实。只要这些东西能进入市场，缺少基本必需品的社会是否在消耗其资本、资源、脑力和体力而大量生产明天的垃圾，并不重要。毕竟，这是他们通往现代世界的途径，或是他们希望的。发现一种产品，使其廉价，销往圣路易斯或斯德哥尔摩或悉尼。大量销售，然后大量生产。产品是产品就是产品。20 世纪 80 年代后期，仅在电器产品——手机、电话应答机、计算机游戏、带有超出人们识别能力的更多按钮和开关的录像机，美国人就花掉 500 多亿美元。对于实用的经济学家而言，这种残酷的货币事实说明了一切。它把我们带到已知的知识世界的极致。此外却一片漆黑。

在过去 15 年中，几个较发达经济体发明了一个叫作"环境影响"的领域，大型经营者现在要出具一份说明其影响正当的报告。这种报告究竟有多大意义，完全取决于相关政府的诚实性和公众的警惕程度。通常，意义并不大。即使得到真正的关切和警惕，还会有许多不可衡量的问题。在哪里划分该评价的空间和时间界限？我们考虑没考虑累积的全球影响，以及短期的区域效应？我们包含后代的命运了吗？哪些后代？森林、河流、狼群的后代吗？多数经济学家认为，这些属于社会价值和伦理考量，不在其学科范围。在严肃的经济分析中，根本没有顾及人类的未来，更不用说他们的精神财富了——那可能是一种不可再生资源。我们习惯于把未来看作一块地毯，下面的环境退化会随之清除。这叫作"外部化"成本，意即会被我们的孩子的孩子的孩子……抵消掉。眼不见，心不烦。另一方面，欠发达地区人们在孩子饥肠辘辘的情况下，对基本物质的渴求则是明确而紧迫的。这种竞争利益怎么计算？环境激进分子（诸如动物权利运动者）坚持每个物种都有平等的生命权利；对于那些自身利益与鸟兽发生冲突的饥饿者来说，这一立场显然不会得到广泛支持。

民主奢侈品时代

当标准经济学提醒我们旺盛的供给说明需求扩大时,它还是言之有理的。如果第一世界没有一个欣喜若狂的市场,第三世界也不会生产一堆轻浮的垃圾。这一事实产生了另一个更深刻的问题。如果问问街上任何一个人,他们是否真需要一部霓虹电话,你希望得到什么样的回答? 很可能会一致回答"根本不需要"。但是,在他们看到一两部霓虹电话后再问,有些人可能会羞怯地承认,尽管不是真需要这种东西,但是拥有一部可能会很"有趣"。在富裕国家,"有趣"涵盖了很多经济领域,能够卖出大量商品。有趣电影,有趣服装,有趣食品……为什么就不是有趣电话呢? 有趣——意即冲动购买,对冲动的渴望和对购买的渴望一样强烈——传递着一种幸福感,是一点点的奢侈,它使得购物成为当代一种主要的娱乐方式。总有一款小巧的新奇物、一件古怪玩意儿、一种流行或时尚带回家,成为谈资。

过去,只有精英负担得起挥霍国家的财富,劳苦大众如同体育看台上的观众,也许还有一种间接的享受。从严格的环境视角,几乎可以说贵族社会秩序具有生态意义,把挥霍限制在负担得起的少数人中。赤贫的大多数不敢浪费,以免每天晚上饿得睡不着。

世界观察研究所(World Watch Institute)的莱斯特·布朗(Lester Brown)把环境运动的目标界定为"可持续性"(sustainability),意指"在不危及子孙后代未来的同时,满足当代需求的能力"。然而,谁来界定"当代需求"? 在身体需求层面,营养学家和医生可以肯定地指出健康标准;但在某种程度上,经济学与心理学交界,那里的客观标准相当模糊。当我们探讨任何超出物质必需品的消费者需求时,就会跨过那条线。在那个层面上,欲望怎么变成需求? 这个问题超越了工业社会。对于生活在物质极其匮乏情况下的部落群体,冬节(potlatch)是一种挥霍甚至毁坏财富的仪式;那些财富正是为那个季节而积攒的。浪费行为对应着社会地位。

所有人都在喧嚣的挥霍体验中享受着这一仪式化爆燃的机会。

　　每一个工业经济的第二阶段都是结算期，届时，消费不仅仅成为乐趣，而且是一种责任。转移财富的需求变得迫在眉睫，必须发明巧妙的方法促使饥饿者获得更多。广告业的诞生旨在刺激消费，唯恐该系统陷入停顿。可是，一旦轻率而高调消费的人性弱点和工业系统的大规模生产力结合起来，我们迟早会遇到麻烦。

　　早期产业制度的经典意象，是血汗劳动与剥削的形象。毫无疑问，资本主义经济的基础设施建立在对无产阶级的榨取豪夺，后者只不过是该系统的"工具"，无能为力。然而，马克思去世后的一代人对劳动力的需求非常不同——强制消费义务。像亨利·福特等企业家坦然承认，他们依赖工人，后者必须买得起他们生产的汽车。今天，在许多人还缺少基本生活来源的时候，对"有趣"商品的欲望，使霓虹电话的需求像曾经对基本必需品的需求一样强烈。地球上再也没有人可怜到离电影院、电视机、录像机如此遥远，以至于没见过像他们自己一样沉迷于富裕中的发达国家的人。他们看到了，想要这种生活，需要这种生活。马克思时代贫穷大众难以想象的便利设施，在全世界都已成为常见的基本条件。

　　想要拥有、占有甚至浪费的热情，远高于无意识的挥霍。消费平等显然是政治平等不可避免的附属品。现代社会不可剥夺的一项追求幸福的权利，已经逐渐包括对可支配收入的普遍要求。重点是"可支配"。这是作为个人政治权力平等与集体经济条件一致之间的关键性区别。甚至像不列颠和斯堪的纳维亚半岛等国家的富裕社会，为了消除一定幅度的任意支出而进行的税收，无论怎样随意，都会导致中产阶级纳税人反对福利机构。在所有情况下，并不是因为简单的贪婪，而是因为在开放市场挑选购买一两件奢侈品，能够带来自由和尊严感。

　　民主社会秩序必然是一种生态秩序，而且，民主越真实（即真正可获得的权利和商品越多），社会的集体生态智能就越真切。由贵族和早期工业资产阶级设定的消费标准，不能全部推广到各种社会，而是要重新发现、审视和重塑那些支撑这些标准的欲望——对特殊性、差异、个人价值的渴望。必须剥离这些愿望,看到其本质。从实际环境的角度,(在那句古老的流行口号中)宣布"每个人都是国王"意味着什么?

充足

弗洛伊德教导我们,社会有两种应对道德堕落的方式,可以通过恐吓和惩罚的某种结合抑制它。每一个淘气的孩子都知道,只要警惕的权威者在身边实施其要求,这就好使;一旦不留意,邪恶就会重新出现,可能带着被禁忌的快乐而更严重。他建议,最好想办法把不可接受的行为疏导为可接受,甚至是令人满意的形式。他称其为升华,还可能拯救卑劣行为背后的某种高尚的东西。环境运动应始终对浪费性消费的基本战略进行压制。坚定的生态学家往往太苛刻,用教条的不宽容面对人性的弱点。

环境政策中弥漫着一丝严格的禁欲主义气氛,不愿意认可,更不用说安抚消费主义与寻求个人实现之间的关系。霓虹电话也许是承载这种需求的没什么价值的东西,但是苛责和羞辱公众,而不问为什么人们如此频繁地浪费地球资源,永远不会断绝浪费的习惯。在一种意义上,没有人需要霓虹电话,但在另一种意义上,每个人都需要,而且值得拥有。我们怎样才能使奢侈品从民主的角度具有可获得性,同时从生态的角度具有可持续性呢?

一百年前,当军国主义成为西方世界盛行的国家强大的标准时,哲学家威廉·詹姆斯(William James)发现,许多高贵的人类素养——勇敢、奉献、忠诚、胆量——与当时赤裸裸的沙文主义可悲地混淆在一起了。詹姆斯觉得,尽管必须排除政治侵略,但与其相伴的美德应该保留和发扬;我们需要一种"相当于战争的道德上的东西"。詹姆斯在一生中从没找到这种东西。但在我们的时代,诸如"绿色和平"等组织,却发现了詹姆斯想要的解决办法:用生态代替战争,唤起一种保护生物圈的种间骑士精神。

类似的疏导性战略需要运用在奢侈浪费问题上。产业力量是人类最大的成就之一，是最可能使世界拥有健康、闲暇、长寿、物质安全和真正全球化社区的力量。但是，如果我们找不到一种相当于挥霍无度的道德上的东西，就可能失去所有这些好处。

在其最后一部作品《权力五角大楼》(*The Pentagon of Power*)中，首位产业文化历史学家路易斯·芒福德(Lewis Mumford)探讨了这个问题，提出一个新的经济思想领域——"充足"(plenitude)，即只有当人们有勇气提出"财富为了什么？"的问题时，才有的"足够"感。

> 按照充足法则，丰裕是自由的而不是强迫的；它允许挥霍性消费以满足人对知识、美或爱……的更高需求，尽管这可能迫使经济为了达到不太值得的目的而变得极其恶劣。爱默生建议在低层次上节省，在高层次上花销，恰恰体现了这个概念的核心思想。[1]

虽然芒福德相信人们可以在部落群体中发现到处都是充足经济，他的诉求并不保守。"原始充足"往往会导致"化石作用"；那是"落后的穷乡僻壤"，容易陷入"懒惰、贫穷和愚昧"。对于芒福德，关键在于产业进步与充足兼容。"不是要回到原始充足，而是通往一种更慷慨的制度……后代必须制订计划的制度。"在真正富裕的情况下，人们甚至负担得起"拒绝似是而非的奢侈品的奢侈"。

乌托邦式转型

如果对于经济学家来说，界定合理的人类生活标准似乎太主观而不可靠，那它正是乌托邦思想的主题。在实现奢侈品与必需品之间的平衡过程中，理想状态位于两端，分别是禁欲与享乐所延伸范围内的某个地方。在一个极端，柏拉图的《理想国》和托马斯·莫尔的《乌托邦》提倡有节制的消费标准,至少对于那些体现共同体的启蒙标准者来说。柏拉图的哲学家国王们为了心灵的好处而过着僧侣般简朴的生活;莫尔的理想社会包括作为公仆的自愿阶级,他们生活贫穷,无偿承担着照顾老弱病残和清理街道的肮脏工作,唯一的回报就是社区的赞扬。

柏拉图并不指望共同体中的非哲学家群体付出多少知识上的努力,认为他们会继续享受自己的造物乐趣。具有更多民主乐观精神的托马斯·莫尔相信,如果能够保证所有人都有可靠的安全,终身学习——只需要闲暇和适当物质支持的意念快乐——可以成为全社会的焦点。莫尔和柏拉图之间相差将近两千年,然而他们都是在前工业时代消费标准很低的资源稀缺情况下进行的写作,共同创立了充足经济学的基本战略,都寄希望于减少获取和消费物质财富带来的幸福;实现更高层次的抱负可以取代对物质的自我放纵。其中的心理学显而易见:有节制的消费应该被赋予积极的品质。通过教育和劝导,灵魂的善必然比肉体的快乐具有更大的吸引力。中世纪的修道秩序完全是致力于充足经济学的,生活规则简朴。

直到工业化产生的浪费、工作的沉闷以及肮脏生动地印刻在历史视野中时,从前中世纪修道院追求的充足,才再一次成为时代的话题。维多利亚时代的诗人、画家和政治哲学家威廉·莫里斯(William Morris)在其乌托邦小说《乌有乡消息》(*News From Nowhere*)中首次对此进行了讨论。莫里斯严厉批评了工业体制的丑陋和不公,把平衡经济秩序寄托在品味改革之上。在莫里斯的乌有之乡,审美是经济生活的背景。人们的敏感性已经被教化为对商品的质而非量的珍视。他的工艺运动源自的信念是,一件好衣服、一件从审美上令人愉快的个人财产,抵得过壁橱里三十多双劣质鞋和厨房里一打廉价而易腐烂的器具。在莫里斯的乌托邦,训练有素的眼睛只看到"任何优质而适得其所的东西",霓虹电话肯定没市场。

我们不必非得通过支持莫里斯反工业化的教条思想才看到其设想中重要的实践意义。就环境正常神志而言,工业社会可以通过恢复手工艺品标准，强调精细设计和耐久性的价值，取代一次性或浪费性流动。一旦物质必需品获得极大的满足，就可以通过满足人们财产中的审美来约束消费。乌有乡位于 21 世纪后工业时代的伦敦附近，再没有什么比其清洁的空气、纯净的水域和健康的野生生命更引人注目了，那是伦敦人几百年来都没有享受过的舒适。按照莫里斯的乌托邦簿记法，这些自然美才是这个国家的真正财富。还值得注意的是，社会的谋生之道——手工艺——是安抚和平衡工作的形式，完全可以作为苦恼心智的"职业疗法"。循着其审美本能，莫里斯的探索已经非常接近生态心理学。

玛吉·皮尔斯(Marge Piercy)在她的生态乌托邦《时间边缘的女人》(*Woman on the Edge of Time*)中，提出了另一种实现充足的方法。在她预见的环境智能的未来，世界是一个管理完善的田园共同体，存在一座全球奢侈品借阅馆，所有人都可以从那里借珠宝、工艺品、时尚服装。每个人都有机会接触、感受和欣赏。这又是一个值得思考的理念。我们能不能像分享图书馆的书一样去享受而不是拥有各种有价值的东西呢？在工业发展的最高阶段，环境必要性会不会使人们更愿意在随时可以进入的附近的博物馆、艺术馆和音乐厅付出更多呢？

在欧内斯特·卡伦巴赫(Ernest Callenbach)想象中的最发达的生态乌托邦中，应对必需品和奢侈品问题的办法则是"稳定状态"的经济，可以把高消费的满足感转向各种便宜而非物质的享受。[2]在莫里斯的乌有乡，生态乌托邦的公民们拥有的很少，但都是手工精心制作；除此之外，不追随流行的住房和衣着风格则成了时尚。工作周已经缩减为 20 小时；闲暇本身就是一种价值，用于艺术和工艺，娱乐和休闲运动，特别是在需要极强生存能力的野外进行远足、宿营、攀登，因为那里已经成为令所有生态乌托邦人肃然起敬的主要公共资产。在浴场、林中和田野，也有许多谈情说爱的事，远比保守的维多利亚时代的莫里斯能够容忍的多得多。卡伦巴赫版的乌托邦充足，有一种加利福尼亚伊萨兰学院(Esalen Institute)式的人文潜在疗养院的感觉，人们享受着彼此为伴、田园之美、不需要耗费任何资源的简单的感官愉悦。

生态学,伦理学,审美学

如果存在与这种挥霍无度对等的道德,其设计参数必然包含生态、伦理、审美和精神层面的考量,其一般结构大致如下:生态界决定了我们地球生物圈所能提供内容的经济框架;伦理决定财富的共享方式,特别是对于一切作为权利必须获得的最低标准的尊重。

芒福德相信,我们为现代世界寻求的充足标准所要求的丰裕,只有工业技术才可能实现。这是对的。然而,丰裕必须以民主的方式分享,否则就可能被个体挥霍。这意味着必须在经济背后铺开这种"安全网"。对于这一点,甚至财务保守主义者现在都不得不认为这是公众的法定责任;而且还必须是一张特别宽广、可靠的安全网。任何发达工业经济都不需要把其成千上万的成员置于无家可归和失业的状态,也不需要使其一生处于统计的贫困线下。这么做不仅不人道,而且会适得其反。除非保障普遍享有工业实力、卫生和最好的医疗实践所能提供的高级健康生活标准,否则我们将永远不会摆脱囤积和供过于求的焦虑冲动。富人因担心所剩无几而会更贪婪地消费;穷人在充满仇恨的绝望中,会不择手段地在低谷中争取能轮到自己。不健全的福利制度无法唤起对环境的责任感,无论是针对为其付出代价者,还是靠其为生者。

对此,多数环保主义者都承认。但是,在最低标准之上,他们描绘的未来往往是令人沉闷的节俭和自我否定,绝不会有可支配收入的余地,而后者却是"财迷"之人可能存起来或自由消费以表达个人情调的方式,可以丰富千篇一律由国家管理的社会保障系统。对这种充满浪费的空洞之物大规模扩散的适当回应,会引发更深层的既有审美也有宗教性的动机,柏拉图、莫尔和莫里斯都曾以此作为其乌托邦的基础。

闲暇是约翰·拉斯金(John Ruskin)在宣称"没有财富,只有生活"时想到的,是所有劳动、投资和生产的原因,是我们勤勤恳恳换来自救的个人安息日。威廉·莫里斯肯定知道在闲暇里究竟干什么。他会将其专门用来培养流行品位，特别是艺术和工艺。只有人们在看到垃圾时能够意识到，而且在走过清洁的城市或开阔地时能够欣赏没有垃圾的状态，他们才会停止向这个世界倾倒超过地球新陈代谢能力的垃圾。令人绝望的是，当代的流行文化并没有学会像索福克勒斯和莎士比亚——二者都写过老百姓——的时代那样尊重优秀。要想开启那样伟大的教育历程，我们急需一种清醒的认识，即艺术在治愈环境疾病中发挥着生死攸关的作用——对欲望的温柔制约。

神中愚者

除了高级审美敏感性，还需要充分利用充足。另一部乌托邦作品勾勒出了这一画面。在其最后的作品中，奥尔德斯·赫胥黎用其中一部回应了他 40 年前在《勇敢新世界》(*Brave New World*)中预言的未来。他的小说《岛》是迄今创作的最全面的生态乌托邦之一。在他的乌托邦里，作为宗教与伦理的导论，深系统的研究始于幼儿园。

> 绝不要让孩子有机会想象任何事物可以独立存在。从一开始就说清楚，所有生物都彼此相关。在林中、田野、池塘、溪流、村庄及周围的乡野，把这种关系展示给他们……总是在关系伦理的协同下传授关系的科学……初级的生态学直接塑造了初级的佛教信仰。

赫胥黎把他想象中的岛民享受的充足，建立在他自己综合的吠檀多(Vedantic)神秘主义基础之上。社会宗教不仅是其正常神志，而且是其可持续性的奥秘。赫胥黎想象的宗教所能给予身心的满足，则是弗洛伊德做梦都想不到的。

［托马斯·伯雷提醒宗教和非宗教读者］关于地球，我们已经自我封闭了数百年。只有现在，我们才开始带着些许关注，倾听并愿意回应地球的需求，停止我们的工业威胁……重启人类参与宇宙的宏大祈祷仪式。[3]

第10章 重温自恋

> 我渴望一个永生的自我，不受我们所获得和释放的一切的影响，推着一把绿色长矛，穿过枯叶和霉尘，刺向历经岁月黑暗的一朵收缩的花蕾；直到有一天，光明发现了它，解放了这朵花——我们活了——我们就是地球上此刻绽放的花。归根结底，此刻才是我们生活的意义。
>
> 凯瑟琳·曼斯菲尔德（Katherine Mansfield），《剪贴簿》（*Scrapbook*）

墙

历史学家对于美国在越南的经历也许永远乏善可陈。这一构思恶劣、充满欺骗、政策执行不力的令人生厌的产物，是美国在道德上做出最大让步的一次军事冒险。为了"把那场战争抛在脑后"（正如华盛顿官方对其诱导全社会失忆的政策所喜欢的描述一样），全社会只能把这一记忆淹没在十年半以后对一个更加脆弱的对手发动的另一场"成功"战役的血泊中。然而，随着众多的创伤，战争留下了一个具有伦理意义的里程碑。

那堵墙。

　　从审美角度看,华盛顿越战纪念碑也许是历史上最低调的公共纪念碑,因此,有必要审视一下它的突出特征。它列出了所有人的姓名。这堵墙并没有在一个巨大的民族痛苦的坟墓上呈现一个理想化造型或象征性群体,而是简单地列出那些名字。虽然只有名字,但前来观看的公众从一开始就试图赋予这些名字以个人价值,带来照片、遗物、鲜花、留言;在那个重要的名字面前默哀,伸出手去触摸、亲吻它。这些对死者的敬意,成为这堵墙的一部分;正是它的空白引来装饰。

　　出现在那里的名字并不像写在墓碑上的名字那样成为必须。一座纪念碑意味着要表达一个国家对某个大事件重要性的集体意识。这堵墙通过剥除过去用于达到这一目的的一切——陈词滥调、偶像、爱国的象征——而实现了这一宗旨。留下的只有可怕的事实,死者的姓名。一个对这场战争有如此分歧的国家还能忍受什么呢? 雕塑者玛雅·林(Maya Lin)在接受《纽约时报》采访时,说到她的纪念碑:

　　　　我把这个问题分解成"所有这些人如何战胜失去某种东西的痛苦?""你怎样真正战胜死亡?"这样的问题让我想到了那些名字。这绝不是帮助他们建立起某种英雄假象。与历史相处的唯一方法,以及你战胜任何事物的唯一方法,就是非常非常真诚地接受它。

　　我想用一种特殊的方式描述这堵墙的特征,我想称其为自恋时代纪念碑。"自恋"这个词来自我们上面引用的凯瑟琳·曼斯菲尔德的话,一个濒临死亡的女人,突然深刻地意识到她在地球上的时刻,一个因她在其中与众不同的出现而变得特别的时刻。她的冒险,她的机会,一旦失去,永不复还。

　　这不是"自恋"的一般用法。如果问及这个词的意思,多数人可能认为是种病或道德瑕疵,是达到极端病态的自负和不善于社交的同义词。

纳西索斯(Narcissus)是那个着迷于自己虚幻倒影而冻死在水塘边的韶华青年;以他而命名的状况从来都没有健康色彩。在极端情况下,该状况还被一些治疗者追溯到内心的空虚感;自恋者对此的弥补方式,就是创造一个装腔作势的可能很容易快速销蚀和伤心绝望的"虚假自我"。

对自恋的流行蔑视解读忽略的事实是,竭尽全力想要在我们的心理学词汇中嵌入这个词的弗洛伊德相信,生活中存在一种正常的自恋间隔,只有在不加修正而延续到成年时,才会成为疾病。他没有发明而是借用了这个词,旨在对将其归为性变态的精神病专家提出异议。按照弗洛伊德的观点,这与自我中心不同,那是一种更分裂的成人失常;也不同于贪婪、自负、非常自私的自我放纵。在"原始自恋"(primary narcissism)形式下,它是孩子正常地全神贯注于肉体的快乐。"[弗洛伊德推断,]自恋很可能是普适的原始状况,由此发展出后来的恋爱对象,因此,不一定导致自恋消失。"[1]

自恋,及其所有可疑性,也许是创造真正个人身份的必要阶段。甚至以其非常浮夸的形式都能在人们的生活中发挥这种作用。它可能代表着漫长的工业化进程迫使我们最终抵达的那个目的地——建设一种苏格拉底伟大的自我知识目标对所有人都成为可能的社会秩序。此外,很可能在工业化进程的某个危险的生态阶段,自恋是我们受到威胁的星球需要的那种补偿性平衡,如果它想要制约或反转工业的过度增长的话。

自我陶醉式的自恋,是个体身体愉悦的首次体验,包括具有终生乐趣的性、睡眠和弗洛伊德所谓"多相变态"(polymorphous perversity)的各种喜悦。在幼儿能够清晰辨别个人身份与周围世界的身体边界之前,其初始表现包含无差别的性欲亢奋"海洋"中的一切。较之通常具有竞争特征的世俗兴趣和社会目标相关的"自我中心"(Egotism),自恋的目的是满足私欲,是那些举世无双的自我中心者终其一生都闷闷不乐地否定自己才能获得的快乐基础。因此,有的精神病专家在其诊断目录中为"健康的"或"高水平自恋"留有一席之地;权威人士告诉我们,没有它,"我们无法把自信和自我肯定所必需的积极情感投入到自己独特的自我表现中。"[2]

重大优先取舍权

从这个角度看,在生命后期也许都存在着自恋,这是一种对感性愉悦的合理关注,甚至是对大自然的情色反应——正如浪漫主义诗人对风景的迷恋总是伴随着一种孩子般的天真。在 20 世纪 50 年代的一部经典作品中,政治哲学家赫伯特·马尔库塞(Herbert Marcuse)在这些可能性中发现了重要的政治价值。弗洛伊德说过,自恋隐含在"学习遵守现实原则的性落后"中。他所说的"现实原则",意指正常神志的现行标准。然而,马尔库塞质疑,如果该现实原则是否定生命和明显的疯狂怎么办? 如果这是疯狂地执着于对人类和自然的剥削、沉浸于贪得无厌、执迷于暴力和战争,怎么办? 我们已经看到,弗洛伊德曾经提出过这种可能性。但是,马尔库塞则准备得出弗洛伊德没有说出来的政治结论。如果世界所理解的现实是病态扭曲的,那么对于任何准备"反抗基于劳作、统治和放弃的文化"而支持"对现实的非压抑性的性爱态度"的东西,是不是可以说很多呢?[3]

对于早期的人本主义者马尔库塞来说,弗洛伊德对原始自恋的洞见成为他的"重大优先取舍权"(great refusal)的基础,即拒绝疯狂世界的非人化价值观。马尔库塞认为,在高度工业化时期,民主分享的富裕和闲暇会变成真正的选择。因此,"过度抑制"(surplus repression)——导致我们在成年过程中被迫搁置起幼稚的自恋——大大减轻,同时还会解除"绩效原理"(performance principle)(苦干并延迟满足)的艰苦训练。如果我们见不到这种事的发生,那既不是生物原因也不是心理原因,而是政治原因;说明变革的时机已经成熟。

诸如此类明确威胁工业纪律和工作伦理的思想,不是没有批评者的。正如人们所预料的,企业和政府的高产、充分就业和强制性消费等计划缓解了社会约束,但突然发现自己遭遇了比预期更多的表达自由、不敬和直接的反抗。第二次世界大战后的 20 年间,美国在独占工业鳌头的同时,经历了前所未有的政治时期,掌权者捍卫自己地位的方式不再是通过强力和贫困的威胁,而是引诱、奖赏和贿赂。

政治和企业领袖希望从他们的大量投资中赢得的,是社会学家莱特·米尔斯(C. Wright Mills)所谓的一群"兴高采烈的机器人"。马尔库塞用"单向度的人"这个短语,表达了一种类似的胆怯顺从的感激状态。为了换得高薪和美好时代,期待公众臣服于权威,成为驯良的组织人(及其家庭主妇妻子),情愿用公民主动权换取郊区的惬意、大量的信用卡和全家去迪士尼乐园的季票。紧接着的战后时期,乔治·奥威尔(George Orwell)发现世界奔向 1984 年残暴的极权主义。但是,截至艾森豪威尔的 20 世纪 50 年代,世界看上去还像奥尔德斯·赫胥黎曾给出的更好预言(工业社会正朝着设计巧妙、愚蠢享乐的"勇敢新世界")那样发展。

在这些经济转型中,出现了马克思从未预见到的一个辩证过程。他预期反抗源于苦难,革命的可怕前提条件是大众无法忍受的"悲惨化"(immiserization)。然而,在美国第一代富有者形成过程中,开始出现了快乐、闲暇、富裕可能成为政治排斥的基础。富裕社会企业领导者所期待的是忠诚的员工;政府期待的是生产炸弹的物理学家和听话的炮灰。他们如愿以偿,但同时也要面对披头士[①]、嬉皮士[②]、雅皮士[③]、伍德斯托克音乐[④]、气象预报员[⑤]、库尔急救酸实验、时事宣讲会、狂欢会、爱情聚会以及他们难以应对的各种胡闹。难怪,他们对操纵性放纵战略不再抱有希望。

[①]　美国 20 世纪 50 年代后期出现的一群摒弃传统生活、着装和行为方式的年轻人,被称为垮掉的一代。(有时指)另类的人,反传统的人。译者注。

[②]　尤指美国 20 世纪 60 年代晚期的与社会现实格格不入的人,常成群结伙实行与众不同的生活方式、着奇装异服等。译者注。

[③]　美国 20 世纪 80 年代一类青年的称号,他们主张追求金钱和享乐,热衷使用各种名牌。一般都是白领阶层。译者注。

[④]　每年 8 月在纽约州东南部 Woodstock 举行的摇滚音乐节。译者注。

[⑤]　从反战先锋中分化出来的"气象预报员"(the Weathermen)是激进中的极端,悍然打出推翻美国政府的旗帜,是极端激进主义者。译者注。

崭新的水仙①

　　足以预料,诸如此类的异常行为使政治家和企业精英大为震惊。但也有权力界以外的人,对富裕社会这种陌生的新道德风尚毫不烦恼;他们的保留看法更诚实,且入木三分。丹尼尔·贝尔(Daniel Bell)把他周围所看到的称为"自我放纵式狂妄……渴望失去的那份理想化童年得到满足。"皮特·马琳(Peter Marlin)称其为纯粹的"唯我主义……是对道德和历史的一种回避"。克里斯托弗·勒希(Christopher Lasch)对美国新中产享乐主义的标识最具影响力,用了"自恋文化"这个含义最强烈的词。对他来说,诸如"意识运动"、人类潜力疗法、"真实性修辞"等发展,都掩饰着潜在的欲望;都是逃离"内心空虚"的幼稚而徒劳的尝试;更糟糕的是,这是"逃避政治"。与那些以轻蔑方式使用这个词的人不同,勒希能够准确而有区别地掌握自恋的临床意义。虽然如此,但他在使用这个词时,还是像父母一样重重鞭策了美国社会的自恋者,因为在他看来,后者不能"平息童年的恐惧或享受成年的安慰"。⁴

　　现在,社会评论家抨击明确定义的群体(特别是那些拥有财富和权力,应该为其所做的明显伤害受到惩罚者)是一回事;对匿名的数百万同胞(最糟糕的是,他们在成长和成熟方面做得都不够出色)的严厉打击,则是另一回事。当然,那些提出控诉的批评家是在为他们自己的情感平衡和道德无辜进行雄心勃勃的申诉,以便在这种崇高地位上立足。自恋主义的反对者发现 20 世纪 60 年代、70 年代那些人身上缺少的是什么? 为什么那么多人搞砸了自己的婚姻、爱情、父母的责任、事业和公民的义务? 为什么既没有幸福终老,也没成为下一代的榜样? 这是一项严肃的控诉,但却能使那个年代所有的男男女女都会失望地控诉。这种苛刻攻击的历史基础是什么? 我们在过去的哪里会发现社会上都是完全成熟、能干、充

---

　　① 水仙(Narcissus)与自恋(Narcissism)的英语单词同源,这里应该借指自恋。译者注。

分照顾好自己的成年人？20 世纪 40 年代……50 年代……70 年代……80 年代？

当然找不到。一方面，在人类历史的大部分时间里，世界上的成年人，除了少数圣人、智者以及政治英雄外，都是长得太快的孩子；他们努力接替同样无能的父母的职位，通常会继续把世界搞得乱七八糟，为小说家和戏剧家提供他们的艺术原材料，为预言家提供他们愤怒的对象。我们想让伏尔泰——或托尔斯泰或马克思或左拉或易卜生或肖恩——反诉的目标成为怎样的一代人呢？

另一方面，公开对一个人的痛苦和失败进行心理分析的这种热情——勒希称之为"治疗观"（the therapeutic outlook）——从未有过。哀诉和眼泪，无尽地暴露愤怒、痛苦、怨恨，对受害的细微意识——这些都是新事物。同样，对于自由、快乐和自我表达，当代美国人对自己的期待水平也是新的。对于伤害和失望的能力，如果没有达到预期，更是如此。我们知道人们的这些事情，能够对其评述，如果愿意，还会对其嘲笑或讽刺的这些事实；这么多人愿意如此坦诚地面对自己的脆弱，"让它都摆出来"供我们关注其悲伤的这些事实，所有这一切，都是新的。不仅新，而且意味深长，即使找不到更为优雅精炼的表达。

在高度工业化的社会文化中，上一代人形成了独特而坚韧的、常常得不到的个人认同感。虽然并不总是能够优雅处之，但成千上万的人，特别是在美国，一直在寻求比以往任何时代（除了少有的几位艺术家或哲思者）都更强烈的自我救助知识。这种心理敏感性并没有局限在富裕的中产阶级。人们只要回想一下诸如马尔科姆·艾克斯（Malcolm X）的回忆录，或埃尔德里奇·克里弗（Eldridge Cleaver）的《狱中人》（*Soul on Ice*）等作品，就会发现美国黑人怀着政治抗议文学中前所未有的真诚，在摸索中度过了自己的童年不安和性焦虑期。本可能使我们的父辈大吃一惊的坦诚忏悔，却迅速成为理所当然的事，甚至还能当成伍迪·艾伦（Woody Allen）、朱尔斯·费弗（Jules Feiffer）、加里·特鲁多（Gary Trudeau）等幽默人士的素材，再没有比这更令人震惊的了。

这是令人瞩目的文化发展。然而,至少被认为应该对此表示好奇的自由和激进的思想者,却匆匆加入约翰逊总统任职以来国家的政治和企业领袖都已经展开的对 20 世纪 60 年代和 70 年代脱离政治的反击中。无论他们的方法是从学术角度反对弗洛伊德精神病学的应用,还是反对"以自我为中心的一代"的新闻言论,故事情节都是一样的:对这一时期的抗议既肤浅也不成熟;多数情况下毫无意义,是养尊处优的青少年的发泄,其真正价值其实是其父母的价值;虽然呈现了中产阶级的某些选择,但并没有成功,因为他们并不真诚或是误解。随即,那场"大寒冷"(big chill)注定要来临,嬉皮士让位于雅皮士,伟大的美国生活方式泰然自若地滚滚向前。

过去是无理和失常,然后又列出一项主要的政治运动,表明其无与伦比的礼貌和典型才智。挑剔事业中零星的缺点和过失,而忽略了更大的问题,一直是一种容易转移注意力和诋毁的方式。

赋权无辜

人们不由得感觉,对自恋的批评控诉远非高雅情调和道德观点保留之间非此即彼的事情;因为这些反对意见,甚至在合理得当的时候,也常常有某种永远无法完全表达清楚的心照不宣的忧虑。我相信,正是那些被标注为自恋者的惊人朴实,冒犯的人太多,才招致他们的被贬损。短时间内(仅仅是一代人的一小部分时间),欢快而充满信仰的生活意象肆无忌惮地出现在社会场景中;人们敢于对自己感兴趣,从而索要成为自己和喜欢自己的权利,对于自己在礼貌行为、体面、性道德、社会职责等方面的冒犯,从不道歉,也没有任何明显的羞耻感。

如果只是出于几个一厢情愿的无法无天者,即使大多数情况下是媒体炒作捏造的假象,如此不当的行为也会打击根深蒂固的价值观。丹尼尔·贝尔很担心"开放、堕落和完全自由"会变成"群众的民主属性",现代知识分子中长期流行着对曾经主导英国和美国文化基础的清教主义的嘲弄。但是,这种嘲弄还主要出自机智的讥讽和润色过的文字,有资格的人才做得出来,如受过教育的人,有社会存在感的人,充满智慧的人。而一般人(不擅长沟通艺术、没有文学天赋者)应该会响应批评,则是另外一回事。更糟糕的是,人们毫无芥蒂地嘲笑所有权威、工作场所的纪律、知识的严谨——这有点野蛮。

如果——完全不可预知——一代人的培养方式削弱了自卑和诋毁等因素,使其充满了弗洛伊德所谓的令人可耻的发育不良的超我,这代人的出现会发生什么呢? 人们消遣、享受、游手好闲、做爱,甚至在公共场合——更糟糕的是,他们自认为做得很好。或者,至少他们试图把所做的一切当作应有权利。当然,对于许多吃惊的观察者来说,这看上去是不负责的、自我中心式的无理,是"自恋"这个词的最刻薄和愤怒的意思。但是从另一个角度,他们也形成了可能会令人不快的对愉悦和自由的要求,这导致了马尔库塞的"重大优先取舍权"。在这个意义上,他们的无辜赋予他们权力,迫使他们比以往任何一代人都要求得更多,并沿着自己独特的路径启程。按照爱默生的话说,他们坚信,生活就是"做你的事"——或像更个性化的流行版本那样,"做你自己的事"。

心理健康之路

对这些目中无人的古怪姿态,只关注其粗俗和刺耳的声音而不是其实质的批评家,注定会忽略了西方整体精神病学从一开始就基本上忽视的东西,即我们每个人都有一个有待于被发现的鲜活心灵,那个社会体面和良心驱动的政治都给不了的需要乐观的信任和自由的真正自我。

马斯洛超越行为主义实验室的写作始于 20 世纪 50 年代。1954 年,他的开创性著作《激励与人格》(*Motivation and Personality*)是一次艰难而勇敢的尝试,描绘了弗洛伊德所忽略的人格中"健康的一半"。20 世纪

60 年代早期,他和安东尼·苏蒂奇(Anthony Sutich)推出了《人文心理学杂志》(*Journal of Humanistic Psychology*),聚焦"自我实现"和"高峰体验"等新奇主题。无论在风格还是内容上,马斯洛的思想总是长篇累牍。当他试图描述其脑海中人性的"心理健康发展"(eupsychian)形象时,这个形象并没有准确诉诸笔端。他的写作啰唆,组织过度,满是术语。他致力于创造诸如"B 动机"或"D 价值"等术语来区别高级和低级功能,继而编撰了长长的标准清单对其一一衡量。更糟糕的是,至少从知识建立的角度,他似乎在应对当代文化偶像方面表现得格外笨拙。例如,他排斥欧洲的存在主义者,因为他们是"在恐惧、痛苦、绝望等话题上唯一喋喋不休者"。他把他们的工作称为"宇宙尺度上的高智商哀鸣";他喜欢强调"快乐、狂喜甚或正常的幸福"。萨特和其他人被斥为"非峰值者,没有体验快乐的人"。这可不是 20 世纪 50 年代、60 年代以弗洛伊德式的焦虑和马克思主义的热情为时尚的最佳文学期刊的讨好方式。

　　作为在其更年轻的同侪学者中被证明具有如释重负的解脱影响力的人文心理学,经历了从理论到实践的漫长过程。但是,还有另一股更积极的势力,正迅速满足还不太清晰的对新的治疗方法的需求。人类潜能运动正在创造马斯洛思想中的"大众媒体"(mass medium),被称为成长中心。20 世纪 60 年代早期,在一个非常偶然的情况下,马斯洛加入这些中心当中最有影响力的迈克尔·墨菲(Michael Murphy)在加利福尼亚的伊萨兰学院(Esalen Institute)。[5]

　　当时,墨菲和同事们正在探索奥尔德斯·赫胥黎曾经所谓的"非语言人文性"(nonverbal humanities),这是把教育从语无伦次的前脑延伸到作为整体的意念和身体的尝试。在伊萨兰,马斯洛与另一位对心理学持有不同意见的人——完形治疗师弗利兹·皮尔斯(Fritz Perls)——不期而遇。后者虽然受过弗洛伊德的训练,却对伊萨兰随心所欲(往往的确如此)的开发氛围情有独钟。尽管克己学者型的马斯洛和野性亢奋型的皮尔斯之间的关系从一开始就不和谐,但二者却成功地使美国公众对"第三势力心理学"(third force psychology)有了新的认识。马斯洛认为这是

"该词最真实、古老意义上的一次革命"，不过，他期待"更高级的第三心理学，超越个人，超越人类，以宇宙而不是人的需求和兴趣为中心，超越人性、身份、自我实现等等"。[6] 这又一次提出了弗洛伊德有关正常神志的自然基础的那个重大问题，但在此我们发现，那个问题是由后来更为乐观的美国心理学家提出的。随之产生了大量新的非正统疗法。格式塔完形（gestalt）、对抗、相互作用、心理剧、超越个人等技术和理论，在许多方面都不同，但所有流派却一致坚持人性本质上的健康和单纯。它们都是无可辩驳的自恋文化疗法。

人文疗法在智力素质上相差很大。有的可能很容易就被斥为只不过是煽情的客厅游戏——热浴缸里的相互倾慕（"我没事，你没事"）。有的则非常奇怪，但很有趣。

在任何一种情况下，无论人们希望怎样评价新疗法的智识优点，它们都应该作为当代一个重要需求的症状（我们在似乎最普通的人身上发现的那种对自我发现的热情和自作主张的无辜）受到认真的关注。甚至这些系统中最简单的，都是基于对人们创造性潜力的一种执着。目前，这种需求如同曾经对政治平等的要求一样，正在发挥其强势和感染力；只要出现这种情况，人们就会尽力，虽然不总是清楚自己除了关注、欣赏、认可外，究竟寻找什么。在我们的社会中，没有多少人找到了使自己成为伟大的苏格拉底一样的大师之路。对多数人来说，简单易行，甚至是商业上的机会疗法，也是我们社会所能提供的最好的治疗方法。如果人们并没有像圣·奥古斯汀或罗素那样向世界发出雄辩的自白，只是偶尔不加修饰地开始自觉，我们对此该怎么说呢？在某种紧急情况下，寻求自觉既不是一种公众表演，也不是一种文学运动，而是心灵作为宇宙中独一无二的事件，渴望得到认可。那么，与其屈从于人的身份，不如做一些断断续续的努力。

每次离开那些成长中心的某期活动，我都惊叹于我周围那些人在探索自己的动机、需求和恐惧时的坦率和激情。这个项目的重要性是显而易见的。感觉这种反思不够深的批评家很可能会问：这个任务在 50 年前、100 年前完成得怎么样？以前有没有不只几个敏感的人担负起这项任务呢？同样,这种负面判断的基础是什么？坚持认为自我发现只属于那些可以在公众视野中以卓越的智慧来实现它的少数人,会有多大的压力呢？从保守主义评论家加强主导政治的角度,人们可能理解这种坚定的精英主义;但是,为什么传说中的自由主义者和激进主义者都争相加以抑制呢？

苏格拉底与弗洛伊德

20 世纪后期,生活中不断深化的心理基调,无论表述得如何缺乏专业性,都源于对从未有过的生活和异化权力的健康感觉。正如神经官能症,认识到、诊断过,便成为迈向正常神志的第一步。因此,对自我的迷恋可能是文化重生的开始。

我们可以把心智构想为一个自我调节系统,其应对情感、激情、渴望的方式,如同活细胞应对蛋白质和能量转换。心智在完成其调节任务中必须面对的环境,是在它之前的心智(父母和先辈的心智)已经创造的作为"第二性"的文化。因此,该心智拼命应对这种文化环境施加给它的压力和紧张,甚至当这些要求与其自身内部生态经济的需求严重失衡时,即使需要通过疯狂扭曲的方式,也要努力保持一致。最终,在尽可能适应压力后,便迫切需要健康的平衡。

现代文化环境对我们要求的,是一种巨大的外向关注和能量,旨在重塑地球,使其成为一个全球产业经济体。两百年来,我们一直从属于地球和我们对这一目标最深的个人需求。我已经提到过,这一重大的集体异化行为是环境危机和个体神经官能症的根源。在一种如我们现在像着魔一样地被成就感和征服需求驱使的文化中,必须在某个节点以某种方式发生方向上的改变,转为内向疗法。

要完成这项艰巨的任务,苏格拉底与弗洛伊德,哲学与疗法,联合起来,成为自觉的助产士。但是,弗洛伊德是该项目的开始,不是结束。他的话不可能是最终的结论。人文疗法提供了比弗洛伊德更精细的内疚分析。我们现在知道有两种内疚:一种是法律上的暴力行为和对自己同胞的背叛;另一种(有人为了区别,称其为"羞耻")基本上是社会统治的主要手段,源于我们没有尊重社会赋予我们的认同感而感到的焦虑。如果我们不是一个男人、丈夫、父亲应有的样子,如果不是一个女人、妻子、母亲应有的样子,我们就会感到羞耻。人类大部分历史都充满了这种类型和定势。只要表现出错误的认同,就成了威廉·布莱克(William Blake)所谓的"意念铸成的镣铐"(mind-forged manacles)。任何社会如果没有数百万人接受这些枷锁的束缚,就无法完成工作、税收、出兵打仗等任务。

　　然而现在,我们处于地球生命中需要打破这种约束的节点,伟大的工业武装、技术体系,在其失控生涯中必须受到束缚。我想这就是方法。至少在某种程度上,自我迷恋是我们打破枷锁的方法。无论盖雅是什么,不具人格的系统还是无处不在的神圣,她与我们每个人的内心进行对话,都有着独一无二地被亲自了解的渴望,那个不与任何模具契合的自我,那个不可替代的"我"。

　　这首"自我之歌",也许只不过是一段简短的不和谐曲调,但却被多次咏唱,足以中断那台大机器的节奏。在那一刻,我们会变成查理·卓别林(Charlie Chaplin)在《摩登时代》中受害者一样的小人物,一旦与流水线不同步,就会卡住吃人的齿轮。甚至在成为无足轻重的自我时,我们都会变成这个负担累累的星球所需要的——比起共同对抗自然,我们是有着更急迫诉求和更大快乐的生物。

　　蒙田是一个自恋者吗?惠特曼是吗?里尔克、克尔恺郭尔或陀思妥耶夫斯基是吗?还是说他们可以免于被冠以这个称号,因为他们拥有将自己执着的反思提升到伟大艺术水平的天赋?难道自我认识的权利就只能局限于天才吗?这是一个知识分子从未问过的问题:民主化的自觉风气会是什么样的?答案可能是:看看你的周围,就是这样。或者,至少是这样开始的。

自觉权利

借助三百年前的平行历史，我们也许能更好地理解这一转变。按照多数历史学家的观点，近代始于 18 世纪和 19 世纪摧毁旧的封建秩序、代之以民主或准民主社会的革命浪潮，继而解放了资本、创业技能以及劳动大众，承接产业发展。我下面引用的这段话，来自这场大转型的初期，在其汹涌的警示中，我们发现了自己。那是 1647 年，在英国——这是一个注定要发起自由传统和工业革命的国家——帕特尼公地（Putney Common）。演讲者是一位我们知之甚少的叫瑞恩博乐上校（Colonel Rainborough）的人；尽管有军衔，他仍是英国内战时期奥利弗·克伦威尔（Oliver Cromwell）的革命队伍中出来的一个目不识丁的士兵。

真的，我认为，英国最穷的人，应该获得和最伟大的人一样的生活；所以，真的，先生，我认为很清楚，生活在一个政府管制下的人，首先应该愿意接受这个政府；我确实认为，英国最穷的人对于这个政府根本没有严格的意义，他也没有权利表达他的意愿……每个出生在英国的人，不能，不应该，被剥夺选择立法者的权利，无论从神的法律还是自然规律，因为他要生活在其中，会因为这种法律而丧命。

这些话出自欧洲史上最重要的一份文件。帕特尼辩论是对围绕在起义军营火周围展开的一系列激情澎湃的讨论所做的逐字记录。瑞恩博乐上校是这些辩论中普通士兵的发言人，表达了他们在君主制被赶下台后对新宪法的要求。

这个人所说的大部分内容，对于现代读者应该再熟悉不过了。125 年后的 1776 年，经过更有学识者的修订，我们发现该理想成为我们自己独立宣言的文本。但是，重读这些话的时候，尽量听听背后的挣扎，那是颤抖的声音,是不确定性造成的断断续续。听着这些话,就像一个普通人在要求其社会优越性权利,而这个人却从来没有听说过这些权利,并认为这很荒唐——如果不是龌龊的即兴表演的话。

　　试想,当你读着这些话:在人类历史上,之前从没说过这样的话。

　　这就是开始,民主政治的全面开始。这是它的起点,始于一位没有文化的士兵结结巴巴倾倒出的道德信念。"真的,我认为……我认为很清楚……我确实认为……我有信心……"然而,他并不确信。在那些(对他发号施令,在这些辩论中能言善辩,视其为没有权利、没有思想的暴徒的)军官和绅士们面前,他怎么会自信呢? 由于担心自己的财产和特权,这些绅士们会把他说的一切,斥为鲁莽而自以为是的废话;这个人说的不是他们的语言。他支支吾吾地引经据典,缺乏学识;他的词汇贫乏,有逻辑缺陷,最糟糕的是,这个人没有任何谦恭、羞耻和无价值感。当时的轻薄批评可能把他这些语无伦次的努力斥为"乌合之众的胡言乱语"。瑞恩博乐上校输掉了那场辩论。他的"胜利者"占了优势。

　　两代人之后,经过语法上的修正和韵律上的润色,这些话出现在启蒙运动中所有最敏锐头脑的嘴里。民主革命时期找到了其知识核心。

　　我希望对应的东西就在于此。

　　在瑞恩博乐上校的时代,岌岌可危的是联邦的政治一体化,需要推进的事业就是平等权利的政治一体化;那些权利的语言就具有合法性和政治性,那些话激发的革命热情所带来的,就是我们看到的我们周围的现代工业化世界。

　　濒危物种,危难中的生物圈,无法为自己发声,我们必须成为它们的喉舌。当我们为那些和地球环境遭受的压迫势力一样而处于危难中的人类说话时,我们就是在替它们说话。在这一历史地平线上,自觉的权利等同于自治的权利。人的特殊性与人的一般平等性并存。这一新事业的语言,像瑞恩博乐上校缺乏指导的演讲一样,还完全处于粗制滥造、磕磕绊绊的状态,是心理上的,也是我们仅有的自觉语言。

　　还有一层进一步的对应。

在瑞恩博乐上校的时代，围绕在帕特尼那堆营火周围的，还有许多精英，他们看不透的轻蔑迎接着民主理想。同样，当代的精英带着一样的迷惑和鄙视，迎接自我发现的事业。他们谴责在这些实现自觉的努力尝试中听到的天真设想，思念他们希望其中可能包含的焦虑和精明。他们听到"普通"人要求对个人的承认，便称其为"自恋"；听到被专门而独特对待的期望，便称其为惯坏了的任性。他们哀叹表面的流行术语，却没能注意到背后迫切的需求。我们该不该说他们"可怜羽毛，却忘了垂死的鸟呢"？

"自我的一代""心理呓语""自我无限化""疗法胜利"……在表达了简单的谴责后，问题仍然是：面对越来越多对关注和认可的需求，我们该怎么办？是把它变成、努力培养成、塑造成地球所需的工具……还是放弃该理想？就我个人而言，尽管对于频繁的粗俗行为退避三舍，但还是看到了这一文化变动中巨大的政治、个人和生态价值；对我来说，这太重要了，不可能抛弃。个人和地球都需要这一项目勇敢地开始。

如果这是自恋，那就充分利用。

第11章 走向生态自我

自我的优势

> 自我与本我的分离似乎合情合理,其实是某些发现强加于我们的。然而另一方面,自我又等同于本我,只是其特殊分化出来的部分。如果我们在思想中把这部分与整体对比,或出现了二者的实际分离,那自我的不足就显而易见了。但是,如果自我与本我保持一体而没有从中进行区分,显而易见的则是其优势。[1]

这近似于弗洛伊德夸大本我的地位,赋予其某种心智肌肉的作用,通过汲取灵魂原本的一体性,赋权四面楚歌的自我。但是,赋权自我要对抗什么——代表什么? 其追随者,或至少其中更具冒险性的,仍然需要阐明这一思想的可能性。

弗洛伊德的神经官能症概念表明,父母通过把自我从本我中分离出来而使得子女或多或少有点疯狂,接着,不可避免的悬而未决的俄狄浦斯情结,使这些曾经是一体的心智部分永远处于战争状态。当然,这些父母也在他们的父母驱动下而或多或少地处于疯狂状态。现在,他们的孩子们将面对下一代婴儿受害者的同样悲惨处境。如此往复,无穷无尽。弗洛伊德预想的这种状态,要追溯到传说中的"原始部落",那时,父亲在性欲上贪得无厌,尤其要对最初的心智分离负责。

后期的一些精神病学流派认为母亲们一直负责改变年轻人的意念。但这不是弗洛伊德的观点。他把原始的精神创伤追溯到朦胧的史前时代我们所有人传说中的那位父亲。事实上,父亲的原型创造了对本能的压抑,成为他们因向他发泄怒火而感到的痛苦焦点。

奇怪的是,尽管这些情况明显不公,弗洛伊德却没有得出明确的结论。他在哪里都没有提到把自我和本我合并再分离的任务可能最好以明确的声明开始,即至少在治疗师慈悲的眼睛里,病人的内疚是多余的;如果真有过这样的父亲,他们遭受敌对、忘恩负义甚至痛击,都是罪有应得。相反,弗洛伊德接受了这种永恒的不良人类关系,即家庭生活核心中无可救药的生物偏见。既然在各种报告中,他本人在其家庭和学生面前就是这样一位盛气凌人的老爸,认为这种悲惨的状况会改变,对他来说显然是不可想象的。他被迫在家庭现状的范围内,把常态界定为差强人意的低级功能,只要所有残留的童年焦虑和敌意得以控制,或至少受到约束。

弗洛伊德的著作中从来没有主张所有这些都可以停止——由精神病学家来解救孩子。没有社会自上而下的改变,这怎么可能做到呢?

与后弗洛伊德学派相似,我们发现家庭和社会一般会以随意的方式密切关联,迫使新一代陷入某种程度的疯狂。这再一次说明,意识到父母对神经官能症负有责任不会导致革命性结论。人们安于对一个个病例的治疗,就好像内科医生一样,遇到霍乱爆发,就会承担起对每种情况分别治疗的责任,不会费心寻找感染源。

在早期的后弗洛伊德学者中,威廉·莱希(Wilhelm Reich)是一位必须要小心对待的思想者。他的后半生以欺骗和偏执等错综复杂的事情而臭名昭著,不提也罢。但在早期,作为弗洛伊德正统思想的批评者,莱希提出了许多有趣的观点。其中最被人看好的一个是,他相信弗洛伊德所描述的无意识并不是真正无意识,而是介于自我和心智更深层面之间的中间"层"。弗洛伊德的无意识只是"所有所谓的第二性驱力的总和"。它并不是被压抑者,而是压抑者。压抑什么呢?"原始生物冲动"(primary biologic urges),也可以叫作本我下面的本我。"如果穿过这一第二性心理变态层,在人类动物的生物性底层更深处,可能会有第三性最深的层面,我们称其为生物核。"在那个核心处,如果条件有利,莱希确信"人在本质上是诚实、勤劳、协助、可爱的。"[2]

另一方面,莱希认为弗洛伊德的伪无意识,是抑制性意识形态用来压制"人的原始生物需求"的精神力量。这是我们所有人内心的法西斯主义者。"在心理学上表现为慢性肌肉痉挛的愉悦焦虑(对令人愉快的兴奋的恐惧)……是个体创造作为独裁基础的生命否定性意识形态的土壤。"

莱希对本能进行了政治分析,认为本能在现代心理疗法中扮演着好奇的角色。对于激进理论家,本能是深度心理学的假定基石,随着分析深度而加深。然而,它们往往被描绘成本质上是哺乳动物的性欲。按照弗洛伊德的说法,本我是这一欲望的根源和庇护所,与野性荒蛮和无节制的原始人性欲的定势有关。达尔文的参照是显而易见的,因为他工作所处的拘谨的维多利亚框架就是如此。好色的欲望在我们心中挥之不去,这是一种压抑的传承祖先的兽性,如同关在笼子里的毛猿,随时准备挣脱束缚。经过了三代人的时间,作家和艺术家都在利用这个笼中性欲的形象来表现其色情的可能性。很少有人质疑我们这种哺乳动物祖先的特征是否准确。在"较低级"动物中,性欲是怎样一种耗尽精力的全神贯注,其贪婪程度是如何展示的?几乎没有多少物种像人类这样拥有不断可获得的性,也没有(就我们所能辨别的)受到如此神奇阐述的。

革命心理学

　　古德曼固守着莱希解放"真正极度快乐能力"有效性的信念,以其通常的挑衅天赋对此进一步逼问,有时似乎以惊愕其沉着的同事为乐。他甚至断言,任何心理疗法体系,只要削弱本能驱力的作用,也是对盛行于高度工业文化中的各种调整心理学的屈服。古德曼坚称,"具有极度快乐能力的人,不会容忍权威或当前的工业形式,而是会本能地创造新形式"。他相信,这就是"革命心理"。

　　在某种程度上,性是 20 世纪 60 年代反文化暴动的前线,显然战胜了父母之命。但这一突破本身,是高度工业化富裕转变的副产品中的一部分;甚至被莱希派谴责为政治上怯懦的调整心理学,在为这场转变奠定基础的过程中也发挥了作用。它们开创了一种宽容的育儿方式,大大削弱了父母的权威性。正如结果证明的,按照这些规定,既定的秩序准备让步。

　　让我说得再明确点,我不是指《花花公子》(*Playboy*)和《顶层公寓》(*Penthouse*)中较隐晦的快感,或广告和媒体对性的商业化利用;而是指在优秀的小说、电影、杂志、公共电视纪录片、严肃的新闻报道以及学校的性教育中,人们随处可见的日常单纯和率直。性生活已经失去了其充满浪漫神秘的魅力,不再是禁忌。我已经想不出还有哪些地方的新闻、日报和大众流通杂志中没有公开描述和讨论性话题的了。所有这些确实与逐渐减少的压抑有关。那么,我们的文化已经实现了"真正的极度兴奋能力"了吗?既然这些话听上去有着极其宏大的目标,答案可能是否定的。但另一方面,性习惯和价值在过去 20 年发生了急剧的变化,足以清晰地表明,莱希的理想缺乏革命意义。

　　古德曼把自己太多的政治信仰建立在回归"自然状态"的基础上,但目标正确,路径错误。如果我们没有沿着莱希的线索一路走来,我们所经历的,足以使我们意识到自己根本不可能超越工业文化的城市界限。

　　过量的性满足不能保证幸福或充实感,更不用说公民参与了。对于

这种情况,有两种思考方式:

要么满足感不够彻底、有所扭曲或有点虚幻——在这种情况下,我们必须回到起点,重新经历一场失败的性革命。

要么性革命本身不足以使自我恢复全部的力量,尽管它在自己的名义上是适当的,对心智也有明显的贡献。如果是这样,对文明不满的治疗必须另辟蹊径。

我的解释是后者。

本我的智慧

形成我们生命和本性的,不仅仅是我们有意识的意念内容,在更大程度上是无意识的东西。二者之间是张滤网,留在上面意识中的只是粗糙的东西,生命之沙体落入本我的深处;上面只保留着无价值的东西,制作生命面包的精粉汇聚在下面的无意识中。

乔治·格罗德克(Georg Groddeck),《它书》(*The Book of the It*)

让我们回到出现在古典心理分析中的本我:那个居于人性本能核心处的桀骜不驯的能量库。在一个著名的意象中,曾把自我的特征描述为正在努力控制一匹脱缰野马的"骑马人",关注神经官能症出现的焦虑,即自我对本我可能发狂的担忧。在弗洛伊德所应对的高度压抑的中产阶级背景下,本我则是从狭隘的道德层面看待的,其顽强和武断被认为是完全的野蛮;其渴望的满足只是自私的愉悦,会威胁家庭和社会的稳定。在古典维多利亚时代的道德故事中,本我是阴谋推翻严格受人尊敬的哲基尔医生(Dr. Jekyll)的海德先生(Mr. Hyde)。当弗洛伊德试图赋予其理论以某种演化基础时,他无疑采用了当时流行的残酷的社会达尔文主义思想。这更强化了他的本我理念,即游走于无意识丛林中弱肉强食的猛兽。

但这是荒唐的。本我是原人(Protohuman)心智的核心,是为了适应地球环境而经过了数百万年才演变而成的。只要源自漫长的演化史,其看似的桀骜不驯就值得进一步了解。在那段历史进程中,它的主要特征一定是出于某种原因而被选择的。

本我很古老,因此适应性很强;以为能对它发号施令的文明社会,只是这一画面中的"婴儿"元素,是许多生态平衡和社会渴望之间的错误开始和妥协之后的新产物,如同古代河谷地区神王的野心一样,近乎狂妄。在文明之初,自认为神圣的武士独裁者试图改变河道,建立与山峦匹敌的纪念碑。他们学会了各种技能,以狩猎酋长和军阀来证明自己的德行。无节制的控制和重塑的欲望改变了早期文明景观,他们对暴力和统治的投入使其建立的社会充满了对地球的敌意。这种恶性开端形成的不信任,滞留在我们与环境的关系中,成为一场"对自然的战争",最终膨胀为所谓"征服太空"的目标。

弗洛伊德意识到,本我是心智中最保守的部分。但由于缺少生态洞见,他误解了该保守思想的核心。在其理论发展的一个阶段,他把本我与原始部落的父子之争联系起来;但在另一阶段,又转而与死亡本能——一种重回无生命状态的渴望——建立了关联性。然而,在宇宙历史中,这两站之间是辽阔的历史演化区,其间,生命和意念源自宇宙内生系统的建构趋势。在这个浩瀚的区间中,所有环境适应模式都是精心设计的,成为生物和地球的整体属性。

从这个角度看,本我从其漫长成熟过程中保留下来的,是我们宝贵的生态智能。其难驾驭性,源于对威胁人类和自然的所有社会形式根深蒂固的抵制;其不可抑制的"自私性",象征着心智和宇宙之间的纽带,可以追溯到大爆炸的初始条件。正因为有这样一种比医学具有更好的健康感觉的"身体智慧",所以,也许有一种比任何精神病学派都更知道正常神志是什么的"本我智慧",因为精神病学的正常标准本质上是对社会必需品误解的辩护。

这种现代精神疗法可能性意味着什么呢？

一直以来，在弗洛伊德传统中，都有几位边缘化成员对本我有着相对宏大的构想。例如乔治·格罗德克认为，深度无意识实际上具有彻底消灭自我的自主性和权力等属性；"我们生活在我们的潜意识中"。

> 我根本不是"我"，而是自我展示自己的一个不断变化的形式；"我"感，是其使人陷入其自觉的手段之一，更容易屈服于自欺欺人中，成为生活的弹性工具。

如果我们在精神上或身体上生病了，格罗德克相信，这是因为本我的命令如此。值得注意的是，他是弗洛伊德学派中少有的一位以非还原法对待艺术者；因为他相信，"伟大的艺术品是像山川、溪流和平原一样真实的自然作品"。他的灵感来自歌德，那位丝毫没有影响到弗洛伊德的伟大浪漫主义者。对于自己在精神病学方法上的不科学，格罗德克几乎有种倔强的骄傲。他影响了朴实的文学风格，比起心智的机械化，他更喜欢其有机和审美的模式。因此，他希望把人类与自然界重新联系起来。"如果人类背弃自然，意识不到其对整个宇宙的依赖性，只把其赞美、恐惧和敬畏转向其同胞的努力和痛苦，人类会失去文化发展的可能性。"[3] 然而，格罗德克的无意识权力只局限于治疗个人意念和身体；我们认为，它应该有更巨大的超越个人的作用，成为直观环境知识的持久来源。这也许是高贵野蛮人的最重要版本——本我成为地球保护生物圈的同盟。

但是，自我还原为其演化生态本源中的本我意味着什么呢？

完美环境

客体关系（object relations）学派创始人温尼科特（D. W. Winnicott）曾就心智的最强大需求提出了一个有趣的公式："意念的根源，也许最重

要的根源,在于自我核心中的个体对完美环境的需求。"⁴

如我们所见,在客体关系中,"环境"这个词保持了其在多数主流精神病学派中的低维性,完全是一种人际概念,没有超出社会关系。在对客体关系最具决定性的婴儿期,该环境包含的种群由自我(the self)和另一个"客体"(object)构成,客体是"主要的照顾者",通常指母亲,或者毋宁说"环境母亲",以区别于"客体母亲",后者是性欲驱力的目标。在新生儿小小的栖息地,如果这位母亲做得好,她就会与整体合理社交,发挥个体在世界上的功能。正如温尼科特从仁慈的角度所看到的,那将会"足够好"。但往往,她做得确实不好,因为她本身就是某种程度上母性不足的有害结果,继而这一结果会成为另一个神经官能样本,努力拼凑出生活中参差不齐的片段。在这个意义上,温尼科特更愿意把精神病定义为"环境欠缺病"。

客体关系的特殊贡献,在于强调了早期前恋母阶段的重要性;在此阶段中,母子的主要社会关系对人类发展施加了唯一最具决定性的影响。然而,虽然客体关系在摆脱弗洛伊德正统思想的心智内部约束性上受到欢迎,但一些精神病学界的女权主义者逐渐感到,该学派认为关照的责任必须局限于女性,以及女性因此都成为"育儿糟糕"的替罪羊,是不公平的。这一任务远非只是多数妇女能否胜任的问题,特别是当她们必须应对很多孩子、外出工作、陷入麻烦的婚姻或根本没有结婚、体质衰弱、资金太少……总之,要应对真实生活的时候。

我们在前面的章节已经看到,一些女权主义治疗师,特别是其中的桃乐茜·丁内斯坦(Dorothy Dinnerstein),认为需要更大、更多样化的育儿形式,要把远离的父亲包含进来。这样一来,如果父母共同承担该任务,无论男孩儿还是女孩儿,在性别认同上就会更加平衡。而好处却不仅仅是社会性的。丁内斯坦认为,这种共同育儿法具有深远的生态意义,会消除人类母亲与自然母亲的神话联系,而这种联系始终贯穿历史,使得男性面对自然时充满了性别上的掠夺色彩。"正是在这一点上,兄弟情谊、与自然和平相处、性解放等人类项目才开始互相渗透"。⁵

丁内斯坦也许期待太多,反而使得育儿方面的安排没有像重大改革可能的那样带来什么变化;但是,如果能进一步推进,她的思想可能会使我们展开更重大且富有成果的研究。

弗洛伊德实现心理分析目标的为人所熟知的方法是,"哪里有本我,哪里就应该有自我"。在客体关系笨拙词汇框架下工作的女权主义精神治疗师南希·查德罗(Nancy Chodorow)提出修订,"哪里有支离破碎的内部客体,哪里就应该有和谐相关的客体"。但是,现在假设这种精神病学议程扩展为所包含的东西不只是共同育儿,假设我们引进到这一组合体的不只是女权主义的还有生态女权主义的价值观,那么,要满足"完美环境"的需求,我们可能要使其成为所有生物的真实环境——地球生物圈,这是所有个体的"主要护理者"。我们继而可能有"关系人",其关系会超越家庭与社会,延伸到包含维持所有生命共同体的自然界。我们可以想象一下,养育子女,就有责任使那个环境尽可能"完美"。父母亏欠年轻人的,比作为我们演化史原因的、与地球温暖而充满信任的关系更重要的,究竟是什么?

不可否认,我们对温尼科特及其追随者所说的"环境"的含义有点自作主张。但是别忘了,弗洛伊德对性的一般意义曾经令人震惊地擅自把"正常的"男女关系扩展包含所有的性变态和多形性满足,结果是这一概念发生了突然而有启发性的延伸。在温尼科特的案例中,只是把婴儿的"环境"扩大到包含儿童护理用品——奶瓶、澡盆、毯子、玩具和咀嚼的橡皮圈,就大大延伸了治疗的范围。温尼科特本人的儿童时代拥有某种华兹华斯式的情境,这使他和他所对待的许多孩子关系融洽;他不可能反对通过包含更大的地球栖息地而延伸分析环境。他习惯于把自己的想法用小线条涂画在笔记本上,这些往往成为其理论中诸如"空间"和"边界"等重要概念。像大多数主流精神病学家一样,在他的著作中,那些线条从来没有超出"社会"或"政府"等标界。但是,假设我们把这个范围最大化,将其表示为"地球""宇宙",那么,他的结论中可能就会注入"环境"的更大意义,重要的洞见便跃然而出:

独立从不是绝对的。健康的个体不会与世隔绝,而是与环境成为互相依赖的关系。[6]

鉴于其对自然单调而异化的视野,以及认为我们在其中的不寻常地位,弗洛伊德不可能认可我们在此提出的治疗关系。然而,他的理论中的一个因素却是指向这个方向的,即他相信心智是有生物学基础的。弗洛伊德学派的修订者对其极端的"生物论"深表质疑,因为后者不可否认地贯穿着还原论的色彩。但他们的判断方向有误,用社会学代替了生物学,强调育儿、家庭及社会的一般性。然而,还有另一种可能性,认为心智中包含更多的生物学。毕竟,生物性是那条纵贯线,穿过受伤的心智,经过身体及其有机驱力,最终(如果我们能跟踪到底)向外辐射到真正的环境中。身体——其欲望和生死攸关的驱动力、电子化学节奏和基因记忆、忙于策划的灰色物质——是自然与人性之间的中介。我们不仅不能逃避生物学,而且还要通过它走进生态学,致力于探索那个完美的环境,因为我们试图使自己成为其中的一个自由而忠实的物种。

在弗洛伊德学派中,有一位试图为主流精神病学引入"非人类环境"的非常有独创性的成员。以此为书名,哈罗德·希勒斯(Harold Searles)雄心勃勃地承担起生物圈在神经官能症和儿童发展中的作用的研究。该书通篇都展示出极力防御的姿态,表明了作者对其理论的发散性感觉。他所描绘的未来精神病学框架(直到 1960 年之前都没有在同行中引起反响)与本书的立场非常相似。

在过去的 60 年间,精神病学关注的焦点已逐渐扩大,从早期全神贯注于心智内部进程(特别是个体与自身充满争议的本我、自我和超我的抗争),到包含个体间和广泛的社会学—人类学因素。似乎下一个自然阶段在于进一步扩大我们的关注点,把对人类与其非人类环境关系的探索包含进来。

　　希勒斯提出了儿童发展中"前客体"（pre-object）阶段的可能性，这会与和前恋母联系更早的时期发生关联。他识别出的更早阶段，是与非人类环境的"深度亲情感"（deeply felt kinship），也许深达亚原子层。较之温尼科特著作中与母亲分离的重要性，也许更关键的，是在产后早期阶段（特别是生命的前五个月）成功地终止我们天生的"去分化"（dedifferentia-tion）。希勒斯几乎以有趣的方式，认为客体关系中讨论的"客体"不是母亲一样的人类象征，而是真正的客体，即原始万物有灵论渗透在每一个婴儿经历中的非人类世界的事物。孩子的意识重点概括了地球上生命的心智发展史，保留了祖先的敏感性。希勒斯觉得，我们在现代世界找不到与万物有灵阶段"分离"的好办法，其根源就在于精神分裂症和其他的身体失调。

　　虽然希勒斯大量借鉴文献（华兹华斯、梭罗、小说《绿色公寓》）来阐述其理论，但他的兴趣绝不是纯理论性的。他把他的洞见运用到不同的案例中，特别是慢性精神病；甚至开发涉及自然背景的用抒情方式描述的临床技术。但是，他的开创性努力还是有点古怪。虽然心智与非人类世界的关系可能非常重要，但是希勒斯的整个过程都贯穿着一种焦虑，有一种我们被这个世界的"混沌"吞噬的恐惧。

　　客体关系非常注重幼儿期，认为这是发展的关键期。但其对该阶段的感知，受到了我们在所有源于城市－工业文化的精神病学派中发现的相同异化倾向的影响。在其知识范围内，根本找不到真正的自然。如果"环境"局限于比喻人际关系（无论是在家庭还是一般意义上的社会中），那很多母亲的任务失败就不足为奇了；在生态无知的文化背景下工作的父亲们也是如此。这是界定上的错误。最重要的"环境"并不是社会建构的，而是大自然赋予的。直到文明社会开始粗暴地对待它之前，环境不能不"完美"，因为那就是一切，即时间和物质留下的演化记录，是难以言表的壮丽、高度艺术和崇拜的东西。我们试图实现的，只能是对这个允许我们在其中优雅地成长、移动和行为的环境做出完美回应。

魔法孩子

弗洛伊德坦承,他的许多灵感都来自诗人,特别是几近疯狂地想要表达无意识状态的浪漫主义诗人。例如,浪漫主义者不必重温被压抑的东西,是被压抑者捕获到了他们,并将其全部吞噬。在主导浪漫主义主题中,弗洛伊德决定忽略的,是有关魔法儿童时代的内容。虽然浪漫主义对儿童的态度弱化为伤感,但却不止于此。童年具有认识论意义。凭借其强有力的反省力,浪漫主义者相信儿童拥有罕见的抽象天赋。孩子的天真赋予他们认知的纯洁性。他们以万物有灵的本能方式回应生命,特别是周围的自然界。对他们来说,这是一个活生生的个性化世界,有自己的呼声。在他们清澈的体验中,某种古老的自然神圣情景复活了。

非常生动地表达这种孩子般特殊认知的诗人,比浪漫主义者早两代人的时间。托马斯·特拉赫恩(Thomas Traherne),比艾萨克·牛顿晚出生几年,用英语创作了一套最惊人的诗体。其中大部分内容详细叙述其童年时代对自然清晰生动的记忆,那是"万物背后的某种无限性"。特拉赫恩不仅对他的所见、所闻、所感记忆犹新,而且记得当时的感官质量:不仅有体验的内容,还有体验的方式。他为吉恩·皮亚杰(Jean Piaget)认为生命头五年可能保持的"幼稚的万物有灵论"提供了完美的例证。

天哪! 看到了! 多么伟大,多么幸福!

这么快我就拥有了一切!

作为婴儿,我很快就睁开了眼睛,

浩大的地球,

围绕在欢乐、和平、荣耀、欢笑中,

还有智慧,

天空啊,

众星都是我变的,都是我的,

即使那样,也是最好的。

在赞美诗"dumnesse"中,他回忆了自己经历的时光:

> ……每一块石头,每一颗星星,都是一种语言
>
> 每一阵狂风掠过,都是一首神奇的歌
>
> 天国就是一道神谕,诉说着神圣

这是在他对世界的回应被语言吸引之前。那时唯一的声音,就是说出孩子般直觉的地球之声。

> ……我的婴儿期肯定听到了第一句话,
>
> 那些我无声时期出现的东西,
>
> 阻挡了所有其他的东西,根深蒂固,
>
> 在我的心里,如此贴近,
>
> 它可能遭受践踏,但仍会生长;
>
> 这归功于它自己的养分,
>
> 第一印象就是不朽的一切。

似乎被自己的经历所迷惑,特拉赫恩提出疑问,"一个婴儿成为世界的后嗣,看到了那些博学书卷从未揭示的神秘,这难道不奇怪吗?"更奇怪的,是确保从每个孩子身上根除这一遗产的现实原理。"长大,"至少在犹太教和伊斯兰教文化中,已经意味着扼杀特拉赫恩自然奥秘中的欢乐,代之以对自然的不信任,如果不是敌意的话。最终,这意味着对反自然的感情客观性——现代科学的理想——给予应有的尊重。一路走来,这种剥夺意识的奇怪考验,使我们丧失了内在的生态智慧。这种父母故意破坏行为之后所剩下的,便是那点微乎其微的性欲和侵略性驱力的残余,并成为现代精神病学的全部执念。

举一个温和而有教育意义的例子。自然主义者中几代人都在争论的

一个主题,是能否说动物具有任何形式的智能,甚或最低限度的知觉。早
期科学的共识几乎是否定。当时的解剖学家沉迷于活体解剖麻醉后的动
物,认为其痛苦的嚎叫只是机械反应,如同受到挤压或扭曲的弹簧发出的
声音。遵循笛卡尔和正统基督教关于动物没有灵魂的观点,研究者把他
们的样本比作钟表,在分解时是不会感到疼痛的。对此,甚至在 20 世纪
初,一些行为心理学家在方法论上并不承认人类拥有意念、感情和内心思
想,更不用说动物了。当简·古道尔(Jane Goodall)在荒野中对黑猩猩展
开漫长而艰苦的研究,并最终发现其智能人格,甚至伙伴时,要赢得其同
事对其方法价值的认可却并不是件容易的事。然而,从那以后,至少有几
位勇敢的动物学家和心理学家(按照理查德·布莱恩写"野性知识分子"
时的谨慎用语)表示,"禁不住想观察动物表达意念——极其有限的意
念——的行为,这是肯定的。"即使这样,他仍然发现,"有关动物意识,问
题重重。"[7]

　　和这种专业性的警示形成对比的事实是,各地的孩子都是在民间传
说和童话故事中长大的,这是基于对动物作为有感觉、有目的生物的一种
直觉上的赞美。赋予动物智能甚至人格,对孩子非常有意义,那是毫无偏
见的眼睛所看到的行为。直到我们"教育"他们以不同的方式思考,才使
得这些年轻人放弃了这一天真而自发的感知。总之,教育在以使他们"现
实"的名义下,删改了这些孩子的体验。然而现在的情况是,当代科学家
已经明白,能够"孩子般的"回应世界(正如简·古道尔所具有的那种勇
气),拯救了曾经被专家们认为毫无学习价值的一套非常重要的知识
体系。

　　当然,有人可能会问,这种对自然界孩子般的个性化程度应该有多大
的限度呢? 人们会带着狐疑想到流行的沃特·迪斯尼动画片中穿着人类
衣服的那些会说话的鸭子和老鼠。但这些并不是孩子们的创造,后者非
常清楚这些动物不说我们的语言,也不穿我们的服装。这些都是成年人
居高临下的可悲努力,他们自己并不了解孩子的真正视角,只是尽力描绘
自认为在孩子想象中的世界会发生的事情。也许孩子们会一起玩耍,但

他们自己的体验完全是把动物当作具有智能和意图而自行其是者。事实确实如此。

那么，我们使每个孩子重生的是一种意念习惯，长期以来它为人类提供了很好的服务，比任何其他描述形式都更清晰地沟通对系统（特别是生物系统）行为的观察，符合常识，为当代道德行为学做出了重要的科学发现，创造了丰富的艺术和文学财富。这似乎是具有"真理"资格所要经历的漫长之路。

要不是有下面的事实，所有这些似乎都像是小小的诡辩。事实上，这些抚养孩子的普遍方法——鼓励孩子质疑而不是丰富他们对自然界的内在回应——是他们形成其世界观的第一步，是通过在每个层面都剔除自然的感性和目的性而实现的。这样一来，我们剥夺了其天生的生态智慧中部分重要的本我。训练有素的科学家会很难理解他们所研究的所有自然系统中出现的有序复杂性。他们注视着宇宙中的意念迹象，自己的知识正是那种元初思想遥远的回声。然而专业的谨慎阻碍了他们以这种方式看待……或说出他们所看到的事物。

当鲍尔·沙坡德（Paul Shepard）赞扬传统社会的孩子来到这个世界的方式时，他似乎想要保留一些我们内在的万物有灵性。这些孩子首先呼吸到的就是环境。"如此体验到的世界，从一开始就总是与母亲相伴。"

同样，人类学家和治疗师珍·里德洛夫（Jean Liedloff）得出结论，现代社会对我们天生的生态关联性的病态压抑，从一出生就开始了。最常见的便是母子分离现象。每家医院都例行公事地这么做，破坏了孩子对世界的"演化性期待"，即从母体获得依托、温暖和安全。这种令人不快的分离，打破了母亲和孩子之间的物理"连续性"，即本应为新生儿提供的从"母体内完全鲜活的环境向体外部分鲜活环境"的转变。

因此，文明化的孩子都在哭声中诞生……而出生在传统社会并抱在手臂里的孩子则不哭。作为抗议的哭泣，很容易就被认为是"正常的"，而且任其继续，直到孩子认识到哭泣的徒劳而放弃希望。至此，便开始了文明化过程。里德洛夫把新生儿的"适当环境"（appropriate environment）

界定为任何人——父亲、兄弟姐妹、祖父母、朋友、邻居——提供的拥抱和关爱等身体亲密感。"养育"可以由家里的所有成员完成。[8]

"哪里有本我，哪里就该有自我。"但是，如果我们说的本我已经缩减为最低限度的社会内涵，治疗计划就缺少了其生态潜力。即使像客体关系学派中的女权主义者的提议，我们努力强化和平衡男孩和女孩的"关系价值"，关系范围也不会涵盖那个非常需要整合到成熟自我中的更重要且无所不包的"主要关爱者"。

生态无意识

在我们从主流现代心理学继承的所有理论工具中，荣格的往往难以捉摸且矛盾重重的集体无意识思想，在创立生态心理学过程中可能是最有裨益的。像弗洛伊德的本我论一样，集体无意识本质上是一种保守存在，即充满了成长经历残留的一种心智沉淀。荣格对其最初的设想，是作为人类复合演化史而无所不包。"正如身体有演化历史，会呈现出各个演化阶段的清晰痕迹，心智也是如此"。[9] 在一些分析人士的著述中，这要一直回溯到人类以前的历史。按照荣格派分析者凯尔文·霍尔（Calvin Hall）的观点，集体无意识最深层也是最具影响力的，是我们古老的前人类体验："人的基本动物本性……所有原型中最危险的。"[10]

> 集体无意识汇总了潜意识意象，通常被荣格称为原始图像（primordial images）。……人类从其祖先继承了这些形象，该祖先包括所有人类祖先以及前人类或动物祖先。……这是以和祖先同样的方式体验和回应世界的素质或潜力。

这是荣格的阴影原型中所包含的物质，即弗洛伊德很容易与本我联系起来的一系列桀骜不驯的动物性。弗洛伊德也一度对"集体意念"（collective mind)的可能性很感兴趣,觉得这可能是"世世代代的某个心智连续体"的物理场所,历经岁月,传递着原始部落的剧情和谋杀儿子的罪恶。[11]

然而,虽然弗洛伊德希望在大脑中保留一点史前记忆的痕迹,荣格则把集体无意识延伸到更大范围并赋予更重要的地位,逐渐为人类所独有,且日益纯净,变成一个大规模文化宝库,特别是人类重要的宗教象征所在地;通过精心构思,成为柏拉图永恒世界——真实存在领域——的心理学版本。其内容不再是演化情节或史前故事,而是宏大的精神主题,人类体验变得微不足道,瞬息万变。较之这些抽象符号,凡人开始变得弱小。母亲的宫体——无论其对个体有怎样的心理重要性——只是母神原型子宫的特例,相形之下似乎不太"真实"。

他使得集体无意识越来越无影无形,具有严格的文化性,成为艺术、神话和神圣的领域,完全上升到宇宙野性之上,也超越了我们物理演化的原始本能。心智似乎需要这样一种高尚地位,从而在无神文化中保留些许圣洁。

近几年来,一些荣格派人士试图在分析理论和实践中赋予身体更核心的地位。例如,原型被解读为"具有两方面的精神身体相关体",其中之一"与物理器官密切相连"。[12]

如果荣格更充分地利用他和沃尔夫冈·泡利(Wolfgang Pauli)的联系,并认识到当时新物理学已经正竭尽全力于无形奥秘中,他可能不会如此热情地想要让集体无意识超越物质世界。

威廉·詹姆斯(William James)是最早探索宗教体验并以挽救其价值为目标的心理学家之一。其著名的创作结论是:"如果存在能够让我们印象深刻的更高级力量,也许只有通过潜意识这道门接近我们了。"[13]汲取科学的最新发现,我们现在也许会说,无论我们怎样设想地球创造和完善生命的潜力,盖雅是通过本我之门进入我们的;大地之声就在附近。如果我们像浪漫主义诗人相信的那样,具有聆听那种声音的天赋,那么,对其诉求听而不闻必定是有悖常理的,而且,与全力隐瞒我们的真实身份一样,肯定很痛苦。压抑会伤人,我们称之为"神经官能症"。

严格的弗洛伊德学者曾经坚称,任何形式的精神病学,如果没有非常关注本能,那就只能是调整,并以自我心理学告终;可能会暂时缓解痛苦,但不会触及神经官能的核心:那个仍需探索和治愈的伤口。同样的情况难道没有发生在任何只局限于性、育儿、家庭、社会关系,而没有深入无意识的生态层面的精神病学吗?那也只是调整,并未触及潜在的神经官能症——这是我们与盖雅的疏远。更糟糕的是,通过某种程度地减轻焦虑(越来越依赖药物的结果)以及确信自己得到了治愈,我们可能又重续城市—工业化生活的恶习,恢复了灭绝性能量,时刻准备做出更大的破坏。

像解谜的侦探一样,治疗师透过意念潜意识错综复杂的内容,寻找我们真实身份的线索。弗洛伊德们发现的,是想象中的乱伦和谋杀;荣格们找到的,是神话、礼仪、宗教象征的残留;莱希们发现的,是积压的极度兴奋的能量;客体关系发现的,是参差不齐而终结的母子联系;存在主义分析了飘浮在无意义的虚空中自我存在(eigenwelt)的痛苦;只有格式塔学派为疗法引入了一个更大、更全面的生物学背景,试图把数字与范围、有机体与环境统一起来。这是唯一在其理论中运用生态学概念的学派。我这里所说的,有助于这种尝试。集体无意识,在其最深处,隐藏着人类坚实的生态智能,这是文化最终得以呈现的源头,是对自然本身稳步出现的意念有意识的自我反思。没有这种自我调整、系统建构的智慧,不可能有生命和人类的存续。它就在那里,时刻通过试错、选择和消亡来指导发展,正如大爆炸的瞬间便冻结了第一道辐射光进入耐久物质的萌芽中。如果我们要成为能够经得起更大演化风险的健全物种,自我必须团结的,正是这个本我。

第 *12* 章 关照地球

普罗米修斯间隔

像神学一样,心理学最终必须与原罪妥协。无论是疯狂还是罪恶,都意味着先前存在的一种优雅状态。在某种程度上,我们曾经是健康的动物,如果只是因为出生前后的某个瞬间失去了原始的正常神志而长大,变成做出所有那些糟糕指令的糟糕父母,在生态心理学的框架内,我们提出的问题就是:一种曾经以共生状态植根于地球生态系统的心智,怎么会生成我们现在遭遇的环境危机呢?

把责任推给父母或社会,总体上并不是真正的答案,只是把问题推后了一步。系统理论,特别是在深生态学中发挥重要作用的伊利亚·普里戈金(Ilya Prigogine)的著作,也许会提供更好的答案。普里戈金聚焦的系统会通过震荡和摆脱平衡而避开熵。这些系统的秩序不是死寂的,而是不断波动的,是一种耗散结构的辩证。其幕式振荡(Episodic Oscillations)与其趋于回归的代偿性平衡一样自然。所有有机体——在人类及其创造的社会架构情况下——都是这种"非平衡态动力学"的例子。通过对称破缺(Symmetry Breaking)进行的演化是其正常模式。把普里戈金的理论延伸应用到社会和文化研究中,艾瑞克·詹奇(Erich Jantsch)提出:

> 具有各种有形和无形性的人类系统，也许都是耗散结构，源
> 于高度不平衡的思想和行为流的互动……这种组织不仅是心智
> 的，也是物理的。实际上，由于信息本身可能有自我组织能力的
> 这一洞见，使得二者之间的界限变得模糊了。[1]

这种方法，对于我们的生态状况，具有很强的矛盾性。在象征地球人类生命史的短暂宇宙时间内，我们可以想象意识演变经历了一系列创造性震荡，发生了各种扭曲和夸张。以后见之明，我们现在能够把这些认定为过去的各种文化形式在正常神志内部和周围发挥作用。那个平衡点就是那个"完美环境"，可以理解为与我们栖息地的一种稳定和谐状态，即前人类有机体可能保持的毫无疑问的静止状态。但是，我们是具有能够变得"不平衡"的独特能力的物种；玩弄不平衡的这种能力使我们自己成为一种有趣的实验。根据普里戈金的观点，我们也许会赋予疯狂这一熟悉的词语以迷人的新热力学含义，但愿是比喻性的。人类智能像所有开放系统一样动荡，其发展远远超过竞争优势的要求，借助创造性想象力、高级艺术、宗教和科学推理而迅速腾飞，创造了宇宙中的宇宙，一个集狂热、高度发展和崇高思想于一体的领域，时常吸引所有人而变成一种文化。精神失常和健康平衡之间的矛盾，即我们所谓的"历史"。

目前，我们发现自己处于一种尤为严重震荡的外围的某个地方，叫作城市—工业化，即人类一厢情愿地试图从其所演化于其中的自然栖息地的脱离。

我们将在哪里听到那个声音？

环境危机已成为当今的每日新闻。正如新闻工作者所言，每一版报

纸、每一条新闻，都会为其留一个"口"。这对一切都好。但是，全都是没有中心的故事，一系列无形的事故和事件；有无数的灾难、恐怖和末日叙述。但我们看到的这些七零八落的报道，如同狙击手在夜晚发出的枪声。我们的生命危在旦夕，而危险似乎是偶然的。威胁的事实和数据大大超过了我们所能接受的范围。到了一定程度，我们甚至会越来越麻木，会在困惑中屏蔽或放弃。

我们在此要说的是，环境的窘迫远不止这些，而是更个体化、更具威胁性、更极端。很可能是，越来越多的人求助医生和治疗师所治愈的——身体和精神的病痛，正是生物圈在生命最亲密层面的紧急症状。地球受伤了，我们随之伤痛。

我们的文化几乎不允许我们停下来对这个伟大的真相表示敬意。没有任何深刻的季节庆典能够逃过媒体的编造和营销策略。我们更关注市场之道而不是宇宙之道。但有时，地球之声在我们瞬间的意识中会冲破我们的遥远记忆，提醒我们自己究竟是谁，从哪里来，到哪里去。刹那间，我们会触及在日常疯狂中轻易丢失的那种伟大的宇宙连续性。下面便是这一时刻的一个坦诚而令人激动的例子，是生态女权运动的喉舌之一沙林·斯普瑞特奈克(Charlene Spretnak)的一段记忆：

最近思考生态女权主义的时候，我想起了发生在 16 年前的一件几乎忘记的事。我女儿大约 3 天的时候，我们还在医院。有天晚上，我把她包起来，溜到外面的小花园；正值 6 月下旬，暖洋洋的。我把她介绍给松树、其他各种植物和鲜花，又把它们介绍给她，最后还有柔软薄雾中的月亮和星星。当时，我根本不知道任何基于自然的宗教仪式或生态女性主义理论，就是有一种冲动，想让我神奇的孩子去见见宇宙社会的其他事物。有趣的是，尽管那段经历可爱而丰富，但与技术中心化的现代社会毫无关联，很快我就把它忘得干干净净了。[2]

一次欢迎新生儿的小小私人庆典,举行得那么私密,忘记得那么迅速。然而,除非地球能告诉我们以这种走心的方式而具有的依赖性,所有专家的所有知识又算什么呢? 依然是一堆没有任何一体化主题的混沌信息。如果我们有勇气面对,这些主题就是我们全部的生活方式,一种把我们与自然连续体割裂的工业文化的模式和力量。

一位女权主义心理治疗师曾经提议,临床分析背景也许可以通过消除男性化/女性化分歧的方法而有所改变,因为太多病人感到这是负担。更为"女性化"的遭遇也许会对自我的检查设定不同的状态。不同于(通常是)男性分析师传统上沉默、超然而"白墙"般的态度,可能会出现努力在两个参与者之间建立"真实关系"和"认知交换"的尝试。目的就是引进更多的"同情和养育"等常常被认为是女性特征的东西。[3] 这种变化无疑会有助于使对话更多一些暖意。 多年来,许多从业者都感到,医生和患者、治疗师和客户之间的关系需要改变,应该更多地设身处地和更多地去结构化。但是,这种更人性化的设定,仍然陷于所有疗法都身处的同样冷漠的城市一工业化背景的包围之中。可能发生在办公室或诊所,门的另一侧就是候诊室和接待员,外面就是停车场、街道、城市、郊区。患者看到的,更多的是电话桩而不是树,高楼而不是山,雨水渠而不是河流。而头顶之上,由于空气中的煤尘,可能根本看不到太阳或星星。

当詹姆斯·希尔曼(James Hillman)建议"处方性自然"(prescribing nature)作为疗法一部分时,治疗师因职业和银行账户都绑定在城市,不可能指望他们在城市以外的任何地方处理病患。我们没有任何精神病学会要求医生与患者逃往某个远离工作和城市节奏的地方,甚至只要一个疗程的长度也没有。疗法不要求清洁的空气,鸟儿的歌唱,树木、海洋、山峦或溪流的出场。陷入痛苦自我中的焦虑灵魂,从来没有受到劝导,去看看外面和周围更巨大、更宏伟和圣洁的东西,那是能让意念冥思永恒的一种自然状态。然而,常识经验告诉我们,在河边或海边的孤独漫步,在林中安静的几个小时,能恢复精神,而且对我们的动机和目标而言,可能比职业分析师的最佳劳动所能产生的洞见还要多。睡前对夜空的静静冥想和梦想,也许会比数周、数月、数年的强迫性自传挖掘,在触及意念的过程中有更大的疗效。

我的猜测是,当大多数当事人打道回府的时候,无论在每 50 分钟 100 美元的精神病治疗时间中获得了怎样的收益,都是徒劳。他们会再次陷入从未摆脱的共谋性疯狂中。

当然,我在此提到的有关精神疗法实践中存在的问题,在城市范围内的任何事情,都可能被问到,包括我自己在大学和文学市场的工作。作为教授和作者,我的需求是什么? 图书馆、书店、大学校园、博物馆、艺术馆、媒体,最后还有出版业的投资和途径。甚至最受良心驱使的生态学家,也要感激城市文化对其信息的传播。环境哲学家安东尼 · 韦斯顿(Anthony Weston)以令人钦佩的坦率强调了这一点:

> 我认为这并不奇怪……当代哲学家提出的许多环境伦理,往往都非常抽象,完全是知识结构……多少次了,每当我晚上走向教室的时候,都会注视着炽热的长岛日落;没想到随着我进入没有窗户的教学楼,对这一切不仅看不到,而且不去想了——甚至在我打算讨论自然价值的时候! 文献提供的东西适合这座大楼,却不适合大楼遮蔽的天空。[4]

规模问题

要走出共谋疯狂,在任何时候都不能通过个体疗法实现。我们既没有时间,也没有医疗资源寄希望于这样的方法;更没有专业共识来继续这种工作。虽然我们需要一门基于生态的心理学,但不能指望精神病学家做出维持生命的生物圈所要求的制度上的改变。治疗师的作用主要是启发性的,提出有关我们正常神志标准的问题。这极其重要,因为它所淡化的(职业压力、钱财和地位)正是它要强调的(我们对荒野、静谧或动物朋友的永恒需求)。但是,将这一标准作为一种政治力量发挥作用的能量,必须来自其他更普遍而自发的源头。这种力量的作用方向已经足够清楚了。无论治疗师,还是生态学者,都为地球和个人的利益提供了共同的政治日程,简言之就是:缩小规模,降低速度,民主化,分权化;治愈心智的生态目标;治愈地球的心理价值。

这种内外部需求的整合绝非巧合,是隐逸派哲学家的古老格言——"上下合一"(As above, so below)——重又成为精神病学和科学的共享依归。如果存在对传统人类的真实概括,那就是,从法老时代,他们生活的规模比文明社会所知的要小。这是一个很容易被忽略的事实。我们往往会以为这是历史规律,因为大的事物始于小,所有小的事物都意味着会变大。然而,小规模有其经久不衰的美德,也许是人类生存的本质,即舒马赫(E. F. Schumacher)所谓"持久经济学"(an economics of permanence)的奥秘。甚至那些失败和灭亡的传统社会,由于其有限的统治范围,并没有拖垮其他物种。他们与地球的关系受到适度的部落制度的调解,正如对自然的崇拜一样,这也说明了他们频频表现出的惊人忍耐力。或者不如说,这两种因素彼此关联,适度规模与万物有灵的敏感性相辅相成。他们从自然中寻找的这种亲密和谐,只有在把野生生命视为伙伴的传统社会才有可能存在,而且对这些生命越了解,就越可能表现出对其尊重和敬畏。

许多人虽然深陷工业社会的绝望中,但对野生世界的反响依然那么热情,常常充满渴望,似乎某种内心深处潜在的忠诚把他们与这些生命的友谊紧紧地连在了一起。这种反应肯定还留存在孩子们心中,因为他们对动物的迷恋是无法抑制的。即使当"野生"自然只能通过可怜的做作方式接触到时——去非洲狩猎公园的包价旅行,或电视上的国家地理纪录片,真诚的好奇与情感依然如故。然而,我们与地球环境的关系已经变得太反常,甚至这些与濒危朋友的微小而可怜的接触,往往也是扭曲或破坏多于帮助。简·古德曼曾警告说,现在进入非洲野生保护区的狩猎旅游正在使焦虑的黑猩猩逼近疯狂;同样,出于好意的野生动物摄影师和纪录片制作者,可以使这种威胁达到饱和的程度。最近,甚至南极荒野也成了吸引旅游者的重要景点,据报道,那些前来研究其遥远辉煌的科学家是该地区最大的污染源,到处都是他们留下的从啤酒罐到放射性废物等各种垃圾。

如果演化进程从基因上还在我们身上仁慈地孕育和保留了某种万物有灵的敏感性残余,那肯定不会展示出来,除非其在此发生关联的不仅仅是旅游装备和媒体传真。与自然的本能友情需要活生生的自然存在,就像我们希望任何我们所爱者能够自主地出现在我们面前一样。这意味着,缩减城市工业化的主导地位,使野生生命在生物导向的共同体中拥有与我们一起生存所需的自主权。

在这个牢牢控制着整个地球的城市帝国中,我们怎样才能重新获得那种掌控权呢?

我想,绝不是许多激进的环保主义者试图展开的那种直接的正面进攻。恐惧、歉疚,以及严格的清教徒式的自我否定,都是徒劳。在地球范围内激发变革,必须诉诸内部,即对全新生命质量真诚的个体需求。我猜,如果盖雅有她的智慧,就会朝着这个方向努力。让我们看看能否从她那里得到指引,哪怕只是一种推测。

未经授权的身份大会

如果我们的身体和意念都是在某种更伟大的感性和自我调节系统中演化,无论其具有怎样的野性和阶段性的波动,我们可能都期待自己的动物智能最终能够自我维持和改善。稳定性是以多样性为基础的,这正是生态学的主要洞见之一。演化动力学也强调充分变异的重要性,许多种类都想拓殖众多栖息地。达尔文充满敬畏且略带恐惧地发现,自然在淘汰多样性的时候是怎样的挥霍无度啊。

多样性是生态系统的健康。每一个新物种,物种内部的每一个细微变化,都代表着在不可预知的条件下生存的更大可能性。多样性对于物种本身很重要,对我们也很重要,我们对变异和选择带给我们的事物可能进行的利用,是不可预见的。就像我们最好的实验室不断升级一样,我们不断从周围的动植物中发现治愈和营养物质:这里一只蟾蜍或蛾子,那里一朵兰花或真菌。就在几周前,当我完成这本手稿时,有报道说,从一种稀有的紫杉树皮上分离出一种化学物质,为治疗癌症带来了希望;还有从一种难以描述的园蛛中提取的新药,有助于治疗中风和癫痫。这就是我们今天目睹的逐渐加速的灭绝率正在使我们陷入困境的原因,即使其方式是我们从来没有意识到的。那么,保护我们所发现的人才和智慧的多样性,更为重要。

当我们探讨意念在宇宙中的作用时,岌岌可危的不仅仅是生存的问题,而是我们在这个星球上更大的命运。谁能说我们可能需要什么样的智能和审美天赋的组合,从而使我们成为我们能够成为的更全面的人类呢? 如我们所见,像亨利·柏格森之类的哲学家,德日进之类的神学家,可能不倾向于把圣贤列为我们当中最有价值的头脑;在一个唯物主义和实用主义的年代,这么做是可以理解的,表明这些更加精神性的天赋是沿着意识演化的方向展开的。然而,人类具有的如此伟大而高尚的美德,不应该把我们的选择局限在单一的人身上。文艺复兴时期的哲学家皮科·德拉米兰多拉(Pico della Mirandola)已经非常接近这个目标,他把人类描述为变色龙,其作用就是探索所有可能的体验。抛开别的不说,人类个性的产物是一种愉快的存在。我们既需要圣人、唯美主义者和神秘主义者,也需要小丑、运动员和逻辑学家。我们需要的坏人甚至像圣人一样多。

弗洛伊德说过,正常神志是对被压抑者的收复。他从没有想到其政治意义,然而,分割灵魂的压抑,也能在解放事业中团结被压抑者。自第二次世界大战结束以来,被抛弃者和无依无靠者一直被无耻地公布于众。高度工业化带来的都市开放和富裕,使这种喧嚣的自我表达成为可能。该系统的开启,一度表现为高调的"解放"运动——不仅仅发生在从前的第三世界殖民国家,而且出现在内部的殖民地宗主国居民中,特别是被排斥的少数民族(黑人,土著美洲人,亚洲人,拉美人),以及妇女、同性恋者、老弱病残者、肥胖者、疯狂者。最近,公共解放运动可能稍有缓和,但起因则是根深蒂固,而且变得更为错综复杂。每一个最细微的特殊性都需要听证。妇女不再只是"女性",她们是第三世界的妇女、同性恋者、同性恋母亲、被殴打的妻子、酗酒母亲的女儿、药物依赖性女儿的母亲、艾滋病女性、前科女性、妓女。我在一个地方书店里看到一个宣传单,邀请"遥远父亲的受伤女儿"前来接受帮助。这些人的身份不总是受害者,但牺牲往往是实现自觉的第一步。下一步是和其他人同唱一首歌。如果问及任何试图运作一套巨大官僚体系的公共机构、人事经理或经理,他们会给你列出长长的一串每天必须处理却无法处理的社会变化清单。每个制度内部都会感到各种各样的压力,始终需要尊重、公平和自由。

因为那些加入这种未经授权的身份大会者为他们的身份而骄傲地、没完没了地发声,他们被(不当地)标记为任性和惯坏了,遭到幸好不需要这种平台的批评者的谴责。因为他们要求关注和妥协,他们被(得当地)视为技术主导型秩序中的障碍,遭到纠缠、烦扰和尽可能的还击,尽管从来不会太久。城市－工业化世界的运作力量认为当代的个性化风格具有威胁性,没有任何运行良好的有效系统会与这种个人的即兴表演共存。自我发现是工业巨型机器的死亡,正如民主是封建制的终结。但是,我们看到即将发生的蜕变是一个创造性的过程,为差异和多样性开启了一个慷慨的空间。政治平等是这一历史洪流的开始,个体独特性是其目的地。二者对平等和独特性的需求始于内部,在任何一种需求成为世上一种革命运动之前,它们都在心灵深处。在政治原因出现之前的很长时间,就存在着暗中受到伤害,有着需求和期望的人。

在人类历史上,首次出现了每一个怪异和被抛弃者毫不羞耻地挺身而出,诉说自己的故事。如果我们是一种自恋者的文化,我们似乎发现了每个人的自恋像我们自己的一样令人着迷。怪异离奇的形象充斥着现代媒体。每天观众参与的和电视上的脱口秀,都在探索着人性中的每个纠结和扭曲。在超市收银台逗留时,我发现一个小的低俗报纸图书馆,都竞相在读者面前摆出更怪诞的形象。然而,甚至这些乏味的哗众取宠也在向我们表达某种重要的东西,展示了我们对彼此是多么地感兴趣,我们多么渴望了解各地人们的怪异和奇特之处。简单的动物好奇心可能最终会解救我们,在对每一个男男女女迷恋的背后,可能隐藏着某种节约智慧。我们需要所有诸如此类的个人历史,对无论怎样的物性(rerum natura)做到起码的正义。从生态的角度,地球的音乐既不是独奏,也不是一种单旋律的群体合唱,而是一首即兴爵士乐,每个演奏者都要有自己的段子。

我们从基本生态学中能够学到的,不仅是多样性的价值,还有很多。城市革命是不平衡间隔的开始,我们处于该阶段的后期。按照人类标准,5 000年的这段间隔似乎特别漫长;但是,在盖雅的地球编年史中,这只是一个小小的仍在发挥其全部意义的近期波动。现在,我们从历史效益的角度看到,这一实验对于身心能量的系统化是多么无情。在工业化期间,金属化学燃料机器取代了肌肉和动物的新陈代谢作用,但始于法老时代工作群体的人民大众化,仍然延续在流水线、白领办公队伍、消费者市场以及征召军队中。

在沉闷而使灵魂受到压抑的工业进程(更大的系统,更大的市场,更多的收获,更多的消费)中,政治、经济领袖们对我们未来的想法无疑是另一个篇章。世界市场经济的支配者认为,这是他们的胜利和时机。在诱人的投资和醉人的规划武装下,他们还能涉猎更加令人眼花缭乱的工业发展高度,静候俄罗斯、东欧和中国的经济大量涌入。

然而,盖雅的想法也许非常不同。她的需求取决于我们周围随处可见的不断探索另一种财富的未经授权身份的世界大会。在工业时代的鼎盛期,她召唤我们回到古老的哲学使命中:认识你自己。

尾声

生态心理学——原则

我们的科学家探索的大一统理论,试图包含所有的事物、所有的力量、所有的时间和物质。过去,他们在这个统一体中找不到自己的位置;但是,经过一代又一代人对自然的辛勤研究,付出大量真诚的探究和求知热情后,终于使这颗求索之心在宇宙中获得了重要的一席之地。一体性最终要求的,就是闭合(closure)。科学理论的循环,正如那条咬住自己尾巴的炼金术的蛇,所是者必然成为所知者。也许,那正是大爆炸形成的自然层级迫切展示给人类的背后的东西:渴望知觉的物质。

如果说生态心理学能为苏格拉底—弗洛伊德的自觉预设增加点什么的话,那就是提醒我们祖先曾经有过的常识:自我所能展示给我们的,远远超过我们个人的历史所给予我们的,或者说,还有更多的自我有待于了解。成就一个人也许是一辈子的事情,即荣格称之为"个性化"的任务。但是,这个人植根于一个更大的共同体中。古老海洋的盐分残留在我们的静脉中,消逝的繁星余烬还在我们的遗传化学中死灰复燃。最古老的原子氢——其在元素中的重要性本该赋予其一个更加富有诗意而响亮的名字——是一个宇宙主题,经过数十亿倍的构思,从一无所有创造出包括我们在内的一切。当我们遥望夜空,那些冷冷的由近及远的繁星,似乎在规模和数量上都浩瀚无比。然而,就准确的层级基础而言,承载它们的膨胀空虚,则是使活体智能成为可能的物理矩阵。

所有这些都属于生态心理学原则,但不是在任何教条或纯临床意义上的。通过耳朵,精神病学可以得到最好的发挥。毕竟,聆听整个人是非常重要的,而所有这一切都是潜在的、没有显示出来的、隐藏着的,是婴儿、阴影、野性。我们在此列出的原则只是指导性的,说明必须听得多么深刻,才能听到那个经由自身而说出的自我。

1.意念的核心是生态无意识。对生态心理学来说,压抑生态无意识是工业社会共谋疯狂最深刻的根源。向生态无意识敞开胸怀,才是通往正常神志之路。

2.生态无意识的内容,在心智的某个层面上,多多少少象征着宇宙演化的实况记录,可以追溯到时间史上遥远的初始状态。有关自然的有序复杂性,当代研究告诉我们,生命和意念源自这一演化传说,是我们所谓"宇宙"的不断展开的一系列物理、化学、心理和文化系统中的终极自然体系。生态心理学汲取新宇宙学的这些发现,努力使其成为真实的体验。

3.正如以前的疗法旨在恢复压抑的无意识一样,生态心理学的目的也是唤醒生态无意识中内在的环境互惠意识。其他疗法试图治愈人与人、人与家庭、人与社会之间的疏离感;生态心理学努力治愈的,则是人与自然环境更本质的疏离。

4.生态自我会成熟为一种对地球的伦理责任感,我们会在自己对他人的伦理责任中得到生动的体验。它试图把这种责任融入社会关系和政治决策的架构中。

5.在治疗实践中,对生态心理学至关重要的,是重新评估渗透在我们政治权力结构中的某些强迫性"男性化"性格特征,这些特征使得我们对自然的控制,如同面对一个没有权利的不同领域一样。对于这一点,生态心理学大量汲取部分(不是全部)生态女权主义和女权精神的洞见,以祛除性别定势的神秘性。

　　6.凡是有助于小规模社会形式和个人授权的,都会滋养生态自我;而任何力争大规模控制和压抑人格的,则会瓦解它。因此,生态心理学对我们庞大的城市－产业文化正常神志的本质深表质疑,无论其组织结构是资本主义还是集体主义的。但是,它这么做并不一定要排斥人类的技术天赋或我们形成的改善生活的产业化手段。生态心理学在社会导向上是后工业性的,而非反工业性的。

编后记

1992 年以来的生态心理学

据我所知，"生态心理学"（ecopsychology）这个词源自 1992 年版的《地球之声》（*The Voice of the Earth*）。那一年举行了里约地球峰会，当时，到处都是有关环境运动未来的争论。《地球之声》提出生态心理学的概念，旨在引发环保人士与心理学家之间的对话，以丰富这两个领域的内容，同时在公共政策上发挥作用。能够概括该提议的关键词在于，"生态学需要心理学，心理学需要生态学"。那时候，围绕着专业精神疗法，出现了试图实现这一目标的各种尝试，名目层出不穷，如"绿色心理学""自然型疗法"或"生态疗法"；每一个都是有关某个治疗师如何把人以外的世界包含进来，以应对他们的当事人，因为后者的问题似乎超越了传统心理学所局限的社会背景。还有发展成熟的所谓"环境心理学"领域，但其相关的是房屋、建筑和景观的和谐设计，即城市生活的建筑环境，就我们与环境的疏离性而言，与其说是答案，不如说是问题。

要在研究领域中找到生态心理学的同盟并不难。所有跨学科的努力，都是由于区分专家的界限完全是人为的，有时甚至限制了我们的理解力。例如，经济学和政治学，或地理学和地质学之间的明确而有意义的界限在哪里？还可以想想广为宣传的社会生物学，试图把社会学、演化生物学和心理学放在一起，以支持某种备受争议的人性结论。在非常相同的知识冒险氛围中,生态心理学建议,心理学家对人的行为的了解,可能会告诉我们许多自己的环境恶习。既然环保人士致力于改变这些习惯,他们汲取心理学家能够告诉他们的内容,不是大有裨益吗? 而当这里所说的人的行为全然非理性,甚至到了自我毁灭的地步时,这似乎尤为重要。

在写作《地球之声》的几年前,我就开始对这种可能性充满好奇,对人们常常把人类的环境行为特征描述为"疯狂"而深感震惊。为了方便使用喷雾罐而破坏臭氧层,简直是"疯"了。清理大片荒原来建购物中心和停车场,简直是"疯"了。只为了开着运动休闲车到处转悠而使大气圈充满汽车尾气,简直是"疯"了。在所有这些情况下,人们都可以获得问题的事实,但是多数人仍然继续对地球生态进行着不可挽回的破坏,就好像情不自禁一样。环保人士谴责他们,但这如同谴责纵火狂纵火,并没有什么更大的好处。

许多环保人士相信,他们对不理性环境行为有充分的答案,即有奸商在违背公众利益而牟取暴利;地产受益者为了赚钱可以污染河流;无良商人的销售底线是浪费资源。情况确实如此。但这只会把问题转向一边。在某种程度上,环境活动家必须认识到,我们这个世界上最疯狂的一件事,就是对金钱的不懈追求。已经非常富有的高级经理人,为了再赚一百万,简直会拼了命——会把整个雨林都归为己有。如果当时没有更强烈的环境意识,弗洛伊德或荣格、苏利文或霍尼,会不会因为能够为埃克森或孟山都等公司带来更大的利润而认可这种行为的"明智"呢?

像每一个向世界诉说环境危机的人一样,我曾经习惯于谴责人们破坏地球生态的愚蠢行为。例如,我会向他们展示一个六件装塑料容器,满眼充血地告诉他们这些愚蠢的东西如何在我们将其填埋后流入江河湖海而勒死了水鸟;或者我会让他们关注一下带到课堂的泡沫聚苯乙烯杯子,然后痛斥其加剧了吞噬臭氧层的氯氟烃。我很擅长这种口舌痛斥的功夫,有上百个诸如此类的有害行为的例子倾倒给听众。这会让我在他们面前感觉自己很高尚,能够预见我们的生活方式很快会把我们带入环境宿命中。但是,我也意识到,这种展示几乎不会带来任何改变,而实际上我也逐渐厌倦了传播阴郁。能够回应这种恐惧战术和内疚陷阱的公众越来越少,而且还不是大多数。其他更多的人,要么不关注,要么就根本不在意。

于是,我开始对环境运动人士采取不同寻常的行动,停止谴责,开始倾听;询问那些人为什么要做出破坏环境的事情,给他们说话的机会。答案很不和谐,与无知、贪婪或冷漠毫无关系。我见到的人中,几乎没有感觉不到我们与地球的关系岌岌可危的。有人承认,他们会梦到世界的衰败状态,梦到让他们感到悲伤的森林、河流与动物。他们会说到儿时最喜欢的树或可爱的景观现在已经不见了。有些会对曾经见过的自然之美在有生之年消逝而深感悲哀。从来没有心理学家问过他们这些梦境,但他们的梦却是相同的。这让我想起电影《性、谎言和录像带》的开场情景。女主人公告诉她的心理医生,她对充斥世界的垃圾特别焦虑,希望她能对此做点什么。她的治疗师回应道,"再说说你的婚姻。"

我发现,人们并不是缺乏信息,而是被淹没在太多的环境危机中,以至于觉得自己似乎无能为力。每天看着新闻中报道环境灾难,每天都会收到邮件,宣布又一个物种灭绝,对全球饥荒或旱灾的又一次可怕预测。他们该先救哪个?鲸鲨还是老虎?河流还是峡谷?面对十年前就被告知某座古老的森林不可能再活十年,他们能做些什么来阻止对它的毁坏呢?时间还没用完吗?最终,他们带着无助感而退却。但具有讽刺意义的是,他们的绝望是那些想要投身于环境事业的人的糟糕心理的直接结果。环境运动似乎创造了一个大到无法解决的问题。

我探寻出的另一个共同反响是被困的感觉。人们继承了一种生活方式,与之相关的一切都彼此相关。如果告诉他们下周一早上必须抛弃所有社会秩序,他们会不由得震惊。如果他们停止使用汽车,就会失去工作……和家园。如果超市出售的一切都有毒,或存在环境问题,他们吃什么?即使情况糟糕到那种地步,让人们改变太多、太快,都是徒劳的,比这还要糟的，是责备他们造成了全球灾难。有时候，我发现这种指控会使人不仅愤怒，而且会顽固，他们会辱骂悲痛的绿色派并拒绝倾听。

我了解到，人们特别喜欢谈自己的消费习惯，这是一个很好的开场由头。在里约地球峰会上，极不情愿出席的乔治·布什总统做了一次演讲，宣称他来里约不是为了瓦解美国生活方式的——他的意思表明了获取与消费的无度。所以，我请人们告诉我他们消费的方式和原因。我不知道自己是否期待他们承认猪的贪婪，但他们真正告诉我的，启发性甚微。"当我觉得实在压抑的时候，就去购物"。这是许多人给我的回答。"我喜欢到处都是开心的人，所以就去购物中心……结果买了并不需要的东西"。"每次和一个人决裂，我就扔掉所有的衣服和珠宝，刷完信用卡，再买一柜子新的"。许多女性都承认会这么做。还有人说，很享受从决定买哪一件产品中获得的权力体验，这让他们感到对自己的生活有某种掌控。

还有一个神奇的发现。当问到明知共享车更有意义为什么还继续独自通勤的时候，一些人承认，那是一天中能够独自一人、反思生活的唯一机会。所以，我们现在有两种坏的环境习惯：一种是逃离沮丧，另一种则是追求孤独。至少对我来说，把这些习惯不仅仅看作盲目无知或自私索取，会具有完全不同的意义。

最后，也是最具揭示性的，许多人承认，他们体验购物"上瘾"。他们羞于承认，但就是难以自已。出去买点东西——任何东西——会排解心中某种可怕的烦闷。

我认为这是很重要的一个洞见。毕竟上瘾是一种难以抑制的冲动，是明知有害、有失人格或破坏性的，却还是要去做。我和一些心理学朋友聊过这件事，他们会立刻告诉我，应对上瘾最糟糕的办法就是羞辱。羞辱会让他们首先想到治疗，而他们根本不需要。越使他们感到内疚，只会使事情越糟糕。正如一位治疗师所言："你再羞辱他们，就会失去他们。"

我发现自己问过，在我们的恶劣环境习惯当中，有多少源自人们不理解和不能停止的冲动行为。总之是疯狂行为。但目前的疯狂行为如此合情合理,被认为是现实的公共政策和实用经济学。如果是这样,那么理性和逻辑本身不能解决我们的困境,必须激发我们更大的内在力量,即对活生生的地球的某种本能忠诚。

沿着这些思路,我很快发现自己所应对的问题,比现代世界的购物习惯更加深刻、黑暗;最终不得不同意环境哲学家鲍尔·谢坡德(Paul Shepard)的观点,现代社会对自然的全部导向,是一种疯狂。谢坡德是第一位生态心理学家,是把心理学运用到地球应对方法中的首位环境运动中的思想者。在其经典著作《自然与疯狂》(*Nature and Madness*)中,他首先提出"男人为什么要坚持破坏环境?"他确实是指"男人"(men),因为他的回答是,男人因儿时对权力的幻想而"先天残疾"(ontogenetically crippled);"西方是童年拙劣地为自我目的而服务的一个巨大见证;在这里,乔装成神话的历史授权男人们采取行动,改变世界,以匹配他们回归全能和不安的情绪。"

循着相同的思路,我也逐渐相信,至少在其最深处,环境危机可以追寻到男性身份的扭曲力度。《地球之声》涉及这个问题,我的小说《伊丽莎白·弗兰肯斯坦回忆录》(*The Memoirs of Elizabeth Frankenstein*),以及我在科学的性心理学方面的散文《性别化原子》(*The Gendered Atom*),更是如此。

我们一说到利益成本的时候,是在说经济领域;说资源消耗,就会想到生态领域。但是"疯狂"则是一个心理学领域。生态学家和经济学家不会随意讨论疯狂,心理学家会,他们试图理解人们所做的疯狂事情。他们已经就非理性行为积累了丰富的思想。我用一个问题开启了《地球之声》:如果环境恶习成为我们日常生活的精神机能障碍,心理学家会不会为那些致力于改变人们行为的环境学家提供某些有价值的东西呢?我天真地以为,心理学家和环保人士会发现这种对话很有价值。

我错了。

我发现,很少有心理学家会对超出夫妻、家庭抑或工作场所的关系感兴趣。所有这些关系都包含和延续在自然环境中的这个事实，完全没有被意识到，认为根本不值得提。他们的专业指路明灯《诊断和统计手册》（*Diagnostic and Statistical Manual*）只提到了自然的一个层面：季节性重度抑郁发作，下雨天会感到无精打采。该手册对性功能障碍、药物滥用以及反社会行为进行了许多细分，但从没有质疑人与自然界（人类在其中度过了自己 99％的演化史）的关系质量。

要纠正环境政策背后弄巧成拙的公共关系，生态心理学还任重道远；但还有很多东西，必须该领域提供。事实上，在未来的一个世纪，随着生态科学的成熟，心理学家也许会发现，我们与自然界——我称之为"生态无意识"——之间的情感纽带，是一个决定性的人性特征，是心智受到城市工业文化最残酷抑制的部分。它具有的地位，可能相当于弗洛伊德心理学中的性欲、荣格心理学中的宗教原型以及近期几个学派中的家庭关系理论。

在 1994 年有关生态心理学的一个会议上，《纽约时报》的心理学编辑向我走来，他是一位消息灵通的权威人士。他听说过生态心理学，但有点怀疑（毕竟我来自加利福尼亚）。他很好奇人类与自然会有值得心理学认真关注的某种和谐关系。这有"硬数据"吗？

硬数据？他可能是什么意思呢？华兹华斯和雪莱可不可以算作硬数据？一代又一代的景观描绘算不算？道教和其他自然神秘主义算不算？还有神话、民间传说，以及世世代代之后每个孩子似乎依然能有天然迷恋的童话故事呢？我对《地球之声》的主要兴趣，一直是类似这样的东西。这算吗？不算。该编辑要的是量化，毕竟，心理学是一门科学，而科学认为数字比体验更真实。我确实给他找到了数据，他继而对心理学的这个奇怪的新方向写了篇报道。

我是通过登录到《心理学文摘》（*Psychological Abstracts*），搜索诸如"自然""荒野""心理健康""树""动物""疗法""体验"等描述词，才发现那些数据的。我单倍行距印了 80 页标题和摘要才罢手。标题都基本上类似"荒野疗法对自尊和老师认定的危险青年行为的效应""野外露营和徒步旅行对十二年级学生自我概念和环境态度与知识的效应""荒野体验对行为障碍少年的社会互动和社会预期的影响"。

至于摘要,通常读起来是这样的:"本研究为有关荒野疗法对危险的青年自我和行为变化的积极效应的现有研究,提供了实证性的肯定。""结果表明,参与的青少年表现出明显的合作行为,而且,较之标准化手段,直接观察过程对行为变化更敏感。"知道我提交了我的研究结果之后,《纽约时报》编辑才放心,继续编写生态心理学的报道。

我始终感到困惑的是,如此庞大的研究却对专业心理学家影响甚微。同样不解的是,环保人士对于荒野治愈价值的这些证据毫不在意。我想,可能有更重要的原因吧。心理学家提到有关钱、性或吃方面的几乎任何内容,都会受到关注。如果某个治疗师在某个专业大会上发布一篇因在股票市场上大赚一笔或结束一段恋情而导致的焦虑方面的论文,媒体肯定会报道。

我觉得有意思的,不仅仅是自然的心理利益方面的研究所出版的数量,更是研究结果的一致性。把被折磨的女人、受虐待的孩子、可卡因成瘾者、癌症病人、囚犯、郁闷的初级管理者、有自杀倾向的青少年,带到林中走走,做一次独木舟之旅、海滨独行、沙漠远足……他们会感觉更好。正如每一个浪漫主义诗人曾经体会到的,面对像阿尔卑斯山一样的景观、波涛汹涌的大海、可爱的日落,个人问题就会明显地微不足道。说到走出一个人的钱财焦虑、爱情破裂或办公室政治等自我执着的世界,再有效的镇痛剂都不如站在满天繁星的夜空下,深深地享受那份神奇。甚至还有这方面的硬数据,类似的统计记录着,"根据某某杂志的测量,爬过一座山以后,酗酒家庭主妇的自我形象会改善87％;在随后的22周,这种效果降低15％"。从所有这些测试和数据中,我发现,任何人在经历任何一种开放空间和宏伟场景之后,都不会感觉更糟。

然而,从业的心理学家仍然对环境危机没有多大兴趣。我想,除非环境疯狂的数据在《诊断和统计手册》中占据一定的头条，否则不会有什么改善。不到那时候，不会有治疗师为其服务买单的。这是主要的障碍。更危言耸听的事实也许是，求助自然的治愈力——正如我们经常通过度假、深度隐退、出现在大自然面前等方式逃离一切所寻找的——几乎不需要专业人士的参与。这是专业的又一次财务损失。

除了这些纯唯利是图的考虑，还有一个更可怕的问题。我在《地球之声》中提到过，如果我们的文化大量投入反环境思潮中，心理学家也许会觉得，要挑战这种氛围简直太难接受了。毕竟，他们也是我们城市工业社会的一员，深深地浸淫在其价值和假设中。他们从都市焦虑中获得收入。我知道的大多数治疗师都安于修补、调整，特别是开药方；这都是其客户期待的。走得越深，需要的时间越长，伤害也越多。只要有百忧解（抗抑郁药），谁还需要环境的正常神志呢？像弗洛伊德那样，能够具有面对《文明及其不满》（*Civilization and its Discontents*）中现代生活的极端疯狂的勇气，少之又少。他准备对我们的整体文化进行心理分析，但几乎没有追随者。

然而，我坚信，生态心理学会在环境政策中发挥重要的作用；它的一个比较明确的举措会影响环境法。假设《诊断与统计手册》对心理健康有一个生态导向的定义，有诸如"功能失调性环境关系综合征"之类的令人印象深刻的临床名称，律师们就可能把案例依据建立在环境破坏造成的对社区精神健康的损害之上。如果多数环境案例的法律基础"荒野保护法案"得以修订，把人们从原始自然所获得的心理好处包含在内，那就更具可行性了。

环境律师克里斯托弗·斯通（Christopher Stone）写过一篇经典杂文《树木该不该有立场？》（*Should Trees Have Standing?*），他的意思是，一片森林、一处原野、一个物种，有合法权利吗？斯通相信它们应该有。但他承认，这个世界需要"转换意识"，要求人们战胜"分别心"（sense of separateness），否则人们就会相信自然是人类的"疆土"。显然，没有多少人准备好了做这样的改变,特别是政府和商业领域。无论是向好还是更糟,在现代世界,意识转变已经成为专业心理学家的思想领域。生态心理学会向他们提出什么问题呢？那就是,它们为我们提供了一个基于环境的心理健康标准,使我们与那个孕育了人类心理问题的活生生的星球重新联系起来。

西奥多·罗斯扎克

2001 年,于伯克利

注解

CHAPTER 1

1. Kenneth Chilton, Environmental Dialogue: Setting Priorities for Environmental Protection, St. Louis, Washington University, Center for the Study of American Business, October 1991.

2. The memo, attributed to chief economist Lawrence Summers, was leaked by the Bank Information Center, a Washington watchdog group.It is reported in New Scientist, February 1, 1992, p.13.

3. Anil Agarwal and Sunita Narain, Global Warming in an Unequal World: A Case of Environmental Colonialism, Centre for Science and the Environment, 807 Vishal Bhawan, 9S Nehru Place, New Delhi 110019, India.

4. Ramachandra Guha, "Radical American Environmentalism and Wilderness Preservation: A Third World Perspective, " Environmental Ethics, Spring 1989, pp.71-83.

5. Timothy Egan, "The Environmentalist as Bogeyman," New York Times, Jan. 4, 1992; also see Chip Berlet and William Burke, "Corporate Fronts: Inside the Anti-Environmental Movement, "Green-

peace, Jan/Feb/Mar. 1991. Also see the Nightline report on anti-environmentalism, ABC television, February 4, 1992.

6. George Reisman, The Toxicity of Environmentalism, Laguna Hills, CA. The Jefferson School of Philosophy, Economics, and Psychology, 1990.

7. For literature dealing with its Environmental Studies Program and other publications, write to the Competitive Enterprise Institute, 233 Pennsylvania Ave., SE, Suite 200, Washington, DC 20003.

8. Paul and Anne Ehrlich, "The Most Overpopulated Nation", The Negative Population Growth Forum, January 1991.

9. "Fifty Difficult Things You Can Do To Save The Earth", Earth Island Jounal, Winter 1991, p.12.

10. Kirkpatrick Sale, Raise the Stakes: The Planet Drum Review, San Francisco, Fall 1989, p.3.

11. Abraham Maslow, The Psychology of Science, New York, Harper & Row, 1966, pp.20-21.

12. Sigmund Freud, Civilization and its Discontents, translated by James Strachey, New York, W. W. Norton, 1962, pp.13-14.

13. Galileo, "The Assayer" (1623) in Discoveries and Opinions of Galileo, translated by Stillman Drake, New York, Doubleday Anchor Books, 1957, p.274.

CHAPTER 2

1. For the most accurate verbatim version of Chief Seattle's much misquoted message, see The Washington Historical Quarterly, 23: 4, October 1931, pp.243-276. The words I quote are not there. For this reason, I initially had some scholarly qualms about citing the chief — at least when it comes to the letter rather than the spirit of his surviving pronouncements. His famous speech addressed to "The Great Chief in Washington" (President Franklin Pierce) must be the most familiar of all Native American texts, primarily because of the eloquence with which it states the traditional vision of nature. But while the chief's message to the president was jotted down by a contemporary English-speaking witness in 1855, most of what is attributed to him today comes from a free "recreation" of that speech by the screenwriter Ted Perry written for a 1972 ABC television film titled Home. Perry heard Chief Seattle's words quoted ata rally on the first Earth Day in 1970. They inspired him to write a play about the pollution of the environment. He of course exercised some dramatic license with the chief's words. Most of what now goes out under Chief Seattle's name has come to be inextricably mixed with Perry's rewriting. In effect, what we have here is a piece of folklore in the making, a literary artifact mingling traditional culture with contemporary aspiration that has taken on a life of its own. The words have become precious to the environmental movement; but I have it on good authority from anthropologists I know that many (though not all) Native Americans honor the quotation as an accurate reflection of their people's

understanding of the land. This is the passage that echoed in my mind on the occasion I report. Whoever wrote or spoke these words, I quote them here for the nobility we have come to see in them.

2. Sigmund Freud, A General Introduction to Psychoanalysis, translated by Joan Riviere, New York, Washington Square Press, 1952, p.296.

3. Sigmund Freud, Civilization and its Discontents, translated by James Strachey, New York, W. W. Norton, 1962, p.91.

4. R. D. Laing, The Politics of Experience, London, Penguin Books, 1967, pp.61-62.

5. Activists For Alternatives is headquartered at 172 West 79th St., ♯2E, New York, New York 10024.

6. See Phil Brown, ed., Radical Psychology, New York, Harper Colophon Books, 1973, for a good basic selection of RT materials. Several local groups and publications continue the radical therapist's struggle. Among them: Dendron News (Eugene, Oregon), the National Association for Rights Protection and Advocacy(Minneapolis, Minnesota), Projects to Empower and Organize the Psychiatrically Labeled (Poughkeepsie, New York).

7. Sigmund Freud, Beyond the Pleasure Principle, translated by James Strachey, New York, Bantam Books, 1959, p.70.

8. Sigmund Freud, The Future of an Illusion, translated by James Strachey, New York, W. W. Norton, 1961, p.15.

9. Quoted in Ernest Jones, The Life and Work of Sigmund Freud, New York, Basic Books, 1961, p.407.

10. C. G. Jung, Psychology and Alchemy, Bollingen Series, 2nd edi-

tion, Princeton University Press, 1953, p.218.

11. Jung quoted in Victor Mansfield, "The Opposites in Quantum Physics and Jungian Psychology," Journal of Analytical Psychology, February 1990, p.I. Mansfield offers a basic survey of Jung's scientific speculation.

12. Barbara Hannah, Jung, His Life and Work, New York, Putnam, 1976, pp.150-152.

13. C. G. Jung, Modern Man in Search of a Soul, New York, Harcourt Brace&Company, 1933, pp.179-180, 187-188.

14. Sigmund Freud, A General Introduction to Psychoanalysis, New York, Washington Square Books, 1963, p.280.

15. Rollo May, "Contributions of Existential Psychotherapy", in Rollo May, et al., eds., Existence: A New Dimension in Psychiatry and Psychology, New York, Basic Books, 1958, pp.61-64.

16. Ludwig Binswanger, "The Existential Analysis School of Thought", in Rollo May, et al., eds., Existence: A New Dimension of Psychiatry and Psychology, New York, Basic Books, 1958, p.198.

17. Mary Midgeley, Beast and Man, Ithaca, New York, Cornell University Press, 1978, pp.18-19.

18. Jay R. Greenberg and Stephen Mitchell, Object Relations in Psychoanalytic Theory, Cambridge, Harvard University Press, 1983, p. 248.

19. Abraham Maslow, Toward a Psychology of Being, New York, D. VanNostrand Co, 1968, Chapter 13.

20. U. S. Environmental Protection Agency Science Advisory Board, Reducing Risk: Setting Priorities and Strategies for Environmental Pro-

tection, Washington, DC, September 1990, pp.9, 17.

21. Kenneth Chilton, "Environmental Dialogue: Setting Priorities for Environmental Protection, "St. Louis, Washington University, Center for the Study of American Business, October 1991, p.16.

22. Viktor Frankl, Man's Search for Meaning, New York, Washington Square Press, 1959, pp.178-179.

23. Sigmund Freud, Civilization and its Discontents, translated by James Strachey, New York, W. W. Norton, 1962, p.91.

CHAPTER 3

1. Jane Murphy offers examples of psychosomatic healing in "Psychotherapeutic Aspects of Shamanism on St. Lawrence Island," in Ari Kiev, ed., Magic, Faith, and Healing, Glencoe, IL, Free Press, 1964.

2. E. Fuller Torrey, Witchdoctors and Psychiatrists: The Common Roots of psychotherapy and Its Future, New York, Harper & Row Perennial Library, 1986.

3. Gene Weltfish, The Lost Universe: The Way of Life of the Pawnee, New York, Ballantine Books, 1965, pp.403-406.

4. Gene Weltfish, The Lost Universe: The Way of Life of the Pawnee, New York, Ballantine Books, 1965, pp.285-287.

5. Donald Sandner, Navaho Symbols of Healing, New York, Harvest Books, 1979, p.131.

6. Paul Shepard, Nature and Madness, San Francisco, Sierra Club Books, 1982, pp.7, 9, 128.

7. Robert Bly, News of the Universe, San Francisco, Sierra Club, 1980, p.9.

CHAPTER 4

1. Bertrand Russell, "A Free Man's Worship," in Robert Egner, ed., Basic Writings of Bertrand Russell, New York, Touchstone Books, 1961, p.72.

2. Jacques Monod, Chance and Necessity, New York, Knopf, 1971, pp.112-113.

3. Heinz Pagels, The Cosmic Code, New York, Bantam Books, 1983, p.87.

4. Michael Murphy, The Psychic Side of Sports, Reading, MA, Addison-Wesley, 1978.

5. Stephen Hawking, A Brief History of Time, New York, Bantam Books, 1988, p.60.

6. On Ponnamperuma, see New Scientist, May 19, 1990, p.30. On Rebek, see New Scientist, April 28, 1990, p.38.

7. E. Peter Volpe, Understanding Evolution, Dubuque, IA, Wm. C. Brown Company, 1972, p.142.

8. Fred Hoyle and N. C. Wickramasinghe, Lifecloud: The Origin of Life in the Universe, London, J. M. Dent, 1978. For a critical response to Hoyle, see the article by H. N. V. Temperley in New Scientist, August 19, 1982, pp.505-506, where it is objected that Darwinians do not believe the entire enzyme system was generated all at once, but that it evolved from "simpler systems." The problem that arises from chopping one big improbability into an endless series of lesser improbabilities is to account for how each of the lesser improbabilities was selected for

preservation and lasted long enough to compound into the whole evolutionary change.

9. F. B. Salisbury, "Natural Selection and the Complexity of the Gene," Nature (London) 1970, 224, issue 5217, p.342. Hoimar Ditfurth has made a similar calculation for the chance evolution of a single enzyme, cytochrome C, one of the earliest complex proteins to emerge in the history of life on Earth. He asked what the probability is that the enzyme's protein sequence of 104 amino acids might have been randomly shuffled into place. He estimated the answer to be one chance in 10^{130}. At the rate of one random change per second, this would once again require more time than has passed since the Big Bang. See Hoimar Ditfurth, The Origins of Life, San Francisco, Harper & Row, 1982, p.29.

10. Richard Dawkins, The Blind Watchmaker, New York, W. W. Norton, 1986, p.47.

11. John Polkinghorne, Science and Creation, Boston, New Science Library, 1989, pp.47-48.

12. Jennifer Altman, "The Ghost in the Brain, " New Scientist, May 12, 1990, p.70.

13. John Gribbin and Martin Rees, Cosmic Coincidences: Dark Matter, Mankind, and The Anthropic Principle, New York, Bantam Books, 1989, pp.15-18. For a convenient and accessible inventory of cosmic coincidences, see George Greenstein's list in the appendix to The Symbiotic Universe, New York, Morrow Quill, 1988.

14. Lawrence J. Henderson, The Fitness of the Environment, Boston, Beacon Hill, 1913; The Order of Nature, Cambridge, Harvard University Press, 1917. Also see the discussion of Henderson in Barrow

and Tipler, The Anthropic Cosmological Principle, pp.143-148.

15. Quoted in Alan Lightman and Roberta Brawer, Origins: The Lives and Worlds of Modern Cosmologists, Cambridge, Harvard University Press, 1991.

16. Brandon Carter in S. K. Biswas, et al., eds., Cosmic Perspectives, NewYork, Cambridge University Press, 1989.

17. John Wheeler, Foreword to John T. Barrow and Frank J. Tipler, The Anthropic Cosmological Principle, New York, Oxford University Press, 1986, p.v.

18. P.C. W. Davies, The Accidental Universe, New York, Cambridge University Press, 1982, pp.110-111.

19. George Seielstad, At the Heart of the Web, The Inevitable Genesis of Intelligent Life, New York, Harcourt Brace Jovanovich, 1989, pp.233, 271.

20. Fred Hoyle, from an unpublished article quoted in P.C. W. Davies, The Accidental Universe, New York, Cambridge University Press, 1982, p.118.

21. Hoyle quoted in John Barrow and Frank Tipler, The Anthropic Cosmological Principle, New York, Oxford University Press, 1986, p. 22.

22. Stephen Hawking, A Brief History of Time, New York, Bantam Books, 1988, p.126.

23. John D. Barrow and Frank J. Tipler, The Anthropic Cosmological Principle, New York, Oxford University Press, 1986, pp.677, 682.

24. Christian De Duve, "Prelude to a Cell," The Sciences, November/December 1990, p.24. Along similar lines, in sources referred to

previously, Brandon Carter, John Barrow, and Frank Tipler have devised probability distribution formulas that play off the number of crucial steps in human evolution that would have to take place in an ordered succession against the time available — which is the life span of main sequence stars like the sun. Such steps include the origination of the DNA code, aerobic respiration, glucose fermentation, the evolution of an eye precursor, etc. At various points different people are apt to say, "I can' t believe so many unlikely events could happen in the right succession by accident." That would be their Credulity Index. Of course, hard-core randomists are always free to point out how unlikely any sequence of events is within some large enough framework of possibilities, and to settle for the fact that life did in fact evolve — and that's the way it is.

25. John Earman, "The SAP Also Rises: A Critical Examination of the Anthropic Principle, "American Philosophical Quarterly, 24, 4, October1987, p.314.

26. Quoted in Alan Lightman and Roberta Brawer, Origins: The Lives and Worlds of Modern Cosmologists, Cambridge, Harvard University Press, 1991, p.247.

27. Quoted in Alan Lightman and Roberta Brawer, Origins: The Lives and Worlds of Modern Cosmologists, Cambridge, Harvard University Press, 1991, p.139.

28. See, for example, Gained Narlikar, "What If the Big Bang Didn't Happen?" New Scientist, March 2, 1991, pp.48-51, and "The Extragalactic Universe: An Alternative View," Nature, August 30, 1990, p.807. For a quite quirky presentation of an opposing theory, see Eric J. Lerner's more than slightly paranoid The Big Bang Never Hap-

pened: A Startling Refutation of the Dominant Theory of the Origin of the Universe, New York, Times Books, 1991. For some dismissively critical views of the Anthropic Principle, see George Greenstein and Allen Kropf, "Cognizable Worlds: The Anthropic Principle and the Fundamental Constants of Nature," American Journal of Physics, August 1989, pp.746-749, and N. Dowrick and N. McDougall, "Axions and the Anthropic Principle, Physical Review, December 15, 1988, pp. 3619-3624.

29. Errol Harris, Cosmos and Anthropos, New Jersey, Humanities Press International, 1991, p.173.

CHAPTER 5

1. For a historical survey of the anima mundi in Western thought, see Conrad Bonifaci, The Soul of the World, Lanham, MD, University Press of America, 1978.

2. D. P.Walker, Spiritual and Demonic Magic from Ficino to Campanella, South Bend, IN, University of Notre Dame Press, 1975. Also see Peter Finch, John Dee: The World of an Elizabethan Magus, London, Routledge & Kegan Paul, 1972.

3. For the social and psychological connection between the persecution of the witches and the rise of modern science, see Carolyn Merchant, The Death of Nature, New York, Harper & Row, 1980.

4. On Gilbert and other magician-scientists of the seventeenth century, see Brian Easlea, Witch Hunting, Magic and The New Philosophy, The Atlantic Press, 1980, chapter three.

5. James Lovelock, "Gaia: The World as Living Organism", New Scientist, December 18, 1986, p.25.

6. Steven Rose, The Chemistry of Life, New York, Penguin Books, 1966, pp.78-9.

7. Roald Hoffmann and Shira Leibowitz, "Molecular Mimicry, " Michigan Quarterly Review, Summer 1991, p.386.

8. Richard Dawkins, The Selfish Gene, NewYork, Oxford University Press, 1976, p.211.

9. Margie Patlak, "What Is Emotion For?"San Francisco Examiner, March 10, 1991, p.D16. 95.

10. Quoted in Lawrence Henderson, The Fitness of the Environment, Boston, Beacon Press, 1913, p.289.

11. Charles Darwin, The Origin of Species, London, John Murray, 1859, chapter six, passim.

12. James Lovelock, Gaia, A New Look at Life on Earth, New York, Oxford University Press, 1979, pp.ix-x.

13. Lynn Margulis and Dorian Sagan, Microcosmos: Four Billion Years of Microbial Evolution, New York, Summit Books, 1986, pp. 115, 268.

14. Lynn Margulis and Dorian Sagan, Microcosmos: Four Billion Years of Microbial Evolution, New York, Summit Books, 1986, p.117.

15. Lynn Margulis, "Big Trouble in Biology, "in John Brockman, ed., Doing Science, New York, Prentice-Hall, 1991, p.221.

16. In the debate over evolutionary imagery, the beat goes on. A study of dolphins published in 1991 includes the following observation in its preface by Lyall Watson. "Too much of our thinking is still based on views inherited from the nineteenth century and a model of nature that is red in tooth and claw. Naive observation of animal behavior in the days of Darwin led to a description of evolution as a ruthless struggle in which the winners take all. The truth is that there is no such war in nature. Co-operation, not competition, is the secret of survival. " Exactly the position I take here. But one tougher-than-thou reviewer of the book characterized this viewpoint as "romantic New Age notions masquerading as science. Watson, like everybody else, is entitled to chat with the flowers or play flutes to the whales, but the danger is that some readers will accept his assertions as facts rather than wishful thinking." See New Scien-

tist, April 13, 1991, p.43. No doubt my remarks will elicit the same response; but I hope my intellectual sins will not be taken out on the dolphins or the whales.

17. James Lovelock, The Ages of Gaia, New York, Oxford University Press, 21, 1988, p.212.

18. Joshua Lederberg, "Medical Science, Infectious Disease, and the Unity of Humankind," Journal of the American Medical Association, August 5, 1988, p.684.

CHAPTER 6

1. Ernest Haeckel, The Riddle of the Universe, New York, Harper & Brothers, 1900, pp.225, 232.

2. Charles Darwin, The Variation of Animals and Plants Under Domestication, New York, Organe Judd, 1868, II, 204.

3. Errol Harris, Cosmos and Anthropos, New Jersey, Humanities Press International, 1991, p.13.

4. Ludwig Von Bertalanffy, "System, Symbol, and the Image of Man," in Iago Galdston, ed., The Interface Between Psychiatry and Anthropology, London, Butterworths, 1971. p.90. Also see his Robots, Men and Mind: Psychology in the Modern World, New York, Braziller, 1967.

5. M. J. Schleiden in 1842 quoted in Philip Ritterbush, The Art of Organic Forms, Washington, DC, Smithsonian Institution Press, 1968, p.38.

6. Norbert Wiener, Cybernetics, 1948 and The Human Use of Human Beings: Cybernetics and Society, New York, Doubleday Anchor Books, 1954.

7. Norbert Wiener, The Human Use of Human Beings, New York, Double-day Anchor Books, 1954, pp.31, 40.

8. Tracy Kidder, The Soul of a New Machine, Boston, Little, Brown, 1981.

9. Bohr quoted in Sidney Fox, "In the Beginning Life Assembled Itself," New Scientist, February 27, 1969, p.451.

10. Mario Bunge, "From Neuron to Mind," News in Physiological Sciences, October 1989, pp.206-209. See Bunge's A World of Systems, Boston, Reidel, 1979.

11. Heinz Pagels, The Dreams of Reason, New York, Simon & Schuster, 1988, p.222.

12. Richard Feynman quoted by P.C. W. Davies in God and the New Physics, London, Dent, 1983.

13. Sidney Fox, "In the Beginning, Life Assembled Itself", New Scientist, February 27, 1969, p.450; "Spontaneous Order, Evolution, and Life," report on the second workshop on artificial life (Santa Fe, New Mexico, February 1990) Science, March 30, 1990, pp. 1543-1544.

14. Stephen Toulmin, The Return to Cosmology: Postmodern Science and the Theology of Nature, Berkeley, CA, University of California Press, 1982, pp.230-234.

15. Errol E. Harris, Cosmos and Anthropos, New Jersey, Humanities Press International, 1991, p.172.

16. Lancelot Law Whyte, "On the Frontiers of Science: This Hier-archicalUniverse," address delivered at the Harvard Club, New York, April 18, 1969. Also see Whyte's Accent on Form, New York, Harper & Brothers, 1954.

CHAPTER 7

1. Alexandre Koyré, From the Closed World to the Infinite Universe, New York, Harper Torchbooks, 1957.

2. Hubert Reeves, "Man in the Universe,"in S. K. Biswas, et al., eds., Cosmic Perspectives, New York, Cambridge University Press, 1989, p.73. Also see Reeves's remarks on the "essential role" played by chance in producing "the richness and diversity of forms in the realm of the living.".

3. Charles Gillispie, The Edge of Objectivity, Princeton University Press, 1960, p.402.

4. Harlow Shapley, Flights From Chaos, New York, Whittlesey House, 1930.

5. Norbert Wiener, The Human Use of Human Beings, New York, Doubleday Anchor Books, 1954, p.11.

6. James Gleick, Chaos: Making a New Science, New York, Viking, 1987, pp.308, 314.

7. Ilya Prigogine and I. Stengers, Order Out of Chaos, London, Heinemann, 1984.

8. Paul Davies and John Gribbin, The Matter Myth: Toward 21st Century Science, London, Viking, 1991, p.266.

9. Erich Jantsch, Design for Evolution, New York, Braziller, 1975, p.196.

10. Roger Lewin, "Look Who's Talking Now, " New Scientist, April 27, 1991, p.52.

11. Wilkins quoted in Brian Easlea, Witch Hunting, Magic and The New Philosophy, The Atlantic Press, 1980, pp.87-88.

12. Conrad Bonifaci, quoted in George Sessions, Environmental Ethics, Fall1981, p.277.

13. Warwick Fox, Toward a Transpersonal Ecology: Developing New Foundations for Environmentalism, Boston, Shambhala Books, 1990. pp.20-21. Fox's book is the most thorough analysis so far of the many ecological schools of thought.

14. Pierre Teilhard de Chardin, The Phenomenon of Man, translated by Bernard Wall, New York, Harper Torchbooks, 1959. pp.154-157.

15. Robinson Jeffers, The Double Axe, New York, Liveright, 1977. p.xxi.

16. John Barrow and Frank Tipler, The Anthropic Cosmological Principle, New York, Oxford University Press, 1986, p.290.

17. George Seielstad, The Heart of the Web, New York, Harcourt Brace Jovanovich, 1989, pp.53-55.

18. Paul Davies, The Accidental Universe, New York, Cambridge University Press, 1982, p.29.

19. David Layzer, Cosmogenesis, New York, Oxford University Press, 1990, p.37.

CHAPTER 8

1. Peter Bunyard, "Guardians of the Amazon, " New Scientist, December 16, 1989.

2. See the television documentary"The Goddess and the Computer," produced by Andre Singer and Independent Communications Associates for WGBH, Boston, 1988.

3. Quoted in Fred Pearce, "Africa at a Watershed," New Scientist, March 23, 1981, pp.34-40.

4. Paul Goodman, The New Reformation: Notes of a Neolithic Conservative, New York, Vintage Books, 1970, p.191.

5. Peter Kropotkin, Mutual Aid, New York, Knopf, 1914, p.9.

6. Goodman's basic contributions to Gestalt can be found in the volume he coauthored with Perls and Ralph Hefferline, Gestalt Therapy, New York Delta Books, 1951. Walter Truett Anderson tells the bizarre story behind the writing of this odd but influential work in The Upstart Spring, Reading, MA, Addison-Wesley, 1983, pp.94-96. Also see Taylor Stoehr, ed., Nature Heals: The Psychological Essays of Paul Goodman, New York, Dutton, 1977.

7. Gary Snyder, Earth House Hold, New York, New Directions, 1969, p.112.

8. Marshall Sahlins, Stone Age Economics, New York, Aldine-Atherton, 1972, p.37.

9. Arne Naess, "The Shallow and the Deep Ecology Movements," Inquiry, Oslo, Norway, 1973, vol. 16, pp.95-100. For a fuller develop-

ment of Naess's ideas, see his Ecology, Community, and Lifestyle, New York, Cambridge University Press, 1989.

10. See Warwick Fox, Toward a Transpersonal Ecology: Developing New Foundations for Environmentalism, Boston, Shambhala, 1990, parts 2, 3, for a full critical survey of the varieties of Deep Ecology.

11. Murray Bookchin, later to become one of the severest critics of ecofeminism, speculatively but convincingly traces out the prehistoric "emergence of hierarchy"in man — woman relations in The Ecology of Freedom, Palo Alto, CA, Cheshire Books, 1981, chapter three. Also see the critical discussion of "Goddess Spirituality"in Charlene Spretnak, States of Grace, San Francisco, Harper Collins, 1991, pp.127-133.

12. Merlin Stone's When God Was a Woman, New York, Dial Press, 1976, is one of the first feminist revisions of prehistory. Also see Riane Eisler, The Chalice and the Blade, San Francisco, Harper & Row, 1987; Susan Griffin, Woman and Nature, San Francisco, Harper & Row, 1978; Elinor Gadon, The Once and Future Goddess, San Francisco, Harper & Row, 1987; and above all Marija Gimbutas's landmark archaeological studies, Goddesses and Gods of Old Europe, University of California Press, 1982, The Language of the Goddess, San Francisco, Harper and Row, 1989, and The Civilization of the Goddess, San Francisco, HarperCollins, 1991.

13. Ynestra King, "The Ecology of Feminism and the Feminism of Ecology," in Judith Plant, ed., Healing the Wounds: The Promise of Ecofeminism, Philadelphia, New Society Publishers, 1989, p.18.

14. Sharon Doubiago, "Mama Coyote Talks to the Boys," in Judith

Plant, ed., Healing the Wounds: The Promise of Ecofeminism, Philadelphia, New Society Publishers, 1989, p.40.

15. Nancy J. Chodorow has studied the "strategies of accommodation" practiced by female analysts of the period 1930-60. See her Feminism and Psychoanalytic Theory, New Haven, Yale University Press, 1989. chapter ten. Some of the women worked from views about penis envy that were very much at odds with official Freudian doctrine, but they kept their reservations secret. For a survey of Freud's views of women, see Elizabeth Young-Bruehl, Freud on Women: A Reader, New York, W. W. Norton, 1990.

16. See the introduction to Charlene Spretnak, Lost Goddesses of Early Greece: A Collection of Pre-Hellenic Myths, Boston, Beacon Press, 1981.

17. Dorothy Dinnerstein, The Mermaid and the Minotaur, New York, Harper&Row, 1976, p.94.

18. Marti Kheel, "Ecofeminism and Deep Ecology," in Irene Diamond, et al., Reweaving the World: The Emergence of Ecofeminism, San Francisco, Sierra Club Books, 1990, p.129. For the most influential feminist extension of Object Relations, see Nancy J. Chodorow, The Reproduction of Mothering: Psychoanalysis and the Sociology of Gender, University of California Press, 1978, and Feminism and Psychoanalytic Theory, New Haven, Yale University Press, 1989.

19. Catherine Keller, "Toward a Postpatriarchal Postmodernity, "in David Ray Griffin, ed., Spirituality and Society, Albany, SUNY Press, 1988, p.72.

20. See Robert Bly, Iron John, Reading, MA, Addison-Wesley,

1991, and ALittle Book About the Human Shadow, New York, Harper
&.Row, 1988, p.53. On the contemporary men's movement, also see
Sam Keen, Fire in the Belly: On Being a Man, New York, Bantam
Books, 1991.

21. For a full how-to description of the Council of All Beings ritual,
see John Seed, et al., Thinking Like A Mountain, Philadelphia, New
Society Publishers, 1988. Also see Joanna Macy, World as Lover, World
as Self, Berkeley, CA, Parallax Press, 1991, especially chapter 17,
"The Greening of the Self. ".

CHAPTER 9

1. Lewis Mumford, The Pentagon of Power, New York, Harcourt Brace Jovanovich, 1970, p.402.

2. Ernest Callenbach, Ecotopia, New York, Bantam Books, 1977.

3. Thomas Berry, The Dream of the Earth, San Francisco, Sierra Club Books, 1988. Also see Matthew Fox, The Coming of the Cosmic Christ: The Healing of the Mother Earth, San Francisco, Harper & Row, 1988, and Rosemary Ruether, New Women/New Earth, New York, Seabury Press, 1975.

CHAPTER 10

1. Sigmund Freud, A General Introduction to Psychoanalysis, translated by Joan Riviere, New York, Washington Square Press, 1952, pp.423-425.

2. James F. Masterson, The Search for the Real Self, New York, Free Press, 1988. See chapter six.

3. Herbert Marcuse, Eros and Civilization, Boston, Beacon Press, 1955. See especially chapter eight.

4. A survey of the antinarcissist literature of the seventies should include Daniel Bell, The Cultural Contradictions of Capitalism, New York, Basic Books, 1976; Peter Marin, "The New Narcissism," Harpers, October 1975; Christopher Lasch, The Culture of Narcissism, New York, W. W. Norton, 1978; Robert Nisbet, The Twilight of Authority, New York, Oxford University Press, 1975; Harvey Cox, Turning East: The Promise and the Peril of the New Orientalism, New York, Simon & Schuster, 1977; Edwin Schur, The Awareness Trap: Self-absorption Instead of Social Change, Chicago, Quadrangle Books, 1976. In a lighter but no less censorious vein, see Tom Wolfe, "The Me Decade and the Third Great Awakening," New York, August 23, 1976, R. D. Rosen, Psychobabble, New York, Atheneum, 1978.

5. Walter Truett Anderson, The Upstart Spring, Reading, MA, Addison-Wesley, 1983, is an excellent social history of Esalen Institute and Humanistic Psychology in general.

6. See especially Abraham Maslow, Toward a Psychology of Being, New York, D. Van Nostrand, 1968.

CHAPTER 11

1. Sigmund Freud, Inhibitions, Symptoms, and Anxiety, translated by Alix Strachey, New York, W. W. Norton, 1959, p.17.

2. Wilhelm Reich, The Mass Psychology of Fascism, translated by Vincent Carfagno, New York, Farrar, Straus & Giroux, 1970, p.xi.

3. Georg Groddeck, The Book of the It, translated by the author, New York, Nervous and Mental Disease Publishing Company, 1928; The World of Man as Reflected in Art, in Words, and in Disease, London. C. W. Daniel, 1947.

4. D. W. Winnicott, "Mind and its Relation to the Psyche-soma," Collected Papers, New York, Basic Books, 1958, p.246. On Winnicott's concept of environment, also see M. Gerard Fromm and Bruce L. Smith, eds., The Facilitating Environment: Clinical Applications of Winnicott's Theory. Madison WI, International Universities Press, 1989.

5. Dorothy Dinnerstein, The Mermaid and the Minotaur, New York, Harper Colophon, 1977. p.94.

6. Madeline Davis and David Wallbridge. Boundary and Space: An Introduction to the Work of D. W. Winnicott, New York, Brunner/ Mazel Publishers, 1981, p.35.

7. Richard Byrne, "Brute Intellect, "The Sciences, May/June 1991, pp.42-47.

8. Jean Liedloff, The Continuum Concept, New York, Knopf, 1977.

9. Carl G. Jung, "Two Kinds of Thinking," Symbols of Transformation, Collected Works, vol 5, New York, Pantheon Books, Bollingen Series XX, 1956, p.29.

10. Calvin Hall and Vernon Nordby, A Primer of Jungian Psychology, New York, Mentor Books, 1973, p.40.

11. Sigmund Freud, Totem and Taboo, translated by James Strachey, London, Routledge & Kegan Paul, 1961, p.158.

12. I am grateful to the Jungian therapist Meredith Sabini for drawing my attention to this direction in analytical theory. See Nathan Schwartz-Salant, ed., "The Body in Analysis," Chiron: A Review of Jungian Analysis, 1986.

13. William James, The Varieties of Religious Experience, New York, New American Library, 1958, p.195.

CHAPTER 12

1. Erich Jantsch, Design for Evolution, New York, Braziller, 1975, p.60.

2. Charlene Spretnak, "Ecofeminism: Our Roots and Flowering," in Irene Diamond, et al., Reweaving the World: The Emergence of Ecofeminism, San Francisco, Sierra Club Books, 1990, p.13.

3. Nancy Chodorow, Feminism and Psychoanalytic Theory, New Haven, Yale University Press, 1989, pp.159-162.

4. Anthony Weston, "Ethics Out of Place,"Environmental & Architectural Phenomenology Newsletter, Winter 1992, p.13.

参考文献

[1] Also see bibliographic appendix "God and Modern Cosmology." Several works used in this study appear listed there.

[2] Anderson, WalterTruett, The Upstart Spring, Reading, MA, Addison-Wesley, 1983.

[3] Barfield, Owen, Saving the Appearances: A Study in Idolatry, New York, Harcourt, Brace & World, 1976.

[4] Bastien, Joseph W., Mountain of the Condor, Prospect Heights, IL, Waveland Press, 1985.

[5] Berry, Thomas, The Dream of the Earth, San Francisco, Sierra Club, 1988.

[6] Bertalanffy, Ludwig Von, Robots, Men and Mind: Psychology in the Modem World, New York, Braziller, 1967.

[7] Biswas, S. K., et al., eds., Cosmic Perspectives, New York, Cambridge University Press, 1989.

[8] Bly, Robert, Iron John, Reading, MA, Addison-Wesley, 1991.

[9] Bly, Robert, News of the Universe, San Francisco, Sierra Club, 1980.

[10] Bonifaci, Conrad, The Soul of the World, Lanham, MD, University Press of America, 1978.

[11] Bookchin, Murray, The Ecology of Freedom, Palo Alto, CA,

Cheshire Books, 1981.

[12] Brockman, John, ed., Doing Science, New York, Prentice-Hall, 1991.

[13] Brown, Joseph Epes, ed., The Sacred Pipe: Black Elk's Account of the Seven Rites of the Oglala Sioux, New York, Penguin Books, 1971.

[14] Brown, Phil, ed., Radical Psychology, New York, Harper Colophon Books, 1973.

[15] Bunge, Mario, A World of Systems, Boston, Reidel, 1979.

[16] Callenbach, Ernest, Ecotopia, New York, Bantam Books, 1977.

[17] Chodorow, Nancy J., Feminism and Psychoanalytic Theory, New Haven, Yale University Press, 1989.

[18] Darwin, Charles, The Origin of Species, London, John Murray, 1859.

[19] Darwin, Charles, The Variation of Animals and Plants under Domestication, London, John Murray, 1875.

[20] Davis, Madeline, and David Wallbridge, Boundary and Space: An Introduction to the Work of D. W. Winnicott, New York, Brunner/Mazel Publishers. 1981.

[21] Dawkins, Richard, The Blind Watchmaker, New York, W. W. Norton, 1986.

[22] Dawkins, Richard, The Selfish Gene, New York, Oxford University Press, 1976.

[23] Diamond, Irene, et al., Reweaving the World: The Emergence of Ecofeminism, San Francisco, Sierra Club Books, 1990.

[24] Dinnerstein, Dorothy, The Mermaid and the Minotaur, New York, Harper & Row, 1976.

[25] Ditfurth, Hoimar, The Origins of Life, San Francisco, Harper &

Row, 1982.

[26] Easlea, Brian, Witch Hunting, Magic and The New Philosophy, The Atlantic Press, 1980.

[27] Eisler, Riane, The Chalice and the Blade, San Francisco, Harper & Row, 1987. Feynman, Richard, QED, Princeton University Press, 1985.

[28] Finch, Peter, John Dee: The World of an Elizabethan Magus, London, Rout-ledge & Kegan Paul, 1972.

[29] Fox, Matthew, The Coming of the Cosmic Christ: The Healing of the Mother Earth, San Francisco, Harper & Row, 1988.

[30] Fox, Warwick, Toward a Transpersonal Ecology: Developing New Foundations for Environmentalism, Boston, Shambhala Books, 1990.

[31] Frankl, Viktor, Man's Search for Meaning, New York, Washington Square Press, 1959.

[32] Freud, Sigmund, Beyond the Pleasure Principle, translated by James Strachey, New York, Bantam Books, 1959.

[33] Freud. Sigmund, Civilization and its Discontents, translated by James Strachey, New York, W. W. Norton, 1962.

[34] Freud, Sigmund, The Future of an Illusion, translated by James Strachey, New York, W. W. Norton, 1961.

[35] Freud, Sigmund, A General Introduction to Psychoanalysis, translated by Joan Riviere, New York, Washington Square Press, 1952.

[36] Freud, Sigmund, Inhibitions, Symptoms, and Anxiety, translated by Alix Strachey, New York, W. W. Norton, 1959.

[37] Freud, Sigmund, Totem and Taboo, translated by James Strachey, London, Routledge & Kegan Paul, 1961.

[38] Fromm, M. Gerard, and Bruce L. Smith, eds., The Facilitating

Environment Clinical Applications of Winnicott's Theory, Madison WI, International Universities Press, 1989.

[39] Gadon, Elinor, The Once and Future Goddess, San Francisco, Harper & Row, 1987.

[40] Galdston, Iago, ed., The Interface Between Psychiatry and Anthropology, London, Butterworths, 1971.

[41] Gillispie, Charles, The Edge of Objectivity, Princeton University Press, 1960.

[42] Gimbutas, Marija, Goddesses and Gods of Old Europe, Los Angeles, University of California Press, 1982.

[43] Gimbutas, Marija, The Civilization of the Goddess, San Francisco, Harper Collins, 1991.

[44] Goodman, Paul, The New Reformation: Notes of a Neolithic Conservative, New York, Vintage Books, 1970.

[45] Goodman, Paul, Frederick Perls, and Ralph Hefferline, Gestalt Therapy, New York, Delta Books, 1951.

[46] Greenberg, Jay R., and Stephen Mitchell, Object Relations in Psychoanalytic Theory, Cambridge, Harvard University Press, 1983.

[47] Griffin, David Ray, ed., Spirituality and Society, Albany, SUNY Press, 1988.

[48] Griffin, Susan, Woman and Nature, San Francisco, Harper & Row, 1978.

[49] Groddeck, Georg, The Book of the It, New York, Nervous & Mental Disease Publishing Company, 1928.

[50] Groddeck, Georg, The World of Man as Reflected in Art, in Words, and in Disease, London, C. W. Daniel, 1947.

[51] Haeckel, Ernest, The Riddle of the Universe, New York, Harper & Brothers, 1900.

［52］ Hall, Calvin, and Vernon Nordby, A Primer of Jungian Psychology, New York, Mentor Books, 1973.

［53］ Hawking, Stephen, A Brief. History of Time, New York, Bantam Books, 1988.

［54］ Henderson, Lawrence J., The Fitness of the Environment, Boston, Beacon Hill, 1913.

［55］ Henderson, Lawrence J., The Order of Nature, Cambridge, Harvard University Press, 1917.

［56］ Hillman, James, Revisioning Psychology, New York, Harper & Row, 1975.

［57］ Hoyle, Fred, and N. C. Wickramasinghe, Lifecloud: The Origin of Life in the Universe, London, J. M. Dent, 1978.

［58］ Humphrey, Nicholas, Consciousness Regained: Chapters in the Development of Mind, New York, Oxford University Press, 1983.

［59］ Huxley, Aldous, Island, New York, Bantam Books, 1962.

［60］ James, William, The Varieties of Religious Experience, New York, New American Library, 1958.

［61］ Jantsch, Erich, Design for Evolution, New York, Braziller, 1975.

［62］ Jung, Carl G., Modern Man in Search of a Soul, New York, Harcourt, Brace & Company, 1933.

［63］ Jung, Carl G., Psychology and Alchemy, Bollingen Series, 2nd edition, Princeton University Press, 1953.

［64］ Jung, Carl G., "Two Kinds of Thinking, "Symbols of Transformation, Collected Works, vol 5, New York, Pantheon Books, Bollingen Series XX, 1956.

［65］ Kakar, Sudhir, Shamans, Mystics, and Doctors, New York, Knopf, 1982.

［66］ Keen, Sam, Fire in the Belly: On Being a Man, New York, Bantam Books, 1991.

[67] Kidder, Tracy, The Soul of a New Machine, Boston, Little, Brown, 1981.

[68] Kiev, Ari, ed., Magic, Faith, and Healing, Glencoe, IL, Free Press, 1964.

[69] Kropotkin, Peter, Mutual Aid, New York, Knopf, 1914.

[70] Laing, R. D., The Politics of Experience, London, Penguin Books, 1967.

[71] Lasch, Christopher, The Culture of Narcissim, New York, W. W. Norton, 1978.

[72] Lasch, Christopher, "Anti-Modern Mysticism：E. M. Cioran and C. G Jung, "New Oxford Review, March 1991, pp.20-26.

[73] Lewis, I. M., Ecstatic Religion, London, Routledge & Kegan Paul, 2nd edition. 1989.

[74] Liedloff, Jean, The Continuum Concept, New York, Knopf, 1977.

[75] Lightman, Alan, and Roberta Brawer, Origins：The Lives and Worlds of Modern Cosmologists, Cambridge, Harvard University Press, 1991.

[76] Lovelock, James, "Gaia：The World as Living Organism, "New Scientist, December 18, 1986.

[77] Lovelock, James, The Ages of Gaia, New York, W. W. Norton, 1988.

[78] Lovelock, James, Gaia, A New Look at Life on Earth, New York, Oxford University Press, 1979.

[79] Macy, Joanna, World as Lover, World as Self, Berkeley, CA, Parallax Press, 1991.

[80] Mander, Jerry, In the Absence of the Sacred：The Failure of Tech-

nology and the Survival of the Indian Nations, San Francisco, Sierra Club Books, 1991.

[81] Marcuse, Herbert, Eros and Civilization, Boston, Beacon Press, 1955.

[82] Margulis, Lynn, and Dorion Sagan, Microcosmos: Four Billion Years of Microbial Evolution, New York, Summit Books, 1986.

[83] Maslow, Abraham, The Psychology of Science, New York, Harper & Row, 1966.

[84] Maslow, Abraham, Toward a Psychology of Being, New York, D. Van Nostrand, 1968.

[85] Masterson, James F., The Search for the Real Self, New York, Free Press, 1988.

[86] May, Rollo, et al., eds., Existence: A New Dimension in Psychiatry and Psychology, New York, Basic Books, 1958.

[87] Merchant, Caroline, The Death of Nature, New York, Harper & Row, 1980.

[88] Midgley, Mary, Beast and Man: The Roots of Human Nature, Ithaca, Cornell University Press, 1978.

[89] Monod, Jacques, Chance and Necessity, New York, Knopf, 1971.

[90] Mumford, Lewis, The Pentagon of Power, New York, Harcourt Brace Jovanovich, 1970.

[91] Naess, Arne, "The Shallow and the Deep Ecology Movements, " Inquiry, Oslo, Norway, 1973, vol 16, pp.95-100.

[92] Naess, Arne, Ecology, Community, and Lifestyle, New York, Cambridge University Press, 1989.

[93] Niehardt, John G., Black Elk Speaks: The Life Story of a Holy Man of the Oglala Sioux, New York, William Morrow, 1932.

[94] Pagels, Heinz, The Cosmic Code, New York, Bantam Books,

1983.

[95] Pagels, Heinz, The Dreams of Reason, New York, Simon & Schuster, 1988.

[96] Phillips, Adam, Winnicott, Cambridge, Harvard University Press, 1988.

[97] Plant, Judith, ed., Healing the Wounds: The Promise of Ecofeminism, Philadelphia, New Society Publishers, 1989.

[98] Rasmussen, K., The Intellectual Culture of the Iglulik Eskimos, Copenhagen, 1929.

[99] Reich, Ilse Ollendorff, Wilhelm Reich: A Personal Biography, London, Elek, 1969.

[100] Reich, Wilhelm, The Function of the Orgasm, translated by Theodore Wolfe, New York, World Publishing Company, 1971.

[101] Reich, Wilhelm, The Mass Psychology of Fascism, translated by Vincent Carfagno, New York, Farrar, Straus & Giroux, 1970.

[102] Ritterbush, Philip, The Art of Organic Forms, Washington, DC, Smithsonian Institution, 1968.

[103] Roszak, Betty, "The Spirit of the Goddess, " Resurgence, Jan-Feb 1991, pp.28-29.

[104] Roszak, Theodore, Person/Planet, New York, Doubleday, 1979.

[105] Roszak, Theodore, Unfinished Animal, New York, Harper& Row, 1975.

[106] Roszak, Theodore, Where The Wasteland Ends, Berkeley, CA, Celestial Arts, 1989.

[107] Sahlins, Marshall, Stone Age Economics, New York, Aldine-Atherton, 1972.

[108] Sandner, Donald, Navaho Symbols of Healing, New York, Har-

vest Books, 1979.

[109] Searles, Harold, The Nonhuaman Environment In Normal Development and In Schizophrenia, New York, International Universities Press, 1960.

[110] Seed, John, Joanna Macy, Pat Fleming, Arne Naess, Thinking Like a Mountain: Toward a Council of All Beings, Philadelphia, New Society Publishers, 1988.

[111] Shapley, Harlow, Flights From Chaos, New York, Whittlesey House, 1930.

[112] Shepard, Paul, Nature and Madness, San Francisco, Sierra Club Books, 1982.

[113] Snyder, Gary, Earth House Hold, New York, New Directions, 1969.

[114] Spiegelman, J. Marvin, and Victor Mansfield: "Complex Numbers in the Psyche Matter," Harvest (England), 1990 and "The Opposites in Quantum Physics and Jungian Psychology," Journal of Analytical Psychology, February1990.

[115] Spretnak, Charlene, Lost Goddesses of Early Greece: A Collection of Pre-Hellenic Myths, Boston, Beacon Press, 1981.

[116] Spretnak, Charlene, ed., The Politics of Women's Spirituality, New York, Doubleday Anchor Books, 1982.

[117] Spretnak, Charlene, States of Grace: Spiritual Grounding in the Postmodern Age, San Francisco, HarperCollins Books, 1991.

[118] Stoohr, Taylor, ed., Nature Heals: The Psychological Essays of Paul Goodman, New York, Dutton, 1977.

[119] Stone, Merlin, When God Was a Woman, New York, Dial Press, 1976.

[120] Teilhard de Chardin, Pierre, The Phenomenon of Man, transla-

ted by Bernard Wall, New York, Harper Torchbooks, 1959.

[121] Torrey, E. Fuller, Witchdoctors and Psychiatrists: The Common Roots of Psychotherapy and Its Future, New York, Harper & Row Perennial Library, 1986.

[122] Traherne, Thomas, Poems, Centuries, and Three Thanksgivings, New York, Oxford University Press, 1966.

[123] Trefil, James, The Dark Side of the Universe, New York, Scribners, 1988.

[124] Volpe, E. Peter, Understanding Evolution, Dubuque, IA, Wm. C. Brown Company, 1972.

[125] Walker, D. P., Spiritual and Demonic Magic from Ficino to Campanella, University of Notre Dame Press, 1975.

[126] Weinberg, Steven, The First Three Minutes: A Modem View of the Origin of the Universe, New York, Basic Books, 1977.

[127] Wells, H. G., and Julian Huxley, The Science of Life, New York, Doubleday, Doran & Co., 1931.

[128] Weltfish, Gene, The Lost Universe: The Way of Life of the Pawnee, New York, Ballantine Books, 1965.

[129] Whitehead, Alfred North, Science and the Modern World, New York, Macmillan, 1924.

[130] Whyte, Lancelot Law, Accent on Form, New York, Harper & Brothers, 1954.

[131] Wiener, Norbert, The Human Use of Human Beings, New York, Doubleday Anchor Books, 1954.

[132] Young-Bruehl, Elizabeth, Freud on Women: A Reader, New York, W. W Norton, 1990.